DESIGNING HIGHLY CONCURRENT APPLICATIONS

From Requirements Analysis to Architecture Design

高并发架构实战

从需求分析到系统设计

李智慧◎著

李潇然◎绘

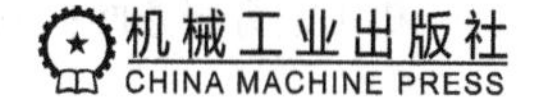

图书在版编目（CIP）数据

高并发架构实战：从需求分析到系统设计 / 李智慧著；李潇然绘．—北京：机械工业出版社，2023.6（2025.1 重印）
（架构师书库）
ISBN 978-7-111-72976-1

Ⅰ.①高… Ⅱ.①李… ②李… Ⅲ.①软件设计 Ⅳ.①TP311.5

中国国家版本馆 CIP 数据核字（2023）第 063338 号

机械工业出版社（北京市百万庄大街 22 号 邮政编码 100037）
策划编辑：杨福川 责任编辑：杨福川 孙海亮
责任校对：龚思文 卢志坚 责任印制：常天培
固安县铭成印刷有限公司印刷
2025 年 1 月第 1 版第 3 次印刷
147mm × 210mm · 9.5 印张 · 1 插页 · 236 千字
标准书号：ISBN 978-7-111-72976-1
定价：99.00 元

电话服务
客服电话：010-88361066
010-88379833
010-68326294

网络服务
机 工 官 网：www.cmpbook.com
机 工 官 博：weibo.com/cmp1952
金 书 网：www.golden-book.com
机工教育服务网：www.cmpedu.com

PREFACE

前　言

很多软件工程师的职业规划是成为架构师，但是要成为架构师很多时候要求先有架构设计经验，而不做架构师又怎么会有架构设计经验呢？那么要如何获得架构设计经验呢？一方面可以通过工作来学习，观察所在团队的架构师是如何工作的，协助他做一些架构设计和落地的工作。同时，思考如果你是架构师，你将如何完成工作，哪些地方可以做得更好。

另一方面，也可以通过阅读来学习，看看那些典型的、耳熟能详的应用系统是如何设计的。同样，你也可以在阅读的过程中思考：如果你是这个系统的架构师，将如何进行设计？如何输出你的设计结果？哪些关键设计需要进一步优化？

通过这样不断地学习和思考，你就会不断积累架构设计的经验，等你有机会成为架构师的时候，就可以从容不迫地利用你学习与思考获得的经验和方法，开始你的架构师职业生涯。

本书的所有案例都是基于真实场景的，甚至**有些案例本身就是由真实设计文档改编的**。希望你在阅读本书的过程中，能把自己带入真实的系统设计场景中，把文章当成真实的设计文档，把自己想象成文档作者的同事，也就是说，你正在评审我做的设计。

你可以一边阅读一边思考：这个设计哪些地方考虑不周？哪些关键点有缺漏？然后你可以把自己的思考记录下来，当作你的评审意见。最重要的是，通过这种方式，你拥有了和我一样的关于每一个软件设计案例的现场感：你不是一个阅读书籍的读者，而是置身于互联网大厂的资深架构师，你在评审同事的设计，也在考虑公司的未来。

本书特点

本书主要针对高并发系统架构设计的典型应用场景，采用标准的软件架构设计文档格式，描述如何设计常见的高并发系统架构，期**望能够帮助你站在大厂架构师的视角，理解高并发系统的设计思路。**

为了帮助你获得这种身临其境的大厂架构师视角，本书提供了三条途径。

足够真实的高并发系统设计场景

高并发是系统架构设计的核心，也是很多大厂的关注焦点。在应聘大厂架构师岗位的时候，如果你对高并发架构说不出什么，恐怕面试就凶多吉少了。但是看过了不少高并发系统设计的技术资料之后，你可能还是会有这样的困惑：为什么我还是对设计一个完整的高并发系统没有概念？

这主要是因为你学习的是具体的高并发架构知识，而不是学习一个完整的高并发系统如何设计，所以也就无法形成一个整体的系统架构设计思路。

本书大部分案例都是针对我们日常接触的各种高并发应用的，比如微博、短视频、网约车、网盘、搜索引擎等，具体又分为高并发系统的海量数据处理架构、高性能架构、高可用架构以及安全架构。

在学习这些系统架构设计案例的时候，一方面可以学习各种应用系统如何进行整体设计，另一方面也可以学习高并发系统架构设计的模式和技巧，两者结合起来，就是一个完整的高并发系统设计的知识体系。

贴合工作场景的设计文档形式

你可能会觉得设计文档和自己关系不大：一是平时不怎么写，也不愿意写，觉得写文档价值不大；二是自己不擅长写文档，觉得写也写不好，甚至不太知道设计文档该怎么写。

但工作了这么多年，我发现**写东西可以帮助人更好地思考**。技术人员如果不写设计文档，就会缺少对技术的深刻思考，缺乏对技术方案的优点和缺点的系统认识，也就不知道如何找到更好的技术和更合理的方案。很显然，这会阻碍技术人员的职业发展。

不仅如此，如果不写设计文档，缺乏对技术的深度思考，那么开发出来的软件就缺乏创新，产品在市场上就缺乏竞争力。

可以粗暴一点地说：**没有设计文档就没有设计，没有设计就没有技术的进步**。

所以，本书将以软件设计文档的形式去展现一系列软件的系统架构设计，这些设计文档的风格是相对统一的。我希望你可以在这些“重复”的设计文档所展现的组织方式、软件建模与架构方式中，掌握一般的软件设计方法和软件设计文档的写作方法。

求同存异的典型系统架构案例

我精挑细选了18个系统架构案例，这些案例大多是目前大家比较关注的高并发、高性能、高可用系统。它们是高并发架构设计的优秀“课代表”，它们的技术可以解决现有的80%以上的高并发共性问题。所以在阅读文档的过程中，你可以进一步学习与借鉴这些典型的分布式互联网系统架构，构建起自己的系统架构设计方法论，以指导自己的工作实践。

为了避免每篇文档中都出现大量重复、雷同的设计，我在内容方面进行了取舍，**精简了一些常规的、技术含量较低的内容，而尽量介绍那些有独特设计思想的技术点**，尽可能做到在遵循设计文档规范的同时，又突出每个系统自己的设计重点。

此外，本书中还有一部分设计是针对大型应用系统的，比如限流器、防火墙、加解密服务、大数据平台等。

但需要强调一点，**本书会针对这些知名的大厂应用重新进行设计，而不是分析现有应用是如何设计的**。一方面，重新设计完全可以按自己的意愿来，不管是设计方案还是需求分析、性能指标估算，都是一件很有意思的事；另一方面，因为现有应用中的某些关键设计并没有公开，我们要想讨论清楚这些高并发应用的架构设计，没有现成的资料，还是需要自己进行分析并设计。

所以很多案例的设计文档都有需求分析，用于估算重新设计的系统需要承载的并发压力有多大、系统资源需要多少，**这些估算大多数都略高于现有大厂的系统指标**。希望你在阅读这些内容的时候，能够更真切地体会到架构师的“现场感受”：我评审、设计的这个系统将服务全球数十亿用户；这个系统每年需要的服务器和网络带宽需要几十亿元；这个系统宕机十几分钟，公司就会损失数千万元。

读者对象

致力于成为架构师的软件开发人员。

如何阅读本书

我们常说高并发、高性能、高可用，事实上这三者并不是平行的关系。通常情况下，高并发是根源和核心。大量的用户同时请求系统服务造成的高并发，会导致系统资源快速消耗，服务器无法及时处理用户请求，响应变慢，系统出现性能问题。更糟糕的是，性能继续恶化，导致服务器资源耗尽，出现了系统崩溃与可用性问题。

根据高并发系统的特点以及架构师的工作特点，本书涉及 8 个维度。

第 1 个维度（第 1、2 章）：分布式系统架构设计方法与文档写作方法。

架构师最重要的工作产出就是架构设计文档。架构师如何向各个相关方完整呈现一个系统设计的方方面面？这一部分将讨论这个最基本的问题，同时本书所有案例也都遵循同样的设计文档写作方法，你可以反复验证这种方法。

第 2 个维度（第 3～7 章）：高并发系统的海量数据处理架构案例。

我们将主要讨论高并发处理海量数据的场景，包括海量数据如何存储、如何传输、如何进行并发控制、如何进行高可用设计。

在这一部分中，你可以看到：一些看似相同的需求其实可以有完全不同的解决方案。比如海量的短视频和海量的网盘存储；还有一些看似非常不同的场景，其实可以用同一个技术搞定，比如短 URL 和短视频。

第 3 个维度（第 8～11 章）：高并发系统的高性能架构案例。

我们将主要讨论在高并发场景下如何保证系统的响应性能。在这一部分中，你会看到，在海量的网页中快速搜索一些网页和在海量的人群中快速寻找一些人，其技术挑战是如何不同，其解决方案又分别是如何巧妙。

第 4 个维度（第 12～14 章）：高并发系统的高可用架构案例。

高并发导致系统的崩溃，最经典的案例莫过于某个热点新闻导致的微博宕机。为什么热点新闻会导致微博崩溃？微博如何处理这种热点新闻的海量消息转发所带来的系统压力？

第 5 个维度（第 15～17 章）：安全系统架构案例。

系统安全也是高并发系统的一个重要挑战。恶意的用户请求如何处理？敏感的数据如何加密、解密？这里的几个案例都来自真实的应用。如果需要，你可以将这几个设计直接落地，应用到你的工作中。

第 6 个维度（第 18～20 章）：网约车架构案例。

在这一部分中，我们将深入讨论如何设计一个数亿用户、千万日订单的高并发打车软件，面对业务迭代，如何利用 DDD 对系统微服务进行重构设计，以及如何将大数据技术用于网约车平台。

第 7 个维度（第 21 章），动手实践系统架构设计。

在这个维度，我专门提出了一个高并发系统架构设计需求，希望你可以参考前面的案例分析，按照标准架构设计文档的格式，自己动手输出一个系统架构设计文档。

第 8 个维度（第 22 章），架构师工作职责与技术管理。

本书的最后讨论架构师如何聚焦于架构工作，承担好架构师的职责，以及架构师作为技术管理者如何构建自己的技术领导力。

最后，也是最重要的，希望你能把自己想象成大厂架构师，对每一个案例都产生自己的意见和看法，并表达出来。

期望你能自己挑选几个大厂的应用案例，按照本书提供的架构设计模板，完成应用的架构设计。做到这一点，你就可以说对高并发架构熟稔于心了，相应地，对自己的架构能力也建立起信心了。

祝你学习顺利，成为一名实战能力强、能够主导公司技术核心的架构师。

李智慧

CONTENTS

目　录

CHAPTER 1

第1章 系统架构蓝图：软件建模与文档

本书中的一系列软件架构设计是用设计文档的形式呈现的。所以，在拆解一个个案例之前，我们先来了解一些关于软件设计文档的基础知识，这样你在学习后面的具体案例时，就能更加清楚并理解文档是基于什么方式来组织的了。

首先，设想这样一个场景：如果公司安排你做架构师，让你在项目开发前期进行软件架构设计，你该如何开展工作呢？如何输出你的工作成果？如何确定你的设计是否满足用户需求？你是否有把握最后交付的软件是满足要求的？是否有把握让团队每个工程师清楚自己的职责范围并有效地完成开发工作？

这些问题其实都是软件开发管理与技术架构的核心诉求，而架构师的核心工作就是做好软件设计，解决这些诉求。这些问题搞定了，软件的开发过程和结果也就都得到了保证。那如何实现这些诉求呢？我们的主要手段就是**软件建模**，以及将这些软件模型组织成一篇有价值的**软件设计文档**。

1.1 软件建模

所谓软件建模，就是为要开发的软件建造模型。

模型是对客观存在的抽象，例如著名的物理学公式 $E=mc^2$，就是质量与能量转换的物理规律的数学模型。除了物理学公式以外，还有一些东西也是模型，比如地图是对地理空间的建模，机械装置、电子电路、建筑设计的各种图纸是对物理实体的建模。而软件，也可以通过各种图进行建模。

软件系统庞大复杂，通过软件建模，我们可以抽象软件系统的主要特征和组成部分，梳理这些关键组成部分的关系。在软件开发过程中依照模型的约束进行开发，系统整体的格局和关系就会可控，相关人员自始至终都能清晰**了解软件的蓝图和当前的进展**，不同的开发工程师会**明确自己开发的模块和其他同事工作内容的关系与依赖**，并按照这些模型开发代码。

那么，我们是根据什么进行软件建模的呢？要解答这个疑问，你需要先知道在软件开发中有两个客观存在。

一个客观存在是我们要解决的领域问题。比如我们要开发一个电子商务网站，那么客观的领域问题就是如何做生意，涉及：卖家如何管理商品，如何管理订单，如何服务用户；买家如何挑选商品，如何下订单，如何支付等。对这些客观领域问题的抽象就涉及各种功能及其关系、各种模型对象及其关系、各种业务处理流程。

另一个客观存在是最终开发出来的软件系统。软件系统要解决的问题包括软件由哪些主要类组成，这些类如何组织成一个个的组件，这些类和组件之间的依赖关系如何，运行期如何调用，需要部署多少台服务器，服务器之间如何通信等。

而对这两个客观存在进行抽象化处理的手段就是软件模型，如图 1-1 所示。

图 1-1　模型就是对领域问题和软件系统的抽象

一方面，我们要对领域问题和要设计的软件系统进行分析、设计、抽象；另一方面，我们根据抽象出来的模型进行开发，最终实现出一个软件系统。这就是软件开发的主要过程。而对领域问题和软件系统进行分析、设计和抽象的过程，就是软件建模设计。

1.2　软件设计方法

其实，软件设计就是软件建模的过程。我们通过软件建模工具将软件模型画出来，实现软件设计。

在实践中，通常用 UML（统一建模语言）作为软件建模画图的工具。UML 包含的软件模型有 10 种，其中常用的有 7 种：类图、时序图、组件图、部署图、用例图、状态图和活动图。

下面简单了解一下这 7 种常用 UML 图的使用场景和基本样例。在本书后面的设计文档中，你会多次见到它们，看多了你就懂了，也就自然会画了。当然，如果你想更详细地学习 UML 知识，推荐你阅读 Martin Fowler 的《UML 精粹》一书。

1.2.1　类图

类图是最常见的 UML 图，用来描述类的特性和类之间的静态关系。

一个类包含三个部分：类的名字、类的属性列表和类的方法列表。类之间有6种静态关系：关联、依赖、组合、聚合、继承、泛化。把相关的一组类及其关系用一张图画出来，就是类图，如图1-2所示。

你可以将类图包含的元素和图片一一对照，了解类图的用法。

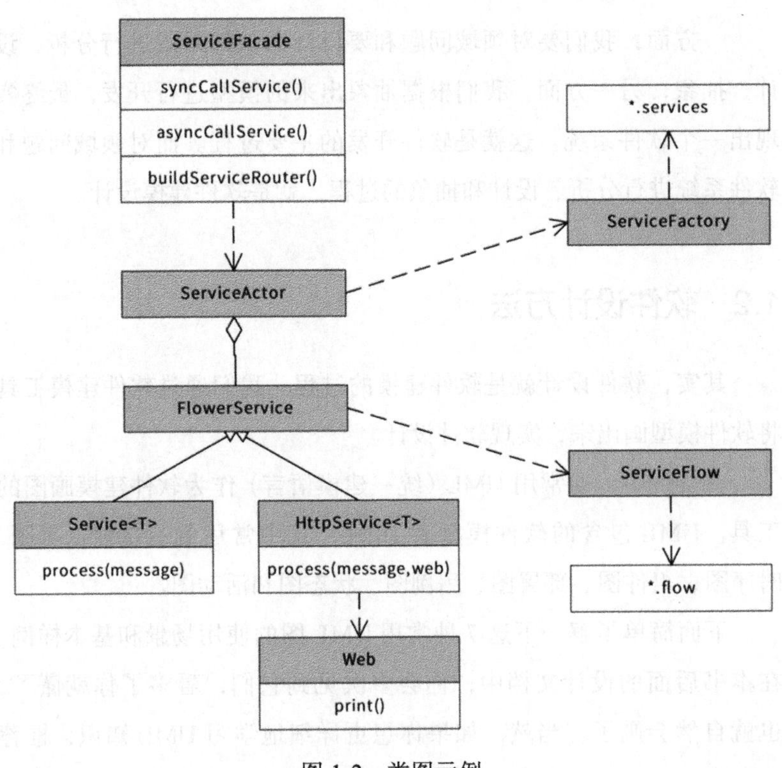

图1-2　类图示例

1.2.2　时序图

除了类图之外，另一种常用的图是时序图，类图描述类之间的静态关系，时序图则用来描述参与者之间的**动态调用关系**，如图 1-3 所示。

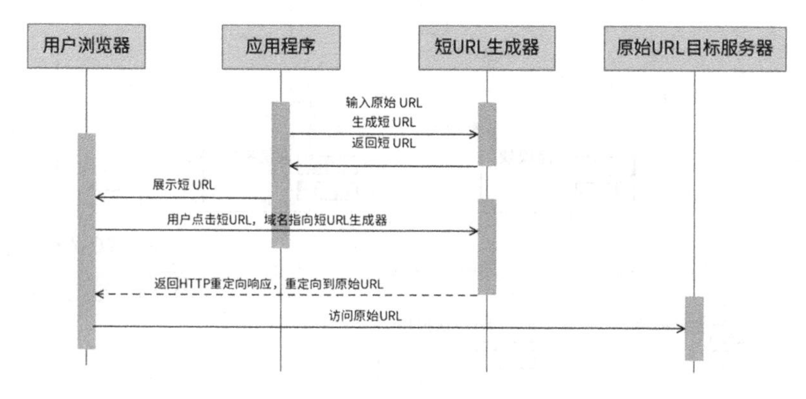

图 1-3 时序图示例

从图 1-3 中可以看出，每个参与者都有一条垂直向下的生命线。而参与者之间的消息从上到下表示其调用的前后顺序关系，这正是“时序图”这个词的由来。每条生命线都有若干个激活条，也就是那些细长的矩形条，只要这个条出现，就表示参与者是激活状态的。

时序图通常用于表示参与者之间的交互，参与者可以是类对象，也可以是更大粒度的参与者，比如组件、服务器、子系统等。总之，只要是描述不同参与者之间的交互关系，就可以使用时序图。

1.2.3 组件图

组件是比类粒度更大的设计元素，一个组件中通常包含很多个类。组件图有的时候和包图的用途比较接近。组件图通常用来描述物理上的组件，比如 JAR、DLL 等。在实践中进行模块设计的时候，用得更多的是组件图。组件图如图 1-4 所示。

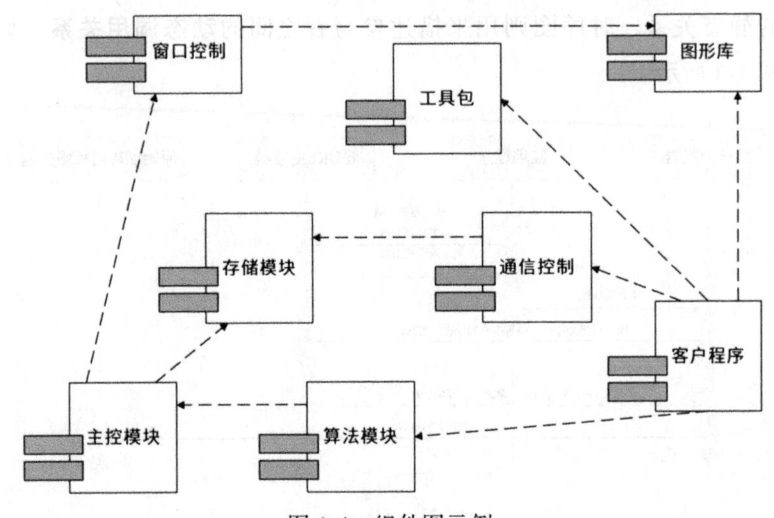

图 1-4　组件图示例

组件图描述组件之间的**静态关系**，主要是依赖关系，如果你想要描述组件之间的动态调用关系，可以使用组件时序图，以组件作为参与者，描述组件之间的消息调用关系。

1.2.4　部署图

部署图描述软件系统的最终部署情况，比如需要部署多少服务器，关键组件部署在哪些服务器上，如图 1-5 所示。

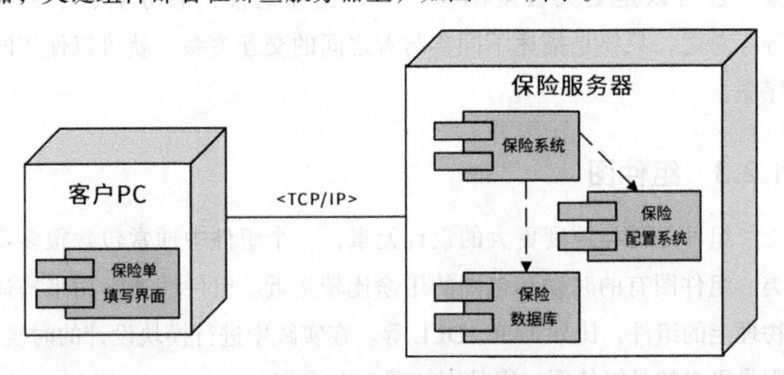

图 1-5　部署图示例

部署图是软件系统最终物理呈现的蓝图，根据部署图，所有相关者（如客户、老板、工程师）都能清晰地了解最终运行的系统在物理层面是什么样子的，和现有的系统服务器的关系，和第三方服务器的关系。根据部署图，还可以估算服务器和第三方软件的采购成本。

因此，部署图是整个软件设计模型中比较宏观的一种图，是在设计早期就需要画的一种模型图。根据部署图，各方可以讨论对这个方案是否认可。只有对部署图达成共识，才能继续后面的细节设计。

1.2.5 用例图

用例图通过反映**用户和软件系统的交互**，描述系统的**功能需求**，如图 1-6 所示。

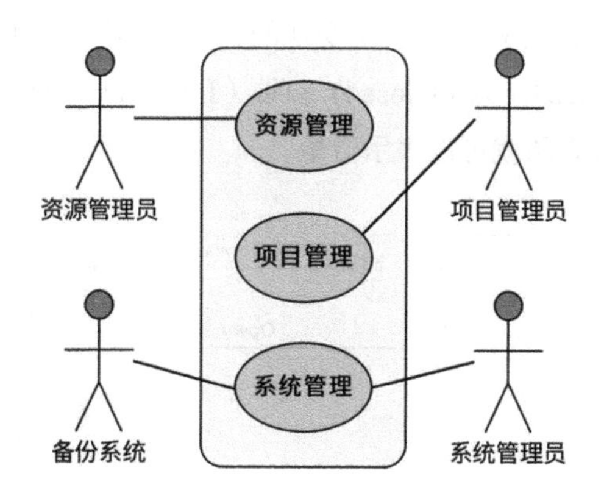

图 1-6 用例图示例

在图 1-6 中，小人形象的元素称为角色，角色可以是人，也可以是其他系统。系统的功能可能会很复杂，所以一张用例图可能只展示其中一小部分功能，这些功能被一个矩形框框起来，这个矩形框称为用例的边界。框里的椭圆表示一个个功能，功能之间可以调用依赖，也可以进行功能扩展。

1.2.6　状态图

状态图用来展示**单个对象生命周期的状态变迁**。

在业务系统中，很多重要的领域对象都有比较复杂的状态变迁。比如账号，有创建状态、激活状态、冻结状态、欠费状态等各种状态。此外，用户、订单、商品、红包这些常见的领域模型都有多种状态。

这些状态的变迁描述可以在用例图中用文字描述，随着角色的各种操作而改变，但是用这种方式描述，状态散乱，分布在各处，不要说开发的时候容易搞错，就是产品经理自己在设计的时候也容易搞错对象的状态变迁。

UML 的状态图可以很好地解决这一问题，一个状态图描述一个对象生命周期的各种状态以及变迁的关系。如图 1-7 所示，门的状态有开（Opened）、关（Closed）和锁（Locked）三种，状态与变迁关系用一个状态图就可以表示清楚。

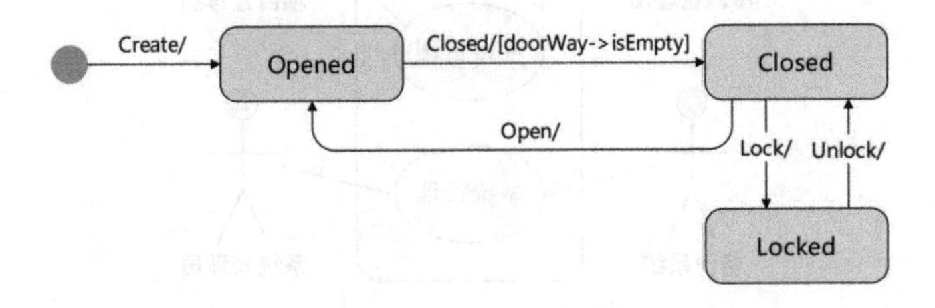

图 1-7　状态图示例

1.2.7　活动图

活动图主要用来**描述过程逻辑和业务流程**。UML 中没有流程图，很多时候，人们用活动图代替流程图，活动图示例如图 1-8 所示。

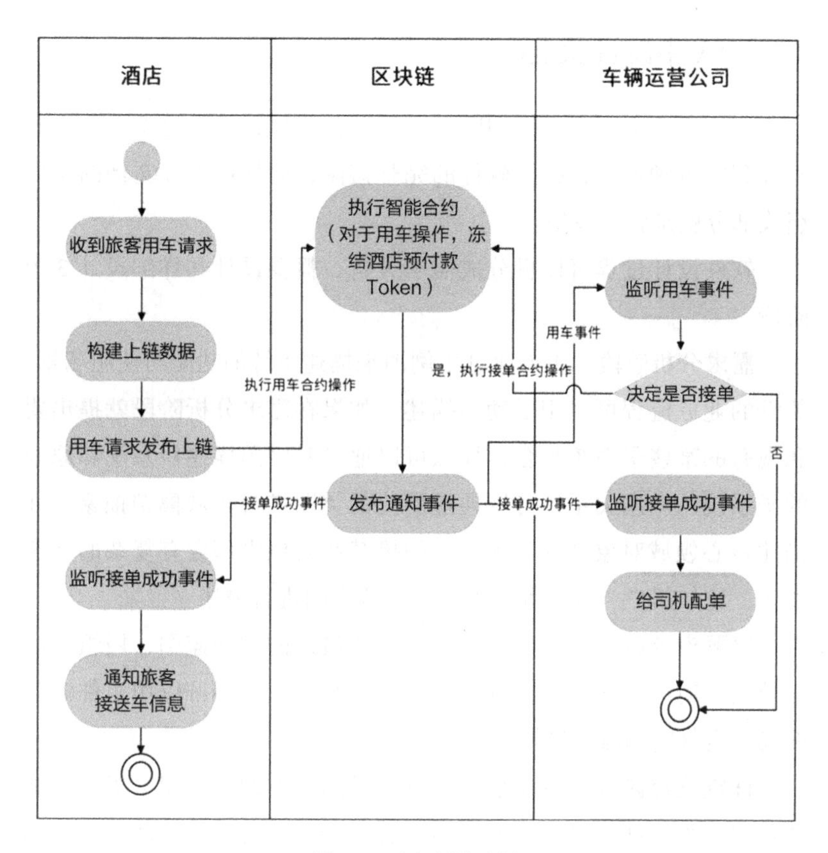

图 1-8　活动图示例

活动图和早期流程图的图形元素也很接近：实心圆代表流程开始，空心圆代表流程结束，圆角矩形表示活动，菱形表示分支判断。

此外，活动图引入了一个重要的概念——泳道。活动图可以根据活动的范围，将活动根据领域、系统和角色等划分到不同的泳道中，使流程边界更加清晰。

上面介绍了 UML 建模常用的 7 种模型，那么这 7 种模型分别用在软件设计的什么阶段，用来表达什么样的设计意图呢？

1.3　软件设计文档

软件设计文档就是架构师的主要工作成果，它需要阐释本章开头提到的各种诉求，描绘软件的完整蓝图，而软件设计文档的主要组成部分就是软件模型。

软件设计过程可以拆分成需求分析、概要设计和详细设计 3 个阶段。

需求分析阶段：主要通过用例图来描述系统的功能与使用场景，关键的业务流程可以用活动图描述。如果在需求分析阶段就提出要和现有的某些子系统整合，那么可以通过时序图描述新系统和原来的子系统的调用关系，可以通过简化的类图进行领域模型抽象，并描述核心领域对象之间的关系。如果某些对象内部会有复杂的状态变化，比如用户、订单等，则可以用状态图进行描述。

概要设计阶段：用部署图描述系统最终的物理蓝图，用组件图以及组件时序图设计软件的主要模块及其关系，还可以用组件活动图描述组件间的流程逻辑。

详细设计阶段：主要输出的就是类图和类的时序图，指导最终的代码开发，如果某个类方法内部有比较复杂的逻辑，那么可以用活动图来描述逻辑。

我们在每个设计阶段使用几种 UML 模型对领域或者系统进行建模，然后将这些模型配上必要的文字说明写入文档中，就可以构成一篇软件设计文档了。

本书中的 18 个软件设计案例都是按照这样的方式组织的。你可以在学习的过程中，一方面了解各种系统软件是如何设计的，一方面借鉴设计文档是如何写的。

同时要说明一下，设计文档的写法并没有一定之规，最重要的是这个文档能否**向阅读者传递出架构师完整的设计意图**。而不同阅读者的关注点是不同的，老板、客户、运维、测试、开发这些角色都是设计文档的阅读者，他们想要看到的东西显然是不一样的。

客户和测试人员可能更关注功能性需求和实现逻辑，老板和运维人员可能更关注非功能性需求和整体架构，而开发人员可能更关注整体架构与关键技术细节。

书中的案例基本上是以开发人员的阅读视角进行编写的，因此在阅读的时候，你会明显感到书中的文字更"坚硬"一点，文字和读者的距离也有点"疏远"，而这正是设计文档自身的特质。

架构、系统、文档、相关人员之间的关系可以参考图 1-9，这也是一张关于软件架构的架构图。

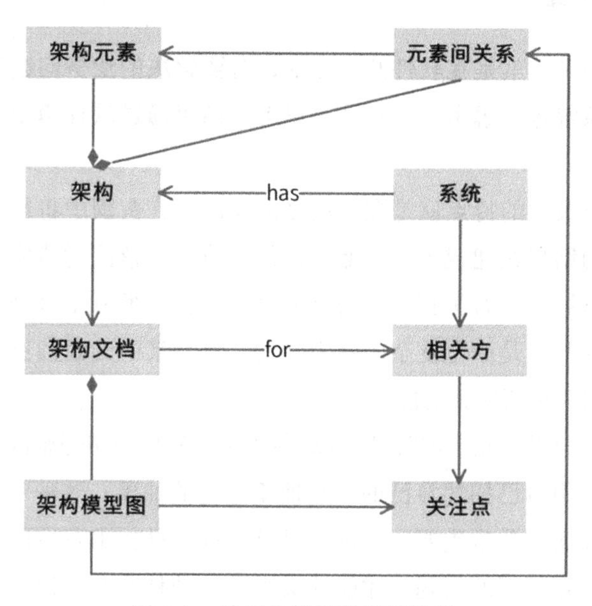

图 1-9　关于软件架构的架构图

每个软件系统都需要有一个架构，每个架构都包含若干架构元素。架构元素就是前面提到的服务器、组件、类、消息、用例、状态等。这些元素之间的关系是什么？如何把它们组织在一起？我们可以用部署图、组件图、时序图等各种模型图来描述。

架构最终需要一个文档来承载，把模型图放进这个文档，再配以适当的文字说明，就是一篇架构设计文档。而**设计文档是给人阅读的**，这些人就是系统的相关方。不同的相关方关注点不同，也需要由不同的模型图来进行表达，所以**架构师应该针对不同的相关方，使用不同的模型图输出不同的架构文档**。

图 1-9 是关于架构的架构图，即关于软件模型的模型。下一章会讨论高并发系统的方法论，而方法论是关于方法的方法。

1.4 小结

软件设计就是在软件开发之前，对**要解决的业务问题和要实现的软件系统**进行思考，并将这个思考的结果**通过软件模型表达出来**的过程。

人类最大的特点就是在行动之前就已经在头脑中将行动的过程和行动的结果构建成了一个蓝图，然后将这个蓝图付诸实践。我们的祖先将第一块石头打磨成石器的时候就已经拥有了这种能力。软件系统的开发是一个复杂的智力活动，参与其中的我们更需要拥有构建蓝图并付诸实践的能力。

有个词叫“元宇宙”，通俗地讲“元”就是一切开始的地方，是关于如何用自己描述自己的，是抽象之上的抽象。这种“元”能力对架构师而言非常重要。架构师只有掌握各种技术背后的技术，了解各种问题背后的问题，才能冲破当下的种种羁绊，设计出面向未来的架构。

CHAPTER 2

第2章

面对高并发如何对症下药

我们知道，“高并发”是现在系统架构设计的核心。一个架构师如果设计、开发的系统不支持高并发，那简直不好意思跟同行讨论。但事实上，在架构设计领域，高并发的历史非常短暂，这一架构特性是随着互联网，特别是移动互联网的发展才逐渐变得重要起来的。

现在有很多大型互联网应用系统的用户是分布在全球的，用户体量动辄十几亿。这些用户即使只有千分之一同时访问系统，也会产生一百万的并发访问量。

因此，高并发是现在大型互联网系统必须面对的挑战，当同时访问系统的用户不断增加时，要消耗的系统计算资源也会不断增加。所以系统需要更多的 CPU 和内存去处理用户的计算请求，需要更多的网络带宽去传输用户的数据，也需要更多的硬盘空间去存储用户的数据。而当消耗的资源超过了服务器资源极限的时候，服务器就会崩溃，整个系统将无法正常使用。

下面将基于高并发系统的技术挑战来介绍典型的分布式解决方案。本章的内容会被应用到后面的某些实战案例中。所以我希望在本章带你进行简单的预习，带领读者对自己学过的高并发技术进行简单回顾。

我要先说明一点，今天的高并发系统架构方法比较多，但它们是殊途同归的，都要遵循一个相同的高并发应对思路。所以本章首要目标就是明确高并发的思路到底是什么，即搞清楚高并发系统架构的方法论。

2.1 高并发系统架构的方法论

高并发技术的核心就是为了满足用户的高并发访问需求，系统需要提供更多的计算资源。那么如何提供这些计算资源，即如何使系统的计算资源随着并发的增加而增加呢？

对此，人们提出各种技术解决方案，这些解决方案大致可以分成两类：一类是传统大型软件系统的技术方案，被称作**垂直伸缩方案**。所谓的垂直伸缩就是提升单台服务器的处理能力，比如用更快频率的 CPU、更多核的 CPU、更大的内存、更快的网卡、更多的磁盘组成一台服务器，从普通服务器升级到小型机，从小型机升级到中型机，从中型机升级到大型机，从而使单台服务器的处理能力得到提升。

当业务增长，用户增多，服务器的计算能力无法满足要求的时候，就会用更强大的计算机。计算机越强大，处理能力越强大，当然价格也越昂贵，技术越复杂，运维越困难。

由于垂直伸缩固有的这些问题，人们又提出另一类解决方案，被称作**水平伸缩方案**。所谓的水平伸缩，指的是不去提升单机的处理能力，不使用更昂贵、更快、更厉害的硬件，而是使用**更多的服务器**，将这些服务器构成一个**分布式集群**，通过这个集群对外统一提供服务，以此来提高系统整体的处理能力。

水平伸缩除了可以解决垂直伸缩的各种问题外，还有一个天然的好处，那就是随着系统并发的增加，可以逐台服务器地添加资源，即具有更好的弹性。而这种弹性是大多数互联网应用场景所必需的。因为我们很难正确估计一个互联网应用系统究竟会有多少用户来访问，以及这些用户会在什么时候来访问。而水平伸缩的弹性可以保证不管有多少用户，不管用户什么时候来访问，只要随时添加服务器就可以了。

因此现在的大型互联网系统多采取水平伸缩方案来应对用户的高并发访问。

2.2 高并发系统架构的主要技术

虽然分布式集群优势明显，但是将一堆服务器放在一起，用网线连起来，并不能天然地使它们构成一个系统。要想让很多台服务器构成一个整体，就需要在架构上进行设计，使用各种技术，让这些服务器成为整体系统的一部分，将这些服务器有效地组织起来，统一提升系统的处理能力。

这些相关的技术就是高并发系统架构的主要技术——各种**分布式技术**。

2.2.1 分布式应用

应用服务器是处理用户请求的主要服务器，工程师开发的代码就部署在这些服务器上。在系统运行期间，每个用户请求都需要分配一个线程去处理，而每个线程又需要占用一定的 CPU 和内存资源。所以当高并发的用户请求到达的时候，应用服务器需要创建大量线程，消耗大量计算机资源，当这些资源不足的时候，系统就会崩溃。

解决这个问题的主要手段就是使用负载均衡服务器，将多台应用服务器构成一个分布式集群，用户请求首先到达负载均衡服务器，然后由负载均衡服务器将请求分发到不同的应用服务器上。当高并发的用户请求到达时，请求将被分摊到不同的服务器上。这样一来，每台服务器创建的线程都不会太多，占用的资源也在合理范围内，系统就会保持正常运行。通过负载均衡服务器构建的分布式应用集群如图 2-1 所示。

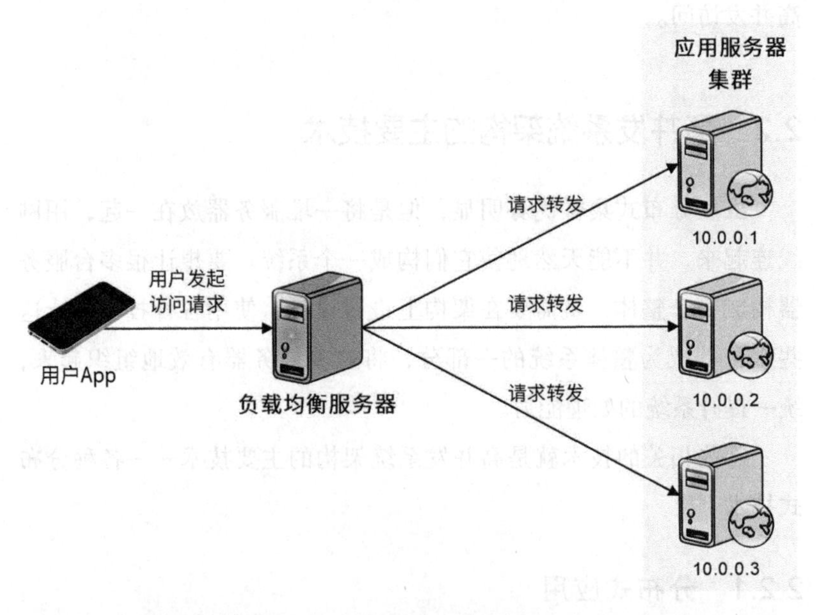

图 2-1 通过负载均衡服务器构建的分布式应用集群

2.2.2 分布式缓存

系统在运行期需要获取很多数据，而这些数据主要存储在数据库中，如果每次获取数据都要到数据库访问，会给数据库造成极大的负载压力。同时数据库的数据存储在硬盘中，每次查询数据都要进行多次硬盘访问，性能也会比较差。

目前常用的解决办法就是使用缓存。我们可以将数据缓存起来，每次访问数据的时候先从缓存中读取，如果缓存中没有需要的数据，才去数据库中查找。这样可以极大降低数据库的负载压力，也有效提高了获取数据的速度。同样，缓存通过将多台服务器够构成一个分布式集群，提升了数据处理能力，如图 2-2 所示。

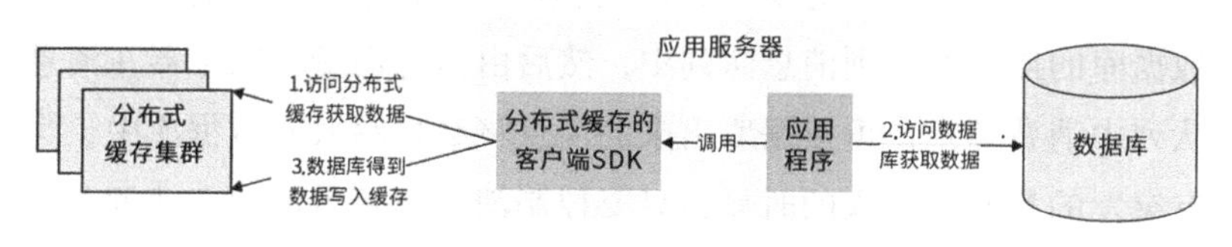

图 2-2 分布式缓存架构

首先应用程序调用分布式缓存的客户端 SDK，SDK 会根据应用程序传入的 key 进行路由选择，从分布式缓存集群中选择一台缓存服务器进行访问。如果分布式缓存中不存在要访问的数据，应用程序就直接访问数据库，从数据库中获取数据，然后将该数据写入缓存中。这样，下次再需要访问该数据的时候就可以直接从缓存中得到了。

2.2.3 分布式消息队列

分布式消息队列是解决**突发的高并发写操作问题和实现更简单的集群伸缩**的一种常用技术方案。消息队列架构主要包含 3 个角色：消息生产者、消息队列、消息消费者，如图 2-3 所示。

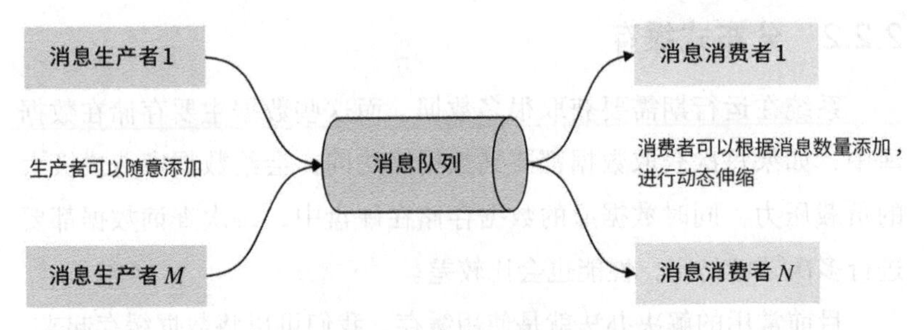

图 2-3　分布式消息队列架构

比如要写数据库，可以直接由应用程序写入数据库，但是如果有突发的高并发写入请求，就会导致数据库瞬间负载压力过大，响应超时甚至数据库崩溃。

但是如果使用消息队列，应用程序（消息生产者）就可以将写数据库的操作写入到消息队列中，然后由消息消费者服务器在消息队列中消费消息，再根据取出来的消息将数据写入到数据库中。当有突发的高并发写入的时候，只要控制消息消费者的消费速度，就可以保证数据库的负载压力不会太大。

同时，由于消息生产者和消息消费者没有调用耦合，当需要增强系统的处理能力，只需要增加消息生产者或者消息消费者服务器就可以了，不需要改动任何代码，使得集群的伸缩更加简单。

2.2.4　分布式关系数据库

关系数据库本身并不支持伸缩性，但是关系数据库又是最传统的数据存储手段。**为了解决关系数据库存储海量数据以及提供高并发读写的问题**，人们提出了将数据进行分片，再将不同分片写入不同数据库服务器的方法。

通过这种方法，我们可以将多台服务器构建成一个分布式的关系数据库集群，从而实现数据库的伸缩性，如图 2-4 所示。

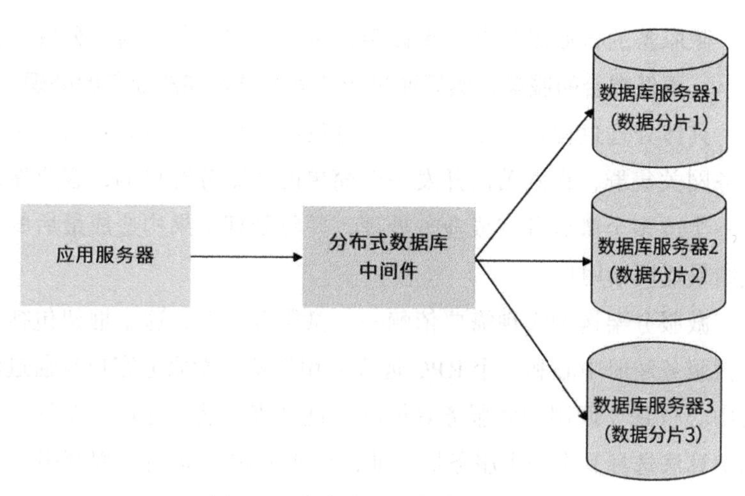

图 2-4 分布式关系数据库架构

2.2.5 分布式微服务

我们前面提到的分布式应用，是**在一个应用程序内部完成大部分的业务逻辑处理**，然后将这个应用程序部署到一个分布式服务器集群中对外提供服务，这种架构方案被称作单体架构。与此相对应的是分布式微服务架构，这是一种目前使用更为广泛的架构方案，如图 2-5 所示。

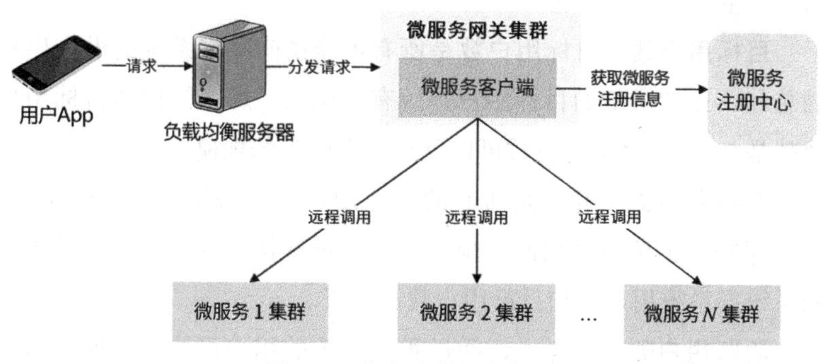

图 2-5 分布式微服务架构

微服务的核心思想是将单体架构中庞大的业务逻辑拆分成一些更小、更低耦合的服务，然后通过服务间的调用完成业务的处理。

具体处理过程是：用户请求通过负载均衡服务器分发给一个微服务网关集群，在网关内开发一个简单的微服务客户端，客户端调用一个或多个微服务完成业务处理，并将处理结果构造成最后的响应结果返回给用户。

微服务架构的实现需要依赖一个微服务框架，这个框架包括一个微服务注册中心和一个 RPC 远程调用框架。微服务客户端通过注册中心得到要调用的微服务具体的地址列表，然后通过一个软负载均衡算法选择其中一个服务器地址，再通过 PRC 进行远程调用。

除了以上这些分布式技术之外，高并发系统中常用的还有大数据、分布式文件、区块链、搜索引擎、NoSQL、CDN、反向代理等技术，也都是一些非常经典的分布式技术。

2.3　系统并发指标

本书中大部分案例都是关于高并发系统的，那么和并发相关的指标有哪些？并发量又该如何估算？首先，我们来看和并发相关的指标，主要有以下这些。

目标用户数：目标用户数是所有可能访问我们系统的潜在用户的总和，比如微信的目标用户是所有中国人，那么微信的目标用户数就是 14 亿。目标用户数可以反映潜在的市场规模。

系统用户数：并不是所有的目标用户都会来访问我们的系统，只有那些真正访问过我们系统的用户才被称作系统用户。越是成功的系统，系统用户数和目标用户数越接近。

活跃用户数：同样，访问过我们系统的用户可能只是偶尔访问一下，甚至只访问一次就永不再来。所以我们还需要关注用户的活跃度，也就是经常来访问的用户规模有多大。如果以一个月为单位，那么一个月内只要来访问过一次，就会被统计为活跃用户，这个数目被称为月活用户数。同样，一天内访问过的总用户数被称为日活用户数。

在线用户数：当活跃用户登录系统的时候就成为在线用户了。在线用户数就是正在使用我们系统的用户总数。

并发用户数：但在线用户也并不总是在请求我们的系统服务，他可能搜索并得到一个页面，然后就在自己的手机端浏览。只有发起请求，服务器正在处理这个请求的用户才是并发用户。事实上，高并发架构主要关注的就是用户发起请求，服务器处理请求时需要消耗的计算资源。所以并发用户数是架构设计时的主要关注指标。

在后续的案例分析中，我都会根据市场规模估计一个目标用户数，然后根据产品特点、竞品数据等，逐步估算其他的用户数指标。

有了上面这些用户数指标，我们就可以进一步估算架构设计需要考虑的一些其他技术指标，比如每天需要新增的**文件存储空间**，以及存储系统用户需要的**总数据库规模**、**总网络带宽**、**每秒处理的请求数**等。

技术指标估算能力是架构师的一个重要能力，有了这个能力，你才有信心用技术解决未来的问题，也会因此对未来充满信心。这个估算过程会在后面的案例中不断重复，你也可以根据你的判断，分析这些估算是否合理，还有哪些没有考虑到的、影响架构设计的指标。

2.4 小结

高并发架构的主要挑战就是**大量用户请求需要使用大量的计算资源**。至于如何增加计算资源，互联网应用走出了一条水平伸缩的发展道路，也就是通过**构建分布式集群架构**，不断向集群中添加服务器，以此来增加集群的计算资源。

那如何增加服务器呢？对此，又诞生了各种各样的分布式技术方案。我们掌握了这些分布式技术，就算是掌握了高并发系统架构设计的核心。具体这些技术如何应用在高并发系统的架构实践中，我们在后面的案例中会不断进行展示。

CHAPTER 3

第3章

百亿短 URL 生成器设计

从这一章开始，我们将结合具体的案例来看看怎么设计高并发系统，你也可以学习具体的软件设计文档的写法。我们先来看看，当高并发遇到海量数据处理时的架构。

在社交媒体上，人们经常需要分享一些 URL，但是有些 URL 可能会很长，比如 https://time.geekbang.org/hybrid/pvip?utm_source=geektime-pc-discover-banner&utm_term=geektime-pc-discover-banner。这样长的 URL 显然体验并不友好。我们期望分享的是一些更短、更易于阅读的短 URL，比如像 http://1.cn/ScW4dt 这样的。当用户单击这个短 URL 的时候，可以重定向访问到原始的链接地址。为此我们将设计、开发一个短 URL 生成器，产品名称是 Fuxi（伏羲），产品 Logo 如图 3-1 所示。

我们预计 Fuxi 需要管理的短 URL 规模在百亿级别，并发吞吐量达到数万级别。这个量级的数据对应的存储方案是什么样的？用传统的关系数据库存储，还是有其他更简单的办法？此外，如何提升系统的并发处理能力呢？这些是我们今天要重点考虑的问题。

图 3-1　短 URL 生成器 Fuxi Logo

3.1　需求分析

Fuxi 访问时序图如图 3-2 所示。

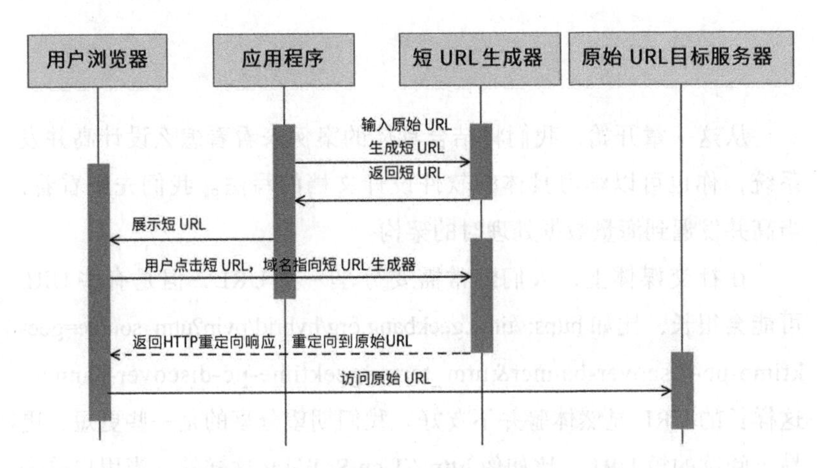

图 3-2　Fuxi 访问时序图

对于需要展示短 URL 的应用程序，由该应用调用短 URL 生成器生成短 URL，并将该短 URL 展示给用户，用户在浏览器中单击该短 URL 的时候，请求被发送到短 URL 生成器[1]，短 URL 生成器返

[1] 短 URL 生成器以 HTTP 服务器的方式对外提供服务，短 URL 域名指向短 URL 生成器。

回 HTTP 重定向响应，将用户请求重定向到最初的原始长 URL，浏览器访问长 URL 服务器，完成请求的服务。

3.1.1　短 URL 生成器的用例图

Fuxi 用例图如图 3-3 所示。

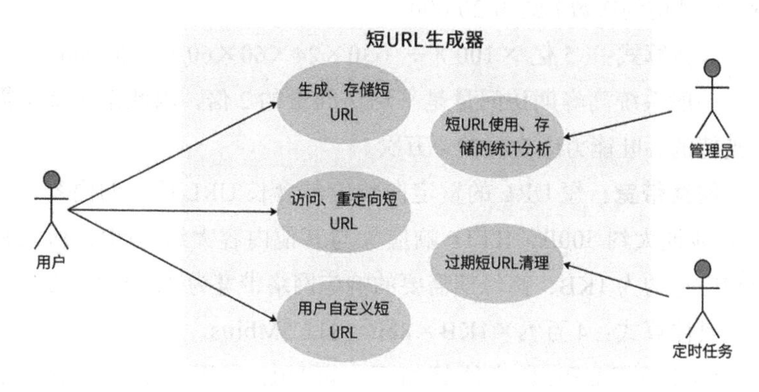

图 3-3　Fuxi 用例图

1）用户 client 程序可以使用短 URL 生成器 Fuxi 为每个长 URL 生成唯一的短 URL，并存储起来。

2）用户可以访问这个短 URL，Fuxi 将请求重定向到原始长 URL。

3）生成的短 URL 可以是 Fuxi 自动生成的，也可以是用户自定义的。用户可以指定一个长 URL 对应的短 URL 内容，只要这个短 URL 还没有被使用。

4）管理员可以通过 Web 后台检索、查看 Fuxi 的使用情况。

5）短 URL 有效期（2 年），后台定时任务会清理超过有效期的 URL，以节省存储资源，同时回收短 URL 地址链接资源。

3.1.2　性能指标估算

Fuxi 的存储容量和并发量估算如下。

预计每月新生成短URL 5亿条，短URL有效期2年，那么总URL数量120亿（5亿×12月×2年＝120亿）。

存储空间：每条短URL数据库记录大约1KB，那么需要总存储空间12TB（120亿×1KB≈12TB，不含数据冗余备份）。

吞吐量：每条短URL平均读取次数100次，那么平均访问吞吐量（每秒访问次数）约为20 000。

具体算式：（5亿×100）÷（30×24×60×60）≈20 000。

一般系统高峰期访问量是平均访问量的2倍，因此系统架构需要支持的吞吐能力应为每秒4万次。

网络带宽：短URL的重定向响应包含长URL地址的内容，长URL地址大约500B，HTTP响应头与其他内容大约500B，所以每个响应包约为1KB，高峰期需要的响应网络带宽为312.5Mbit/s。

具体算式：4万/s×1KB×8bit＝312.5Mbit/s。

Fuxi的**短URL长度估算**如下。短URL采用Base64编码，如果短URL长度是7个字符的话，大约可以编码4万亿（64^7≈4万亿）个短URL。

如果短URL长度是6个字符的话，大约可以编码680亿（64^6≈680亿）个短URL。

按我们前面评估，总URL数是120亿个，6个字符的编码就可以满足需求。因此Fuxi的短URL编码长度为6个字符，形如http://l.cn/ScW4dt。

3.1.3　非功能性需求

Fuxi需要满足的非功能性需求如下：

1）系统需要保持高可用，不因为服务器、数据库宕机而引起服务失效。

2）系统需要保持高性能，服务端80%请求响应时间应小于5ms，99%请求响应时间小于20ms，平均响应时间小于10ms。

3）短 URL 应该是不可猜测的，既不能猜测某个短 URL 是否存在，也不能猜测短 URL 可能对应的长 URL 地址内容。

3.2 概要设计

短 URL 生成器的设计核心就是短 URL 的生成，即长 URL 通过某种函数，计算得到一个 6 个字符的短 URL。短 URL 有几种不同的生成算法。

3.2.1 单向散列函数生成短 URL

通常的设计方案是，将长 URL 利用 MD5 或者 SHA256 等单向散列算法进行 Hash 计算，得到 128 bit 或者 256 bit 的 Hash 值。然后对该 Hash 值进行 Base64 编码，得到 22 个或者 43 个 Base64 字符，再截取前面的 6 个字符，就得到短 URL 了，如图 3-4 所示。

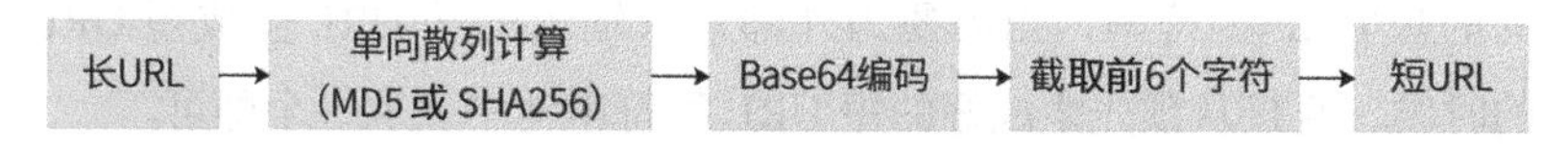

图 3-4 短 URL 生成算法

但是这样得到的短 URL 可能会发生 Hash 冲突，即不同长度的 URL 计算得到的短 URL 是相同的（MD5 或者 SHA256 计算得到的 Hash 值几乎不会冲突，但是经 Base64 编码后再截取的 6 个字符有可能会冲突）。所以在生成的时候，需要先校验该短 URL 是否已经映射为其他的长 URL，如果是，那么需要重新计算（换单向散列算法，或者换 Base64 编码截取位置）。重新计算得到的短 URL 依然可能冲突，需要再重新计算。

但是这样的冲突处理需要多次到存储系统中查找 URL，无法保证 Fuxi 的性能要求。

3.2.2 自增长短URL

一种免冲突的算法是用自增长自然数来实现，即维持一个自增长的二进制自然数，然后将该自然数进行Base64编码，即可得到一系列的短URL。这样生成的短URL必然唯一，而且还可以生成小于6个字符的短URL，比如自然数0的Base64编码是字符“A”，就可以用http://1.cn/A作为短URL。

但是这种算法将导致短URL是可猜测的，如果某个应用在某个时间段内生成了一批短URL，那么这批短URL就会集中在一个自然数区间内。只要知道了其中一个短URL，就可以通过自增（以及自减）的方式请求访问其他URL。而Fuxi的需求是不允许出现短URL可预测的情况。

3.2.3 预生成短URL

因此，Fuxi采用预生成短URL的方案。即预先生成一批没有冲突的短URL字符串，当需要为外部请求输入的长URL生成短URL的时候，直接从预先生成好的短URL字符串池中获取一个即可。

预生成短URL的算法可以采用随机数来实现，6个字符中的每个字符都用随机数产生（用0～63的随机数产生一个Base64编码字符）。为了避免随机数产生的短URL冲突，需要在预生成时检查该URL是否已经存在（用布隆过滤器检查）。因为预生成短URL是离线的，所以这时不会有性能方面的问题。事实上，Fuxi在上线之前就已经生成全部的144亿条短URL并存储在文件系统中。（预估需要短URL120亿，Fuxi预生成的时候增加了20%作为冗余。）

3.2.4 整体部署模型

Fuxi的业务逻辑比较简单，比较有挑战的是高并发的读请求如何处理、预生成的短URL如何存储以及访问。高并发访问主要通过负载均衡与分布式缓存解决，而海量数据存储则通过 HDFS 以及 HBase 来完成。Fuxi 整体部署模型如图 3-5 所示。

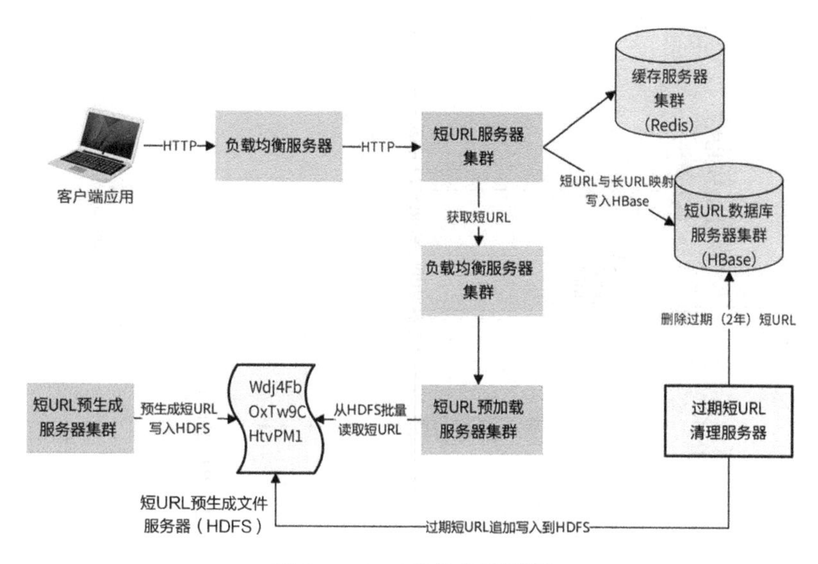

图 3-5　Fuxi 整体部署模型

系统调用可以分成两种情况：第一种是用户请求生成短 URL 的过程；第二种是用户访问短 URL，通过 Fuxi 跳转到长 URL 的过程。

针对第一种情况，Fuxi 上线前已预生成了 144 亿条短 URL 并存储在 HDFS 文件系统中。系统上线运行后，客户端应用请求生成短 URL 的时候（即输入长 URL，请求返回短 URL），请求通过负载均衡服务器被发送到短 URL 服务器集群，短 URL 服务器再通过负载均衡服务器调用短 URL 预加载服务器集群。

短 URL 预加载服务器此前已经从短 URL 预生成文件服务器（HDFS）加载了一批短 URL 存放在自己的内存中，这时只需要从内存中返回一个短 URL 即可，同时将短 URL 与长 URL 的映射关系存储在 HBase 数据库中，时序图如图 3-6 所示。

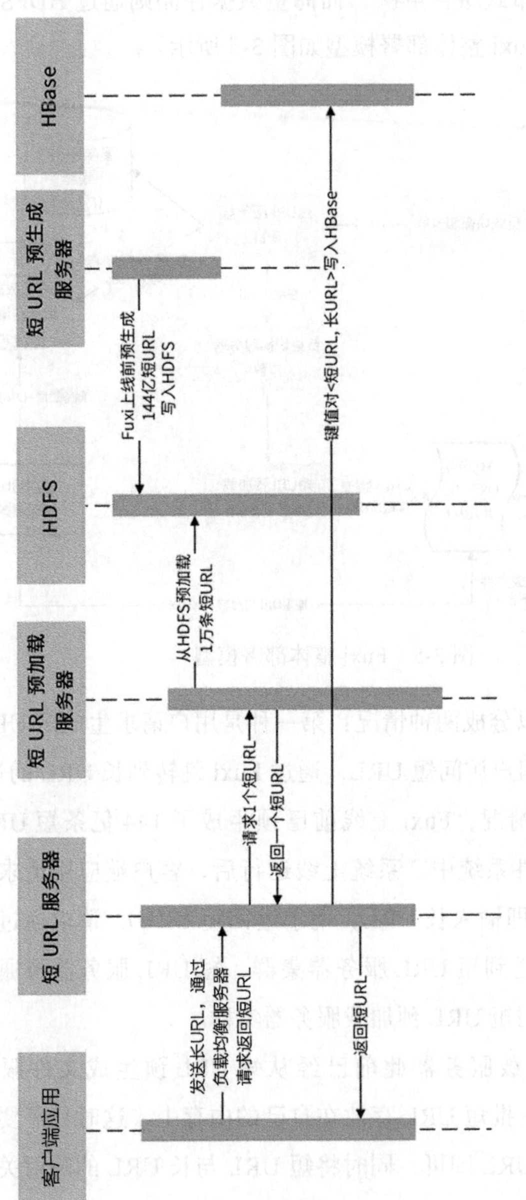

图 3-6 Fuxi 生成短 URL 的时序图

针对第二种情况，请求通过负载均衡服务器被发送到短 URL 服务器集群。短 URL 服务器先到缓存服务器中查找是否有该短 URL，如果有立即返回对应的长 URL，短 URL 生成服务器构造重定向响应对象返回给客户端应用。

如果缓存没有用户请求访问的短 URL，短 URL 服务器将访问短 URL 数据库服务器集群（HBase）。如果数据库中存在该短 URL，短 URL 服务器会将该短 URL 写入缓存服务器集群，并构造重定向响应返回给客户端应用。如果 HBase 中没有该短 URL，短 URL 服务器将构造 404 响应并返回给客户端应用，时序图如图 3-7 所示。

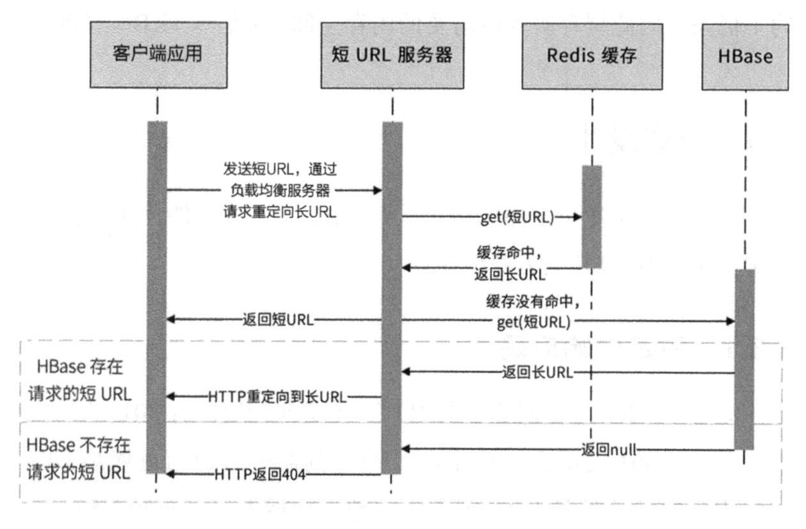

图 3-7 Fuxi 访问短 URL 跳转长 URL 的时序图

过期短 URL 清理服务器会每个月启动一次，将已经超过有效期（2 年）的 URL 数据删除，并将这些短 URL 追加写入到短 URL 预生成文件中。

为了保证系统高可用，Fuxi 的应用服务器、文件服务器、数据库服务器都采用集群部署方案，单个服务器故障不会影响 Fuxi 短 URL

的可用性。

对于 Fuxi 的高性能要求，80% 以上的访问请求将被设计为通过缓存（如 Redis）返回。Redis 的缓存响应时间为 1ms 左右，服务器端请求响应时间小于 3ms，满足 80% 请求小于 5ms 的性能目标。对于缓存没有命中的数据，则通过 HBase 获取，HBase 平均响应时间为 10ms，也可以满足设计目标中的性能指标。

业界一般认为，在 Redis 内存空间估算中，超过 80% 的请求集中在最近 6 天生成的短 URL 上，所以 Fuxi 主要缓存最近 6 天生成的短 URL 即可。根据需求容量估计，最近 6 天生成的短 URL 数量约 1 亿条，因此缓存服务器需要的内存空间：1 亿 ×1KB≈100GB。

3.3 详细设计

详细设计关注重定向响应码、短 URL 预生成文件及加载、用户自定义短 URL 等几个关键设计点。

3.3.1 重定向响应码

满足短 URL 重定向要求的 HTTP 重定向响应码有 301 和 302 两种。其中，301 表示永久重定向，即浏览器一旦访问过该短 URL，就将重定向的原始长 URL 缓存在本地，此后不再请求短 URL 生成器，直接根据缓存在浏览器（HTTP 客户端）的长 URL 路径进行访问。302 表示临时重定向，每次访问短 URL 都需要访问短 URL 生成器。

一般说来，使用 301 状态码可以降低 Fuxi 服务器的负载压力，但无法统计短 URL 的使用情况。而 Fuxi 的架构设计完全可以承受这些负载压力，因此 Fuxi 使用 302 状态码构造重定向响应。

3.3.2 短 URL 预生成文件及预加载

Fuxi 共 144 亿个短 URL，每个短 URL 6 个字符，文件大小 144 亿 ×6B≈80.47GB。

直接将 144 亿个短 URL 的 ASC 码无分割地存储在文件中，以下是存储了 3 个短 URL 的文件示例：

```
Wdj4FbOxTw9CHtvPM1
```

所以，如果短 URL 预加载服务器第一次启动时加载 1 万个短 URL，那么就从文件头读取 60 000B 数据，并标记当前文件偏移量 60 000B。下次再加载 1 万个短 URL 的时候，再从文件 60 000B 偏移位置继续读取 60 000B 数据即可。

因此，Fuxi 除了需要一个在 HDFS 记录预生成短 URL 的文件外，还需要一个记录偏移量的文件，记录偏移量的文件也存储在 HDFS 中。同时，因为短 URL 预加载服务器集群部署了多台服务器，会出现多台服务器同时加载相同短 URL 的情况，所以还需要利用偏移量文件对多个服务器进行互斥操作，即利用文件系统写操作锁的互斥性实现多服务器访问互斥。

应用程序的文件访问流程应该是：写打开偏移量文件→读偏移量→读打开短 URL 文件→从偏移量开始读取 60 000B 数据→关闭短 URL 文件→修改偏移量文件→关闭偏移量文件。

因为写打开偏移量文件是一个互斥操作，所以第一个短 URL 预加载服务器写打开偏移量文件以后，其他短 URL 预加载服务器无法再写打开该文件，也就无法完成读 60 000B 短 URL 数据及修改偏移量的操作，这样就能保证这两个操作是并发安全的。

加载到短 URL 预加载服务器的 1 万个短 URL 会以链表的方式存储，每使用一个短 URL，链表头指针就向后移动一位，并设置前一个链表元素的 next 对象为 null。这样用过的短 URL 对象可以被垃圾回收。

当剩余链表长度不足2000的时候，触发一个异步线程，从文件中加载1万个新的短URL，并链接到链表的尾部。

与之对应的URL链表类图如图3-8所示。

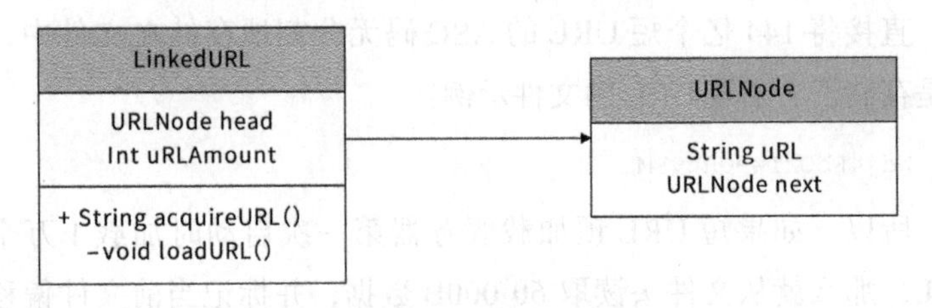

图3-8 短URL链表类图

1）URLNode：URL链表元素类，成员变量uRL即短URL字符串，next指向下一个链表元素。

2）LinkedURL：URL链表主类，成员变量head指向链表头指针元素，uRLAmount表示当前链表剩余元素个数。acquireURL()方法从链表头指针指向的元素中取出短URL字符串，并执行urlAmount-操作。当urlAmount < 2000的时候，调用私有方法loadURL()，该方法调用一个线程从文件中加载1万个短URL并构造成链表添加到当前链表的尾部，之后重置uRLAmount。

3.3.3 用户自定义短URL

Fuxi允许用户自己定义短URL，即在生成短URL的时候，由用户指定短URL的内容。为了避免预生成的短URL和用户指定的短URL冲突，Fuxi限制用户自定义短URL的字符个数，不允许用户使用6个字符的自定义短URL，且URL长度不得超过20个字符。

但是用户自定义短URL依然可能和其他用户自定义的短URL冲突，所以Fuxi生成自定义短URL的时候需要到数据库中检查是否指定的URL已经被使用，如果发生冲突，要求用户重新指定。

3.3.4 URL Base64 编码

标准 Base64 编码表如图 3-9 所示。

数值	字符	数值	字符	数值	字符	数值	字符
0	A	16	Q	32	g	48	w
1	B	17	R	33	h	49	x
2	C	18	S	34	i	50	y
3	D	19	T	35	j	51	z
4	E	20	U	36	k	52	0
5	F	21	V	37	l	53	1
6	G	22	W	38	m	54	2
7	H	23	X	39	n	55	3
8	I	24	Y	40	o	56	4
9	J	25	Z	41	p	57	5
10	K	26	a	42	q	58	6
11	L	27	b	43	r	59	7
12	M	28	c	44	s	60	8
13	N	29	d	45	t	61	9
14	O	30	e	46	u	62	+
15	P	31	f	47	v	63	/

图 3-9　标准 Base64 编码表

其中，“+”和“/”在 URL 中会被编码为“%2B”以及“%2F”，而“%”在写入数据库的时候又和 SQL 编码规则冲突，需要进行再编码，因此直接使用标准 Base64 编码进行短 URL 编码并不合适。URL 保留字符编码表如图 3-10 所示。

!	#	$	&	'	(	)	*	+	,	/	:	;	=	?	@	[	]
%21	%23	%24	%26	%27	%28	%29	%2A	%2B	%2C	%2F	%3A	%3B	%3D	%3F	%40	%5B	%5D

图 3-10　URL 保留字符编码表

所以，我们需要基于URL场景对Base64编码进行改造，使用URL保留字符表以外的字符对Base64编码表中的62、63进行编码：将“+”改为“-”，将“/”改为“_”。Fuxi最终采用的自定义Base64编码表如图3-11所示。

数值	字符	数值	字符	数值	字符	数值	字符
0	A	16	Q	32	g	48	w
1	B	17	R	33	h	49	x
2	C	18	S	34	i	50	y
3	D	19	T	35	j	51	z
4	E	20	U	36	k	52	0
5	F	21	V	37	l	53	1
6	G	22	W	38	m	54	2
7	H	23	X	39	n	55	3
8	I	24	Y	40	o	56	4
9	J	25	Z	41	p	57	5
10	K	26	a	42	q	58	6
11	L	27	b	43	r	59	7
12	M	28	c	44	s	60	8
13	N	29	d	45	t	61	9
14	O	30	e	46	u	62	-
15	P	31	f	47	v	63	-

图3-11 Fuxi自定义的Base64编码表

3.4 小结

Fuxi是一个高并发（2万QPS）、海量存储（144亿条数据），还满足10ms的高性能平均响应时间的系统，但是Fuxi的架构并不复杂。

一方面是源于Fuxi的业务逻辑非常简单，只需要完成短URL

与长 URL 的映射关系生成与获取就可以了。另一方面则是源于开源技术体系的成熟，比如一个 HDFS 集群可支持百万 TB 规模的数据存储，而我们需要的存储空间只有不到 100GB，都有点大材小用了。事实上，Fuxi 选择 HDFS 更多的考虑是利用 HDFS 的高可用特性，而且 HDFS 的自动备份策略为我们提供了高可用的数据存储解决方案。

同理，高并发也是如此。2 万 QPS 看起来不小，但实际上因业务逻辑简单，单个数据都很小，加上大部分请求数据可以通过缓存获取，所以实际响应时间是非常短的。10ms 的平均响应时间使得 Fuxi 真正承受的并发压力只有 200。对于这样简单的业务逻辑以及 200 这样的并发压力，我们使用配置高一点的服务器的话，只需要一台短 URL 服务器其实就可以满足了。所以，我们在短 URL 服务器之前使用负载均衡服务器，这也是更多地为高可用服务。

CHAPTER 4

第4章

千亿级网页爬虫设计

在互联网早期，网络爬虫仅仅应用在搜索引擎中。随着大数据时代的到来，数据存储和计算越来越廉价和高效，越来越多的企业开始利用网络爬虫来获取外部数据。例如：获取政府公开数据以进行统计分析；获取公开资讯以进行舆情和热点追踪；获取竞争对手数据以进行产品和营销优化等。

网络爬虫有时候也被称为网络机器人，或者网络蜘蛛。我们准备开发一个全网爬虫，爬取全（中文）互联网的公开网页，以构建搜索引擎和进行数据分析。爬虫名称为 Bajie（八戒），产品 Logo 如图 4-1 所示。

图 4-1　网络爬虫 Bajie Logo

Bajie 的技术挑战包括：如何不重复地获取并存储全网海量 URL？如何保证爬虫可以快速爬取全网网页但又不会给目标网站带来巨大的并发压力？接下来就来看看 Bajie 的需求与技术架构。

4.1 需求分析

Bajie 的功能比较简单，这里不再赘述。

4.1.1 性能指标估算

因为互联网网页会不断产生数据，所以全网爬虫 Bajie 也是一个持续运行的系统。根据设计目标，Bajie 需要每个月从互联网爬取的网页数为 20 亿个，平均每个页面 500KB，且网页需存储 20 年。

Bajie 的**存储量**和 **TPS（系统吞吐量）**估算如下。

每月新增存储量：估计平均每个页面 500KB，那么每个月约需要新增存储数据 1PB。

$$20\text{ 亿}\times 500\text{KB}\approx 1\text{PB}$$

总存储空间：网页存储有效期 20 年，那么需要总存储空间为 240PB。

$$1\text{PB/ 月}\times 12\text{ 个月 }\times 20\text{ 年}=240\text{PB}$$

提示：Bajie 的 TPS 约为 800。

$$20\text{ 亿 / 月}\div(30\times 24\times 60\times 60\text{ 秒})\approx 800$$

4.1.2 非功能性需求

Bajie 需要满足的非功能性需求如下。

伸缩性：当未来需要增加每月爬取的网页数时，Bajie 可以灵活部署，扩大集群规模，增强其爬取网页的速度。也就是说，Bajie 必须是一个分布式爬虫。

健壮性：互联网是一个开放的世界，也是一个混乱的世界，服务器可能会宕机，网站可能会失去响应，网页HTML可能是错误的，链接可能有陷阱……所以Bajie应该能够面对各种异常，正常运行。

去重：一方面需要对超链接URL去重，相同的URL不需要重复下载；另一方面还要对内容去重，不同URL但是相同内容的页面也不需要重复存储。

扩展性：当前只需要爬取HTML页面即可，将来可能会扩展到图片、视频、文档等内容页面。

此外，Bajie必须是"礼貌的"。爬虫爬取页面，实际上就是对目标服务器的一次访问，如果高并发地进行访问，可能会对目标服务器造成比较大的负载压力，甚至会被目标服务器判定为DoS攻击。因此Bajie要避免对同一个域名进行并发爬取，还要根据目标服务器的承载能力增加访问延迟，即在两次爬取访问之间增加等待时间。

并且，Bajie还需要遵循互联网爬虫协议，即目标网站的robots.txt协议，不爬取目标网站禁止爬取的内容。比如www.zhihu.com的robots.txt内容片段如下。

```
User-agent: bingbot
Disallow: /appview/
Disallow: /login
Disallow: /logout
Disallow: /resetpassword
Disallow: /terms
Disallow: /search
Allow: /search-special
Disallow: /notifications
Disallow: /settings
Disallow: /inbox
Disallow: /admin_inbox
Disallow: /*?guide*
```

zhihu约定Bing爬虫可以访问和不可以访问的路径都列在robots.txt中，Google爬虫等也在robots.txt中列明路径。

robots.txt还可以直接禁止某个爬虫，比如淘宝就禁止了百度爬虫，淘宝的robots.txt如下。

```
User-agent: Baiduspider
Disallow: /
User-agent: baiduspider
Disallow: /
```

淘宝禁止百度爬虫访问根目录，也就是禁止百度爬取该网站的所有页面。

robots.txt 在域名根目录下，如 www.taobao.com/robots.txt。Bajie 应该首先获取目标网站的 robots.txt，根据爬虫协议构建要爬取的 URL 超链接列表。

4.2 概要设计

Bajie 的设计目标是爬取数千亿的互联网页，那么 Bajie 需要首先得到这千亿级网页的 URL，该如何获得呢？

全世界的互联网页面事实上是一个通过超链接连接的巨大网络，其中每个页面都包含一些指向其他页面的 URL 链接，这些有指向的链接将全部网页构成一个有向（网络）图。如图 4-2 所示，每个节点是一个网页，每条有向的边就是一个超链接。

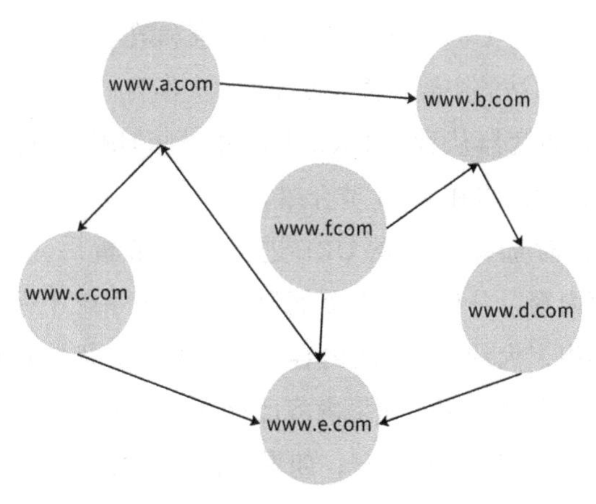

图 4-2 网页之间的超链接构成一个有向图

在图 4-2 中，www.a.com 包含两个超链接，分别是 www.b.com 和 www.c.com，对应图中就是节点 www.a.com 指向节点 www.b.com 和节点 www.c.com 的边。同样，www.b.com 节点也会指向 www.d.com 节点。

如果我们从图 4-2 中的某个节点开始遍历，根据节点中包含的链接再遍历其指向的节点，再从这些新节点遍历其指向的节点，如此下去，理论上可以遍历互联网上的全部网页。而将遍历到的网页下载保存起来，就是爬虫的主要工作。

所以，Bajie 不需要事先知道数千亿的 URL，然后去下载。Bajie 只需要知道一小部分 URL，也就是所谓的种子 URL，然后从这些种子 URL 开始遍历，就可以得到全世界的 URL，并下载全世界的网页。

4.2.1　爬虫处理流程

根据上面的分析，Bajie 的处理流程活动图如图 4-3 所示。

Bajie 主要处理流程如下。

1）Bajie 需要构建种子 URL，它们就是遍历整个互联网页面有向图的起点。种子 URL 将影响遍历的范围和效率，所以我们通常选择比较知名的网站的主要页面（比如首页）作为种子 URL。

2）URL 调度器从种子 URL 中选择一些 URL 进行处理。URL 调度器的算法原理将在 4.3.1 节介绍。

3）Bajie 对选择出来的 URL 进行域名解析后，下载并解析 HTML 页面内容，分析该内容是否已经在爬虫系统中存在。因为在互联网世界中，大约有 1/3 的内容是重复的，下载重复的内容就是在浪费计算和存储资源。如果内容已存在，就丢弃该重复内容，继续从 URL 调度器中获取 URL；如果不存在，就将该 HTML 页面写入 HDFS 存储系统。

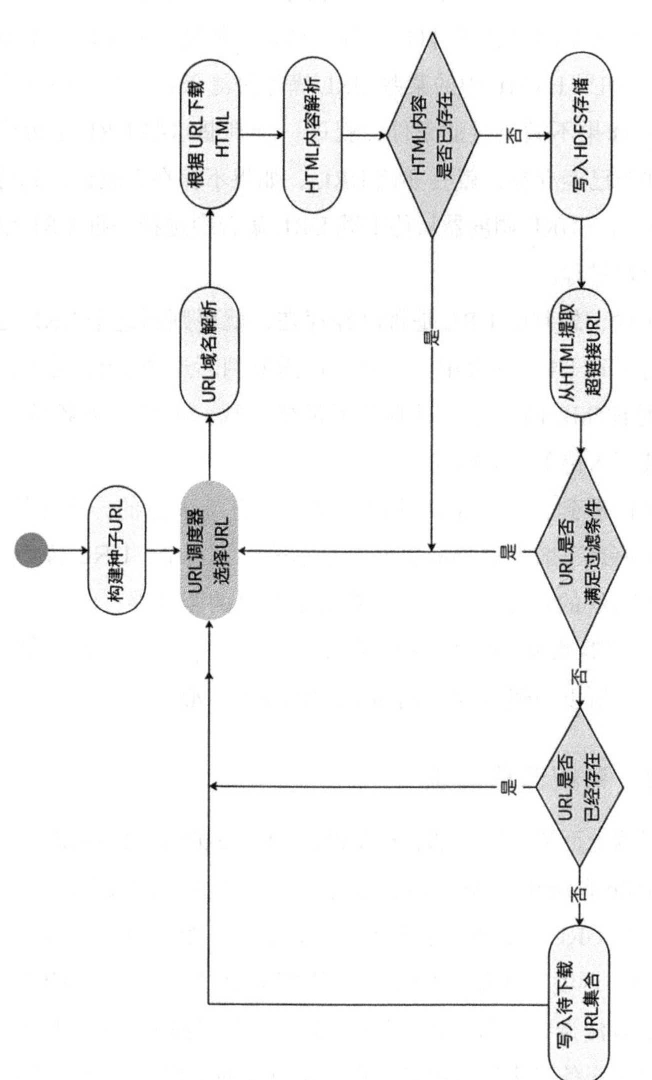

图 4-3 Bajie 处理流程活动图

4）Bajie 进一步从已存储的 HTML 中提取其内部包含的超链接 URL，分析这些 URL 是否满足过滤条件，即判断 URL 是否在黑名单中，以及 URL 指向的目标文件类型是否是爬虫要爬取的类型。

5）如果 HTML 中的某些 URL 满足过滤条件，那么就丢弃这些 URL；如果不满足过滤条件，就进一步判断这些 URL 是否已经存在：如果已经存在，就丢弃该 URL；如果不存在，就记录到待下载 URL 集合。URL 调度器从待下载 URL 集合中选择一批 URL 继续上面的处理过程。

注意，想判断 URL 是否已经存在，就要判断这个 URL 是否已经在待下载 URL 集合中。此外，还需要判断这个 URL 是否已经下载得到 HTML 内容了。只有既不是待下载，也没被下载过的 URL 才会被写入待下载 URL 集合。

可以看到，在爬虫的活动图里是没有结束点的，从开始启动，就在不停地下载互联网的页面，永不停息。其中，**URL 调度器是整个爬虫系统的中枢和核心，也是整个爬虫的驱动器**。爬虫就是靠着 URL 调度器源源不断地选择 URL，然后有节奏、可控地下载了整个互联网，所以 **URL 调度器也是爬虫的策略中心**。

4.2.2 系统部署模型

根据上面流程进行部署模型设计，Bajie 的部署图如图 4-4 所示。

Bajie 系统中主要有两类服务器：一类是 URL 调度器服务器；另一类是 URL 下载处理服务器集群，它是一个分布式集群。

URL 调度器从种子 URL 或待下载 URL 集合中载入 URL，再根据调度算法选择一批 URL 发送给 URL 下载处理服务器集群。这个下载处理服务器集群是由多台服务器组成的，根据需要达到的 TPS，集群可以进行动态的扩容和缩容，以实现需求中的伸缩性要求。

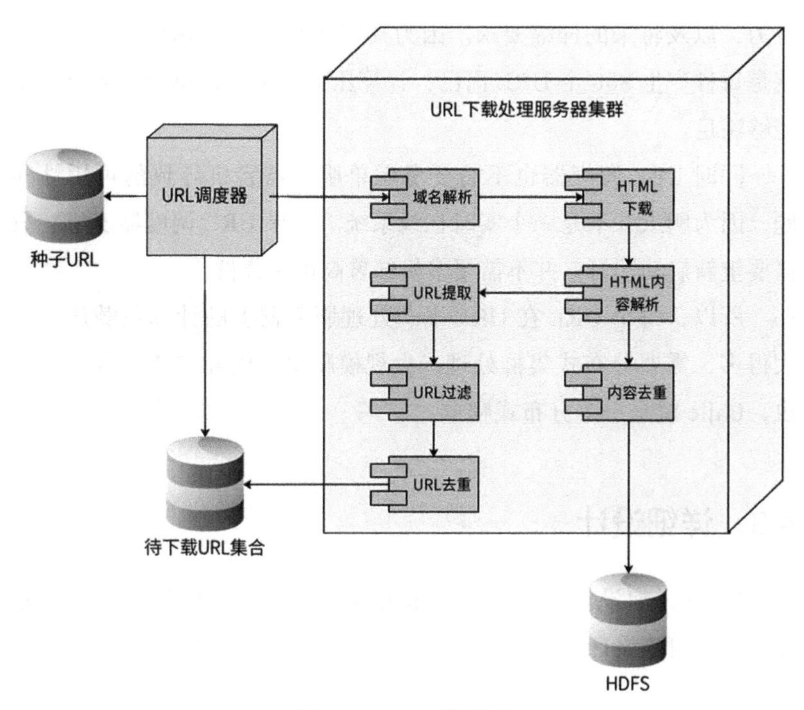

图 4-4　Bajie 部署图

每台 URL 下载处理服务器先得到分配给自己的一组 URL，再启动多个线程，其中每个线程处理一个 URL，按照前面的流程，调用域名解析组件、HTML 下载组件、HTML 内容解析组件、内容去重组件、URL 提取组件、URL 过滤组件、URL 去重组件，最终将 HTML 内容写入 HDFS，并将待下载 URL 写入待下载 URL 集合文件。

4.2.3　分布式爬虫

需要注意的是，URL 下载处理服务器采用分布式集群部署，主要是为了提高系统的吞吐能力，使系统满足伸缩性需求。而 URL 调度器则只需要部署在一台单机的高性能服务器即可。

事实上，单机 URL 调度器也完全能够满足目前 800TPS 的负载压力，以及将来的伸缩要求。因为其实 800TPS 对 URL 调度器而言就是每秒产生 800 个 URL 而已，计算压力并不大，单台服务器完全能够满足。

同时 URL 调度器也不需要考虑单服务器宕机导致的可用性问题，因为爬虫并不是一个实时在线系统。如果 URL 调度器宕机，只需要重新启动即可，并不需要多机部署高可用集群。

所以，每个 URL 在 URL 下载处理服务器上的计算负载压力要大得多，需要分布式集群处理，大规模爬虫也因此被称为分布式爬虫，Bajie 就是一个分布式爬虫。

4.3 详细设计

Bajie 详细设计关注 3 个技术关键点：URL 调度器算法、去重算法、高可用设计。

4.3.1 URL 调度器算法

URL 调度器需要从待下载 URL 集合中选取一部分 URL 进行排序，然后分发给 URL 下载服务器去下载。待下载 URL 集合中的 URL 是从下载的 HTML 页面里提取出来，然后进行过滤、去重得到的。一个 HTML 页面通常包含多个 URL，每个 URL 又对应一个页面，因此，URL 集合数量会随着页面不断下载而指数级增加。

待下载 URL 数量将远远大于系统的下载能力，URL 调度器就需要决定当前先下载哪些 URL。

如果调度器一段时间内选择的都是同一个域名的 URL，那就意味着我们的爬虫将以 800 TPS 的高并发访问同一个网站。目标网站可能会把爬虫判定为 DoS 攻击，从而拒绝请求；更严重的是，高并发的访问压力可能导致目标网站负载过高，系统崩溃。这样的爬虫是“不礼貌”的，也不是 Bajie 的设计目标。

前面说过，网页之间的链接关系构成了一个有向图，因此我们可以按照图的遍历算法选择 URL。图的遍历算法有深度优先和广度优先两种，深度优先就是从一个 URL 开始，访问网页后，从里面提取第一个 URL，然后访问该 URL 的页面，再提取第一个 URL，如此不断深入。

深度优先需要维护较为复杂的数据结构，而且太深的下载深度会导致下载的页面非常分散，不利于我们构建搜索引擎和数据分析。所以我们没有使用深度优先算法。

那广度优先算法如何呢？广度优先就是从一个 URL 开始，访问网页并从中得到 N 个 URL，然后顺序访问这个 N 个 URL 的页面，然后从这 N 个页面中提取 URL，如此不断深入。显然，广度优先实现更加简单，获取的页面也比较有关联性。

图的广度优先算法通常采用队列来实现。首先，URL 调度器从队列头出队列（dequeue）读取一个 URL，交给 URL 下载服务器，下载得到 HTML，再从 HTML 中提取得到若干个 URL 入队列（enqueue）插入到队列尾，URL 调度器再从队列头的出队列取一个 URL……如此往复，持续不断地访问全部互联网页，这就是互联网的广度优先遍历。

事实上，由于待下载 URL 集合存储在文件中，URL 下载服务器只需要向待下载 URL 集合文件尾部追加 URL 记录，而 URL 调度器只需要从文件头顺序读取 URL，这样就天然实现了先进先出的广度优先算法，如图 4-5 所示。

但是，广度优先搜索算法可能会导致爬虫一段时间内总是访问同一个网站，因为一个 HTML 页面内的链接常常是指向同一个网站的，这样就会使爬虫“不礼貌”。

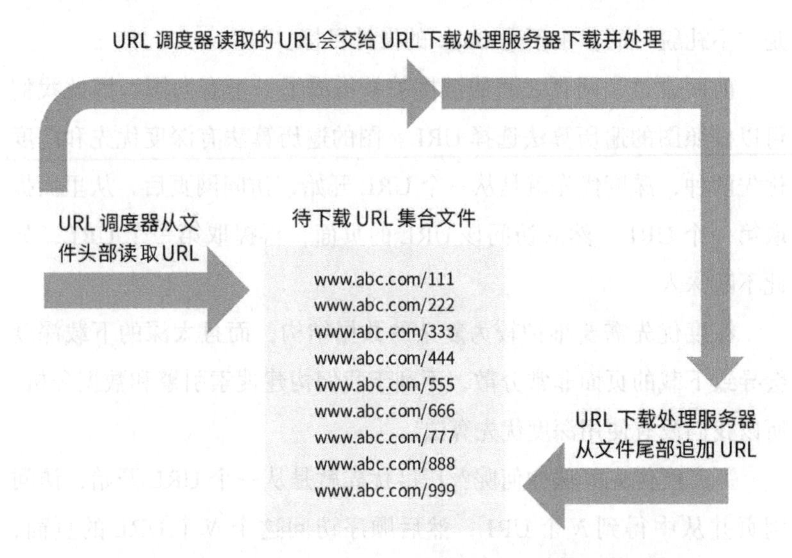

图 4-5 利用 URL 集合文件实现 URL 广度优先遍历

通常我们针对一个网站，一次只下载一个页面，所以 URL 调度器需要将待下载 URL 根据域名进行分类。此外，不同网站的信息质量也有高低之分，爬虫应该优先爬取那些高质量的网站。优先级和域名都可以使用不同队列来区分，如图 4-6 所示。

首先，优先级分类器会根据网页内容质量将域名分类（如后面章节会讲到的 PageRank 算法），并为不同质量等级的域名设置不同的优先级，然后将不同优先级记录在“域名优先级表”中。

其次，按照广度优先算法，URL 列表会从待下载 URL 集合文件中装载进来。根据“域名优先级表”中的优先级顺序，优先级分类器会将 URL 写入不同的队列中。

再次，优先级队列选择器会根据优先级使用不同的权重，从这些优先级队列中随机获取 URL，这样使得高优先级的 URL 有更多机会被选中。而被选中的 URL 都会交由域名分类器进行分类处理。域名分类器的分类依据就是“域名队列映射表”，这个表中记录了不同域名对应的队列。所以域名分类器可以顺利地将不同域名的 URL 写入不同的域名队列中。

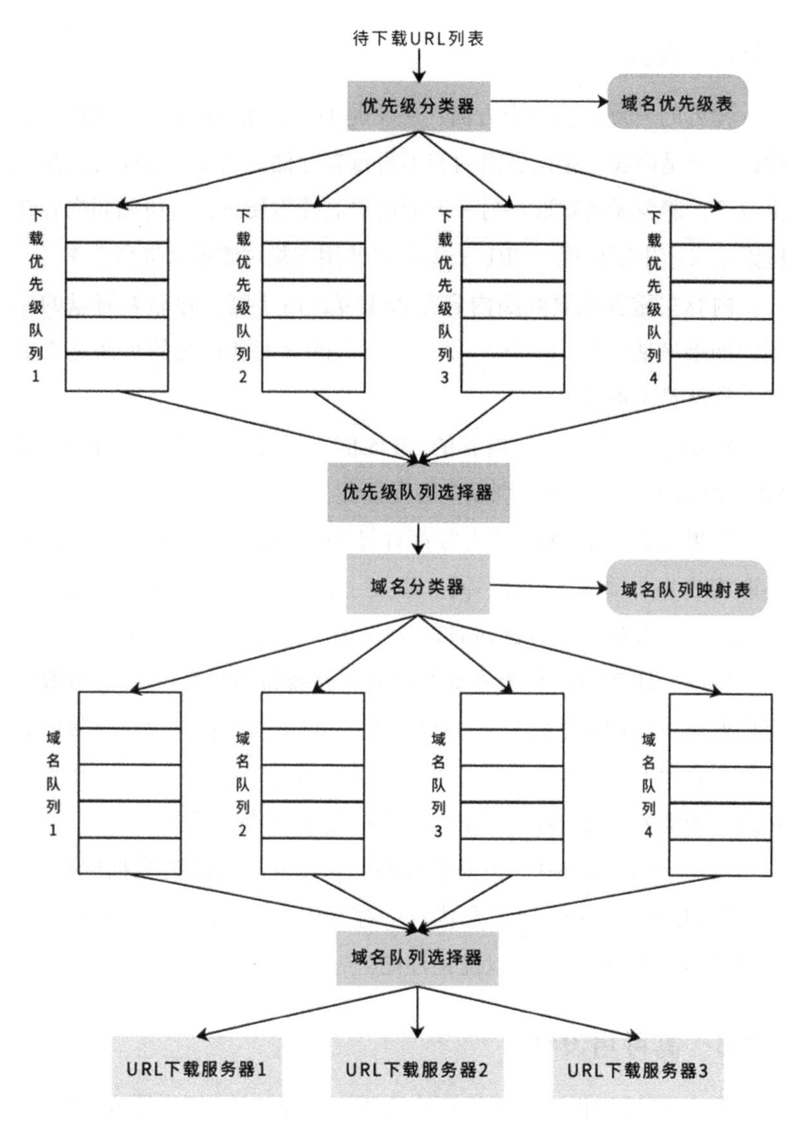

图 4-6 优先级分类与域名选择

最后，域名队列选择器将轮询所有的域名队列，从其中获得 URL 并分配给不同的 URL 下载服务器，进而完成下载处理。

4.3.2 去重算法

爬虫的去重包括两个方面：一个是 URL，相同 URL 不再重复下载；一个是内容，相同页面内容不再重复存储。去重一方面可提高爬虫效率，避免无效爬取；另一方面可提高搜索质量，避免相同内容在搜索结果中重复出现。URL 去重可以使用**布隆过滤器**来提高效率。

内容去重首先要判断内容是否重复，由于爬虫存储着海量的网页，如果按照字符内容比对每一个下载的页面和现有的页面是否重复，显然是不可能的。

Bajie 会先计算页面内容的 MD5 值，通过判断下载页面内容的 MD5 值是否已经存在，判断内容是否重复。

如果对整个 HTML 的内容都计算 MD5 值，那么 HTML 中的微小改变也会导致 MD5 值不同。事实上，不同网站即使相同内容的页面，也会改成网站自己的 HTML 模板，导致 HTML 内容不同。

所以，比较内容是否重复的时候，需要将 HTML 里面的有效内容提取出来，即提取出除了 HTML 标签的文本信息，针对有效内容计算 MD5 值。更加激进的做法是从有效内容中抽取一段话（比如最长的一句话），计算这段话的 MD5 值，进而判断是否重复。

而一个内容的 MD5 值是否存在，需要在千亿级的数据中查找，如果用 Hash 表处理，计算和内存的存储压力都非常大，我们将用布隆过滤器代替 Hash 表，以优化性能。

4.3.3 高可用设计

Bajie 的可用性主要关注两个方面：一是 URL 调度器或 URL 下载处理服务器宕机；二是下载超时或内容解析错误。

由于 Bajie 是一个离线系统，暂时停止爬取数据的话，不会产生严重的后果，所以 Bajie 并不需要像一般互联网系统那样进行高可用设计。但是当服务器宕机后重启时，系统需要能够正确恢复，保证既不会丢失数据，也不会重复下载。

所以，URL 调度器和 URL 下载处理服务器都需要记录运行时状态，即存储本服务器已经加载的 URL 和已经处理完成的 URL，这样在宕机恢复的时候，就可以立刻读取到这些状态数据，进而使服务器恢复到宕机前的状态。对于 URL 下载处理服务器，Bajie 采用 Redis 记录运行时状态数据。

此外，为了防止下载超时或内容解析错误，URL 下载处理服务器会采用多线程（池）设计。每个线程独立完成一个 URL 的下载和处理，线程也需要捕获各种异常，不会使自己因为网络超时或者解析异常而退出。

4.4 小结

架构设计是一个权衡的艺术，**不存在最好的架构，只存在最合适的架构**。架构设计的目的是解决各种业务和技术问题，而解决问题的方法有很多种，每一种方法都需要付出各自的代价，同时又会带来各种新的问题。架构师就需要在这些方法中权衡选择，寻找成本最低的、代价最小的、自己和团队最能驾驭得住的解决方案。

因此，架构师也许不是团队中技术最好的那个人，但一定是**对问题和解决方案优缺点理解最透彻**的那个人。很多架构师把高可用挂在嘴上。可是，你了解你的系统的高可用的目的是什么吗？你的用户能接受的不可用下限在哪里？你为高可用付出的代价是什么？这些代价换来的回报是否值得？

在 Bajie 的设计中，核心就是 URL 调度器。通常在这样的大规模分布式系统中，核心组件是不允许存在单点的，即不允许单机部署。因为单机宕机就意味着核心功能的故障，也就意味着整个系统无法正常运行。

但是如果 URL 调度器采用分布式集群架构提高可用性，多服务器共同进行 URL 调度，就需要解决数据一致性和数据同步问题，反而会导致系统整体处理能力下降。而 Bajie 采用单机部署的方式，虽然宕机时系统无法正常运行，但是只要保证能快速重新启动，长期看，系统的整体处理能力反而会更高。

此外，对一个千亿级网页的爬虫系统而言，最主要的技术挑战应该是海量文件的存储与计算，这也确实是早期搜索引擎公司们的核心技术。但是，自从 Google 公开自己的大数据技术论文，而 Hadoop 开源实现了相关技术后，这些问题就变得容易很多了。Bajie 的海量文件存储就使用了 Hadoop 分布式文件系统 HDFS，我会在附录 A 详细讨论它。

CHAPTER 5

第5章 万亿GB网盘系统设计

网盘，又称云盘，是提供文件托管和文件上传、下载服务的网站。人们通过网盘保管自己拍摄的照片、视频，通过网盘和他人共享文件，已经成为一种习惯。我们准备开发一个自己的网盘应用系统，应用名称为DBox，产品Logo如图5-1所示。

图5-1 网盘DBox Logo

网盘的主要技术挑战是**海量数据的高并发读写访问**。用户上传的海量数据如何存储？如何避免部分用户频繁读写文件，消耗太多资源，进而导致其他用户的体验不佳？我们看一下DBox的技术架构以及如何解决这些问题。

5.1 需求分析

DBox 的核心功能是提供文件上传和下载服务。基于核心功能的需求，DBox 需要在服务器端保存这些文件，并在下载和上传过程中实现断点续传。也就是说，如果上传或下载过程被中断了，恢复之后，还能从中断的地方重新上传或者下载，而不是从头再来。

DBox 还需要实现文件共享的需求。使用 DBox 的不同用户之间可以共享文件，一个用户上传的文件共享给其他用户后，其他用户也可以下载这个文件。

此外，网盘是一个存储和网络密集型的应用，用户文件占据大量**硬盘资源**，上传、下载需要占用大量**网络带宽**，并因此产生较高的**运营成本**。所以用户体验需要向付费用户倾斜，DBox 需要对上传和下载进行**流速控制**，保证付费用户得到更多的网络资源。DBox 用例图如图 5-2 所示。

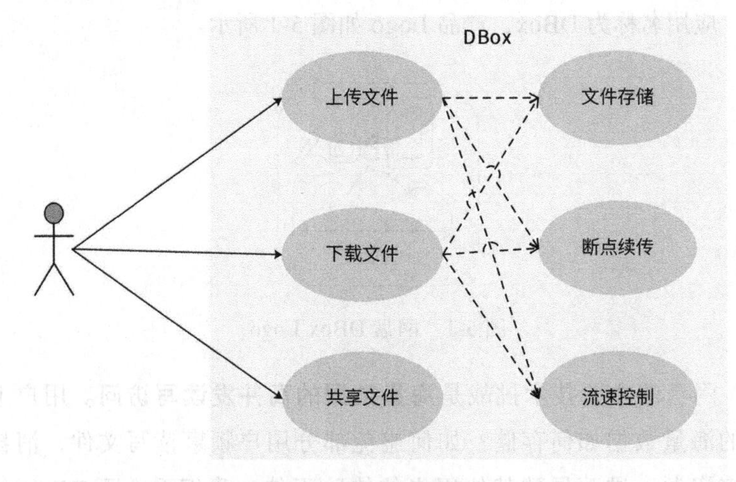

图 5-2 DBox 用例图

5.1.1 负载指标估算

DBox 的设计目标是支持 10 亿用户在线访问，免费用户最大可拥有 1TB 存储空间。预计日活用户占总用户的 20%，即 2 亿用户。每个活跃用户平均每天上传、下载 4 个文件。

DBox 的**存储量**、**吞吐量**、**带宽负载**估算如下。

总存储量： 理论上，总存储空间估算为 10 亿 TB，即 1 万亿 GB。

$$10\text{亿} \times 1\text{TB} = 10\text{亿 TB}$$

但考虑到大多数用户并不会完全用掉这个空间，还有很多用户存储的文件（电影、电子书、软件安装包等）其实是和别人重复的，真正需要的存储空间大约是这个估算值的 10%，即 1 亿 TB。

QPS： 系统需要满足的平均 QPS 约为 10 000。

$$2\text{亿} \times 4 \div (24 \times 60 \times 60) \approx 10\,000$$

高峰期 QPS 约为平均 QPS 的两倍，即 20 000。

带宽负载： 每次上传 / 下载文件平均大小为 1MB，所以需要的网络带宽负载为 10GB/s，即 80Gb/s。

$$10\,000\text{次/s} \times 1\text{MB} = 10\text{GB/s} = 80\text{Gb/s}$$

同样，高峰期带宽负载为 20GB/s（即 160Gb/s）。

5.1.2 非功能性需求

DBox 需要满足的非功能性需求如下。

1）大数据量存储：10 亿注册用户，需要约 1 亿 TB 的存储空间。

2）高并发访问：平均 1 万 QPS，高峰期 2 万 QPS。

3）大流量负载：平均网络带宽负载 80Gb/s，高峰期带宽负载 160Gb/s。

4）高可靠存储：文件不丢失，持久存储可靠性达到 99.9999%，即 100 万个文件最多丢失（或损坏）1 个文件。

5）高可用服务：用户正常上传、下载服务可用性达 99.99% 以上，即一年最多 53 分钟不可用。

6）数据安全性：文件需要加密存储，除用户本人及共享文件外，其他人不能查看文件内容。

7）不重复上传：相同文件内容不重复上传，也就是说，如果用户上传的文件内容已经有其他用户上传过了，该用户不需要再上传一次文件内容，进而实现“秒传”功能。从用户视角来看，有时仅需 1s 就可以完成一个大文件的上传。

5.2 概要设计

网盘设计的关键是**元数据与文件内容的分离存储和管理**。所谓文件元数据，就是文件所有者、文件属性、访问控制这些文件的基础信息。事实上，传统文件系统也是元数据与文件内容分离管理的，比如 Linux 的文件元数据记录在文件控制块（FCB）中，Windows 的文件元数据记录在文件分配表（FAB）中，Hadoop 分布式文件系统（HDFS）的元数据记录在 NameNode 中。

而 DBox 是将元信息存储在数据库中，文件内容则使用另外的存储体系。但是由于 DBox 是一个互联网应用，出于安全和访问管理的目的，并不适合由客户端直接访问存储元数据的数据库和存储文件内容的存储集群，而是通过 API 服务器集群和数据块服务器集群分别进行访问管理。整体架构如图 5-3 所示。

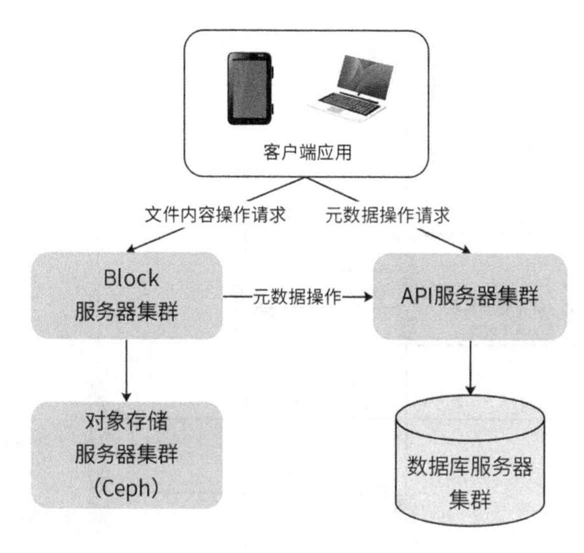

图 5-3 DBox 整体架构

对于大文件，DBox 不会上传、存储整个文件，而是将文件进行切分，变成一个个单独的 Block（数据块），再将它们分别上传并存储起来。

这样做的关键原因是，DBox 采用对象存储作为最终的文件存储方案，而对象存储不适合存储大文件，需要进行切分。而大文件进行切分还能带来其他的好处：可以**以 Block 为单位进行上传和下载，提高文件传输速度**；如果客户端或者网络故障导致文件传输失败，也只需要重新传输失败的 Block，进而实现**断点续传**功能。

Block 服务器就是负责 Block 上传和管理的。客户端应用程序根据 API 服务器的返回指令，将文件切分成一些 Block，然后将这些 Block 分别发送给 Block 服务器。Block 服务器再调用对象存储服务器集群，将 Block 存储在对象存储服务器中（DBox 选择 Ceph 作为对象存储系统）。

用户上传文件的时序图如图 5-4 所示。

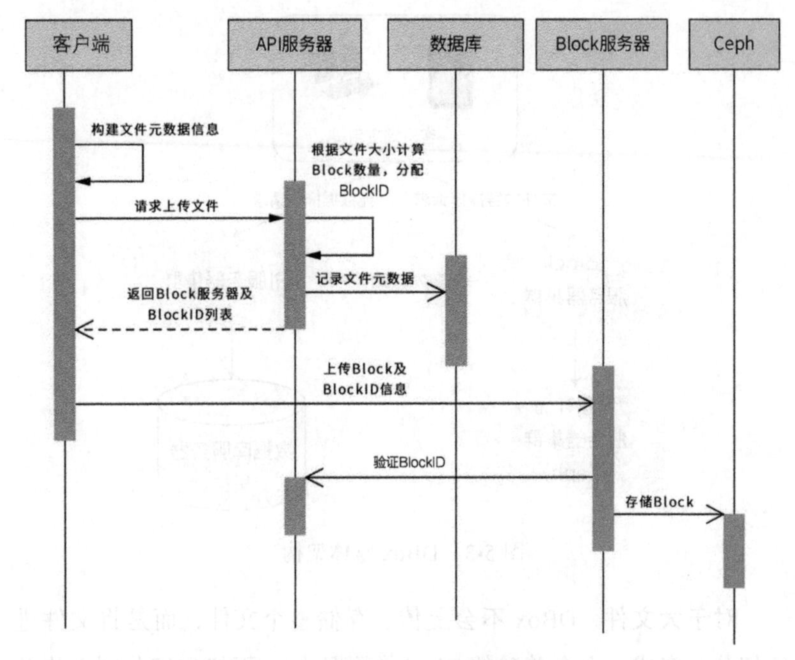

图 5-4　用户上传文件的时序图

用户上传文件时，客户端应用程序收集文件元数据，包括文件名、文件内容 MD5 值、文件大小等，并根据文件大小计算 Block 的数量（DBox 设定每个 Block 大小为 4MB），以及每个 Block 的 MD5 值。

然后客户端应用程序将全部元数据（包括所有 Block 的 MD5 值列表）发送给 API 服务器。API 服务器收到文件元数据后，为每个 Block 分配全局唯一的 BlockID（BlockID 为严格递增的 64 位正整数，可记录数据大小 $2^{64}\times$4MB≈70 万亿 TB，足以满足 DBox 的应用场景）。

下一步，API 服务器将文件元数据与 BlockID 记录在数据库中，并将 BlockID 列表和应用程序可以连接的 Block 服务器列表返回客户端。客户端连接 Block 服务器请求上传 Block，Block 服务器连接 API

服务器进行权限和文件元数据验证。验证通过后，客户端上传 Block 数据，Block 服务器再次验证 Block 数据的 MD5 值，确认数据完整后，将 BlockID 和 Block 数据保存到对象存储服务器集群 Ceph 中。

类似地，用户下载文件的时序图如图 5-5 所示。

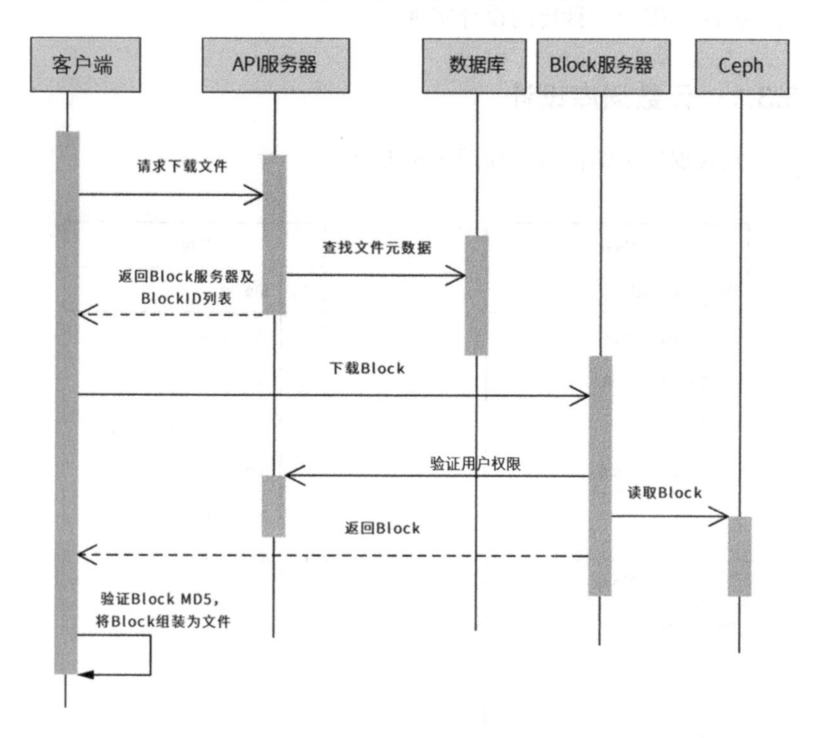

图 5-5　用户下载文件的时序图

客户端程序访问 API 服务器，请求下载文件。然后 API 服务器会查找数据库，获得文件的元数据信息，再将元数据信息中的文件 BlockID 列表及可以访问的 Block 服务器列表返回给客户端。

下一步，客户端访问 Block 服务器，请求下载 Block。Block 服务器验证用户权限后，从 Ceph 中读取 Block 数据，返回给客户端，客户端再将返回的 Block 组装为文件。

5.3 详细设计

元数据如何管理？网络资源如何向付费用户倾斜？如何做到不重复上传？为解决网盘的这三个重要问题，DBox详细设计将关注元数据库、限速、秒传的设计实现。

5.3.1 元数据库设计

元数据库表结构设计如图5-6所示。

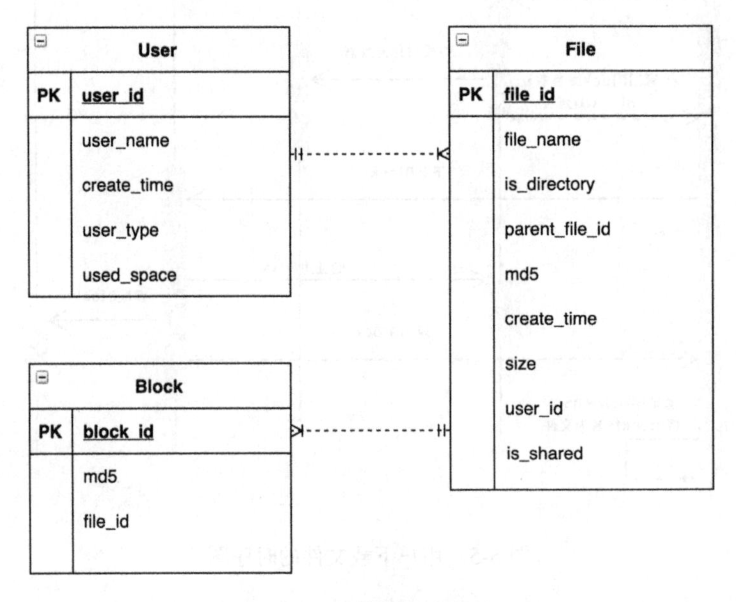

图5-6　元数据库表结构

从图5-6中可以看出，元数据库表结构中主要包括3个表，分别是User表、File表和Block表，表的用途和包含的主要字段如下。

1）User表记录用户基本信息：用户名、创建时间、用户类型（免费、VIP）、用户已用空间、电话号码、头像等。

2）File表记录文件元信息：文件名、是否为文件夹、上级文件夹、文件 MD5 值、创建时间、文件大小、文件所属用户、是否为共享文件等。

3）Block 表记录 Block 数据，包括 BlockID、Block MD5 值、对应文件等。

其中，User 表和 File 表为一对多的关系，File 表和 Block 表也是一对多的关系。

这 3 个表的记录数都是百亿级以上，所以元数据表采用分片的关系数据库存储。

因为查询的主要场景是根据用户 ID 查找用户信息和文件信息，以及根据文件 ID 查询 Block 信息，所以 User 表和 File 表都采用 user_id 作为分片键，Block 表采用 file_id 作为分片键。

5.3.2 限速

DBox 根据用户付费类型决定用户的上传、下载速度。而要控制上传、下载速度，可以通过限制并发 Block 服务器数目，以及限制 Block 服务器内的线程数来实现。

具体过程是，客户端程序访问 API 服务器，请求上传、下载文件的时候，API 服务器可以根据用户类型决定分配的 Block 服务器数目和 Block 服务器内的服务线程数，以及每个线程的上传、下载速率。

Block 服务器会根据 API 服务器的返回值来控制客户端能够同时上传、下载的 Block 数量以及传输速率，实现对不同用户进行限速。

5.3.3 秒传

秒传是用户快速上传文件的一种功能。

事实上，网盘保存的很多文件，内容其实是重复的，比如电影、电子书等。所以在设计中，DBox 只会保存一份物理上相同的文件。用户每次上传文件时，DBox 都会先在客户端计算文件的 MD5 值，再根据MD5值判断该文件是否已经存在。对于已经存在的文件，只需要建立用户文件和该物理文件的关联即可，并不需要用户真正上传该文件，这样就可以实现秒传的功能。

但是，计算MD5值可能会发生Hash冲突，即不同文件算出来的MD5值是相同的，这样会导致DBox误判，将本不相同的文件关联到一个物理文件上。这样不但会使上传者丢失自己的文件，还会被黑客利用：上传一个和目标文件MD5值相同的文件，然后就可以下载目标文件了。

所以，DBox需要通过更多信息判断文件是否相同：**只有文件长度、文件开头256KB的MD5值、文件的MD5值都相同，才会认为文件相同**。当文件长度小于256KB时直接上传文件，不启用秒传功能。

为此，我们需要将上面的元数据库表结构进行一些改动，将原来的File表拆分成物理文件表Physics_File和逻辑文件表Logic_File。其中，Logic_File记录用户文件的元数据，并和物理文件表Physics_File建立多对一的关联关系，而Block表关联的则是Physics_File表，如图5-7所示。

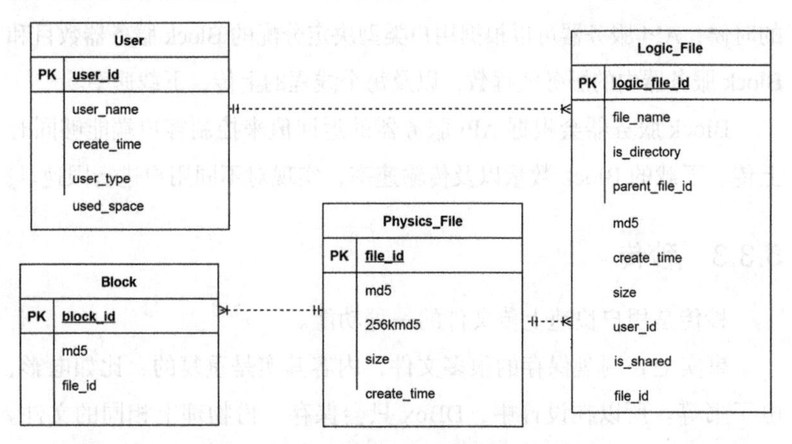

图5-7　适应秒传需求的数据库表结构

Physics_File 表中的 md5 字段和 256kmd5 字段分别记录了文件 MD5 值与文件头 256KB 的 MD5 值，而 size 则记录了文件长度，只有这 3 个字段都相同才会启用秒传功能。

5.4 小结

我们在需求分析中讨论过，DBox 需要支持大数据量存储、高并发访问、高可用服务、高可靠存储等非功能性需求。事实上，对于网盘应用而言，元数据 API 服务其实和一般的高并发互联网系统网关没有太大差别。真正有挑战的是海量文件的高可用存储，在 DBox 中，这一挑战被委托给了分布式对象存储 Ceph 来解决，而 Ceph 本身就支持大数据量存储、高并发访问、高可用服务、高可靠存储。

架构师按照职责可以分成两种：一种是应用系统架构师，负责设计、开发类似于网盘、爬虫这样的应用系统；另一种是基础设施架构师，负责设计、开发类似于 Ceph、HDFS 这样的基础设施系统。

应用架构师需要掌握的技术栈更加广泛，要掌握各种基础设施技术的特性，并能根据业务特点选择最合适的方案；而基础设施架构师需要掌握的技术栈更加深入，要掌握更深入的计算机软硬件知识，才能开发出一个稳定的基础设施产品。

当然，最好的架构师应该是技术栈既广泛又深入，既能灵活应用各种基础设施来开发应用系统，也能在需要的时候自己动手开发新的基础设施系统。

本书中大部分案例都是关于应用的，但是也不乏关于编程框架、限流器、安全防火墙、区块链等基础设施的案例。你可以在阅读的过程中，感受这两种系统的设计方案和技术关键点的不同。

CHAPTER 6

第 6 章

支撑 3000 万用户同时在线的短视频系统设计

短视频通常时长在 15 分钟以内，主要在移动智能终端上进行拍摄、美化编辑或加特效，并可以在网络社交平台上进行实时分享。短视频具有时间短、信息承载量高等特点，更符合当下手机用户的使用习惯，短视频的用户流量创造了巨大的商机。

我们准备开发一个面向全球用户的短视频应用，用户总量预计 20 亿，应用名称为 QuickTok，产品 Logo 如图 6-1 所示。

图 6-1　短视频应用 QuickTok Logo

视频文件和其他媒体文件相比，会更大一点，这就意味着存储短视频文件需要更大的存储空间，播放短视频也需要更多的网络带宽。因此，QuickTok 的主要技术挑战是：如何应对高并发用户访问时的网络带宽压力，以及如何存储海量的短视频文件。接下来就来看看 QuickTok 的需求与技术架构。

6.1 需求分析

QuickTok 的核心功能需求非常简单：用户上传视频、搜索视频、观看视频。我们将主要分析非功能性需求。

QuickTok 预计用户总量为 20 亿，日活用户约 10 亿，每个用户平均每天浏览 10 个短视频，由此可以预估，短视频日播放量为 100 亿：10 亿 ×10＝100 亿。

平均播放 QPS 为 11 万：100 亿 ÷（24×60×60s）≈11 万 /s。

每秒视频播放量为 11 万，而视频时长平均 10 分钟，假设用户平均观看 5 分钟，那么每秒同时在观看的视频数就是：11 万 /s × 5×60s≈3000 万。

假设每个短视频的平均播放次数 200 次，那么为了支撑这样体量的播放量，需要平均每秒上传的视频数为 550：11 万 /s÷200＝550/s。

每个短视频平均大小 100MB，每秒上传至服务器的文件大小为：100MB × 550≈55GB。

（视频虽然不是一秒内上传至服务器的，但是这样计算依然没有问题。）

每年新增视频需要的存储空间：55GB/s×（60×60×24×365s）≈1700PB。

事实上，为了保证视频数据的高可用，不会因为硬盘损坏导致数据丢失，视频文件需要备份存储，QuickTok采用双副本的备份存储策略，也就是每个视频文件存储三份，需要的总存储空间为：1700PB×3＝5100PB。

而播放视频需要的总带宽为：11万/s×100MB×8bit/B＝88Tbit/s。

因此，我们需要设计的短视频应用是一个每秒上传550个视频文件、11万次播放、新增165GB（55GB×3）存储以及88Tbit/s总带宽的**高并发**应用系统。这个系统需要是**高性能的**，能迅速响应用户的上传和播放操作，也需要是**高可用**的，能面向全球用户提供7×24小时的稳定服务。

6.2　概要设计

QuickTok的核心部署模型如图6-2所示。

用户上传视频时，上传请求会通过负载均衡服务器和网关服务器，到达视频上传微服务。视频上传微服务需要做两件事：一是把上传文件数据流写入视频文件暂存服务器；二是把用户名、上传时间、视频时长、视频标题等视频元数据写入分布式MySQL数据库。

视频文件上传完成后，视频上传微服务会生成一个视频上传完成消息，并将其写入消息队列服务器。视频内容处理器将消费该消息，并根据消息内容从视频文件暂存服务器获取视频文件数据进行处理。

视频内容处理器是一个由责任链模式构建起来的管道。在这个管道中，将会顺序进行视频内容的合规性、重复性及质量审查，以及内容标签生成、视频缩略图生成、视频统一转码处理等操作，如图6-3所示。

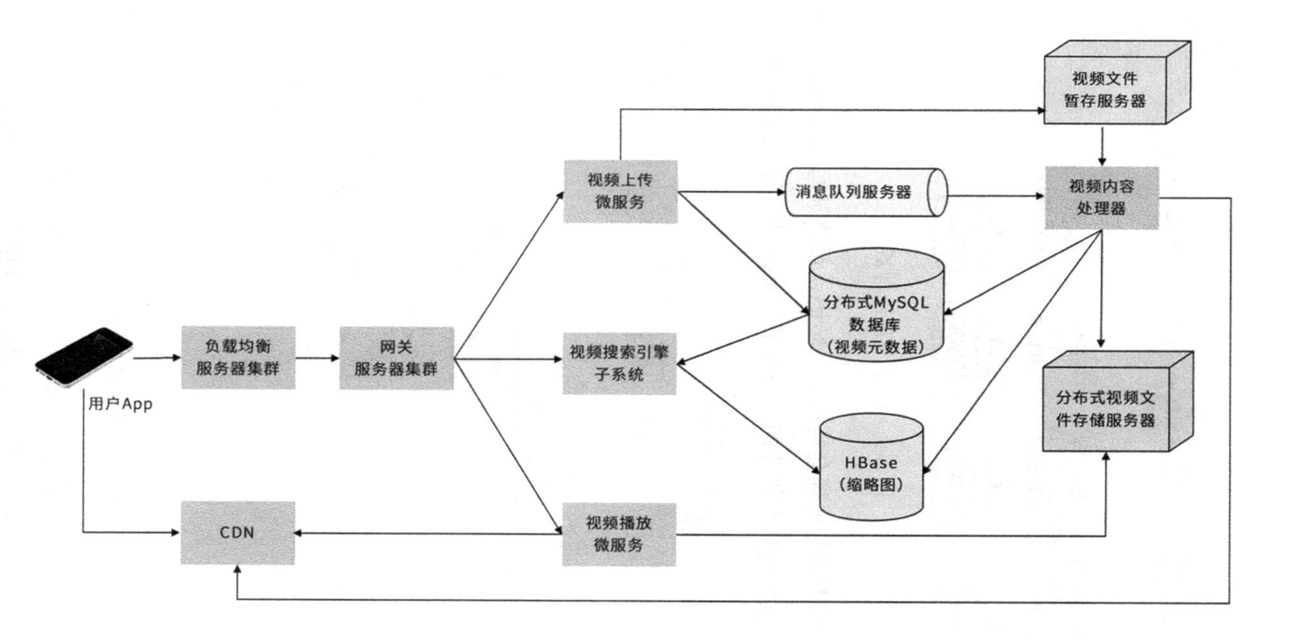

图 6-2 QuickTok 的核心部署模型

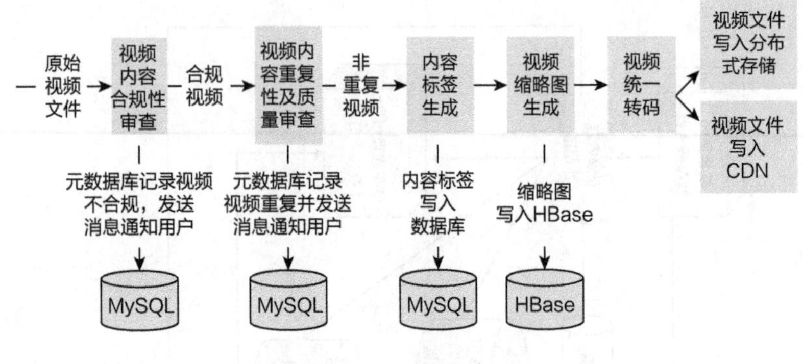

图 6-3　视频内容处理器

合规且非重复的视频会经过统一转码，最终被写入分布式文件存储和 CDN。这样视频上传处理就完成了，具体时序图如图 6-4 所示。

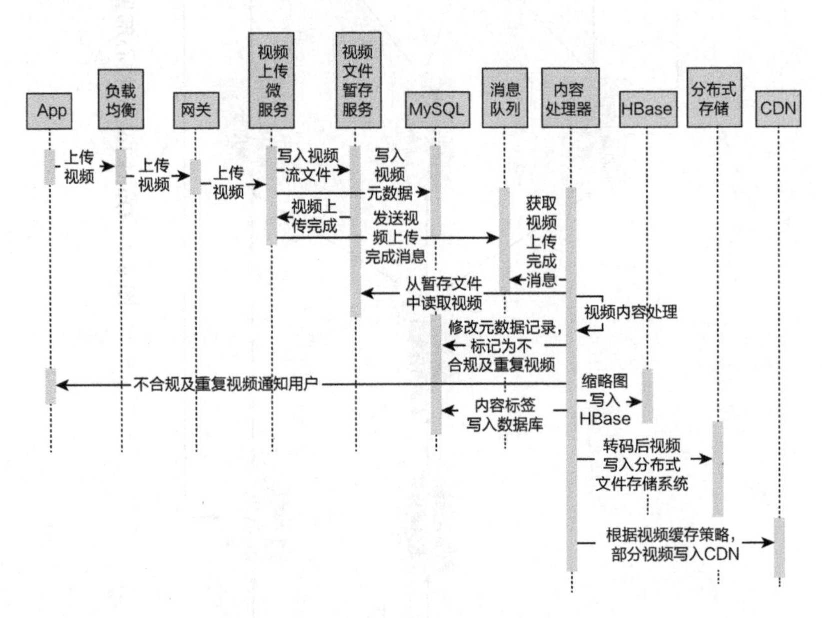

图 6-4　视频内容处理器时序图

以上就是对视频上传环节的设计，接下来将讨论对视频搜索及播放部分的设计，即核心部署模型图中虚线圈住的部分，如图 6-5 所示。

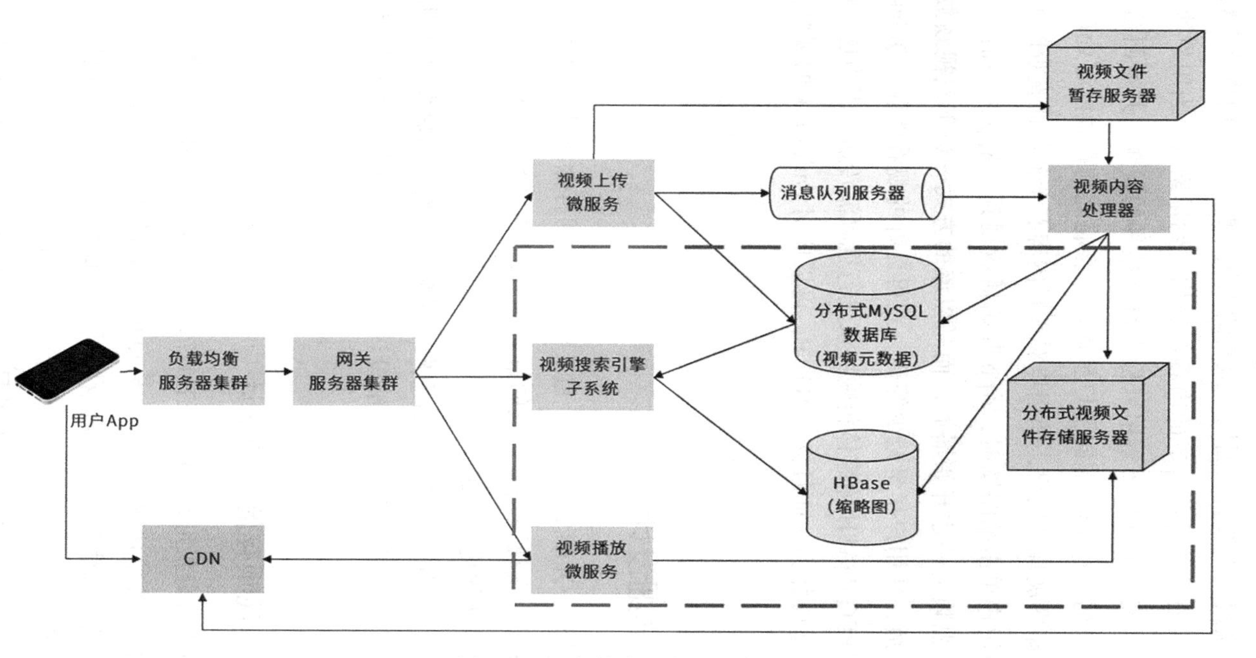

图 6-5　视频搜索与播放架构

视频搜索引擎会根据用户提交的视频标题、上传用户等元数据，以及视频内容处理器生成的内容标签构建**倒排索引**。当用户搜索视频时，系统会根据倒排索引来检索符合条件的视频，并返回结果列表。结果列表在App端向用户呈现时，会将此前视频内容处理器生成的缩略图展现给用户，使用户对视频内容有个初步而直观的感受。

当用户单击缩略图时，App开始播放视频。App并不需要下载完整的视频文件才开始播放，而是**以流的方式一边下载视频数据，一边播放**，使用户尽量减少等待，获得良好的观看体验。QuickTok使用MPEG–DASH流媒体传输协议进行视频流传输，因为这个协议具有自适应能力，而且支持HTTP，可以应对QuickTok的视频播放需求。

6.3 详细设计

为解决QuickTok的两个重要问题：如何存储海量视频文件，如何解决高并发视频播放导致的带宽压力，详细设计将关注视频存储系统、性能优化与CDN。

此外，“如何生成更吸引用户的缩略图”是影响短视频应用的用户体验的一个关键问题，详细设计也会关注缩略图生成与推荐的设计实现。

6.3.1 视频存储系统设计

由需求分析可知，QuickTok每年会新增5100PB的存储。因此，“如何存储海量视频文件”就是QuickTok设计的重要挑战之一。对此，我们可以尝试采用与网盘相同的存储技术方案，将视频文件拆分成若干个块，使用对象存储服务进行存储。

但QuickTok最终采用了另一种存储方案，即使用HDFS进行

存储。HDFS 适合大文件存储的“一次写入，多次读取”的场景，满足视频“一次上传、多次播放”的需求。同时，HDFS 还可以自动进行数据备份（默认配置下，每个文件存储三份），也满足我们对数据存储高可用的需求。

HDFS 适合存储大文件，大文件能减少磁盘碎片，更有利于存储空间的利用，同时 HDFS NameNode 的访问压力也更小，所以我们需要把若干个视频文件合并成一个 HDFS 文件进行存储，并将存储相关的细节记录到 HBase 中，如图 6-6 所示。

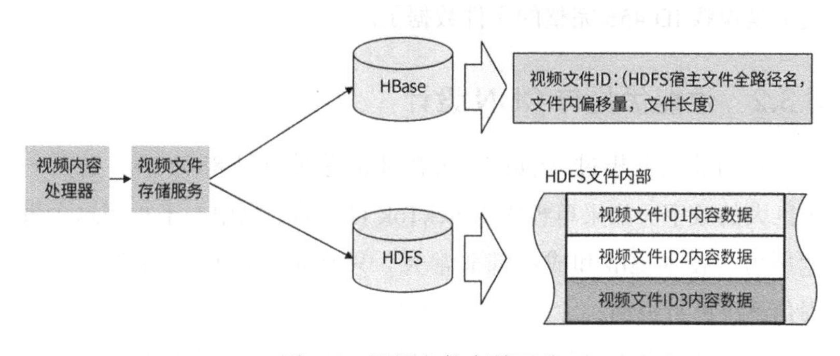

图 6-6　视频文件存储系统

举个例子，当用户上传一个视频文件，系统会自动生成一个视频 ID，假设 ID 是 123。视频内容处理器先对视频进行一系列处理，再调用视频文件存储服务进行存储。

存储服务先通过 HDFS 创建一个文件，比如 /data/videos/clust0/p0/000000001，然后将视频文件数据顺序写入 HDFS 中。写完后，存储服务就可以得到 HDFS 文件的全路径名（/data/videos/clust0/p0/000000001）、视频文件在 HDFS 中的偏移量为 0、文件大小为 99 000 000B。

然后，视频文件存储服务将这些信息记录到 HBase 中，主键就是视频 ID<123>，value 就是 <path:/data/videos/clust0/p0/000000001,

offset: 0, size:99, 000, 000>。

假设另一个用户上传的视频 ID 为 456，文件大小 100 000 000B，紧随着又上传一个视频文件，也保存到同一个 HDFS 文件中。那么 HBase 中就可以记录主键为 <456>，value 为 <path:/data/videos/clust0/p0/000000001, offset: 99, 000, 000, size: 100, 000, 000>。

当其他用户播放视频 456 时，播放微服务根据主键 ID 在 HBase 中查找 value 值，得到 HDFS 文件路径 /data/videos/clust0/p0/000000001，从该文件的偏移位置为 99 000 000 处开始读取 100 000 000B 数据，这就是视频 ID 456 完整的文件数据了。

6.3.2 性能优化与 CDN 设计

我们前面分析过，QuickTok 需要的总带宽是 88Tbit/s，这是一个巨大的数字。如果单纯靠 QuickTok 自己的数据中心来承担这个带宽压力，技术挑战和成本都非常大。只有通过 CDN 将用户的网络通信请求就近返回，才能缓解数据中心的带宽压力。

App 请求获取视频数据流的时候，会优先检查离自己比较近的 CDN 中是否有视频数据。如果有，直接从 CDN 加载数据，如果没有，才会从 QuickTok 数据中心获取视频数据流。

如果用户的大部分请求都可以通过 CDN 返回，那么一方面可以极大**加快用户请求的响应速度**，另一方面又可以有效**缓解数据中心的网络和硬盘负载压力**，进一步提升应用整体的性能。

通常，当 CDN 中没有用户请求的数据时会进行回源，即由 CDN 来请求数据中心返回需要的数据，然后缓存在 CDN 本地。

但 QuickTok 考虑到了短视频的特点：大 V、网红们发布的短视频会被更快速、更广泛地播放。因此针对粉丝量超过 10 万的用户，系统将采用主动推送 CDN 的方法，以提高 CDN 的命中率，优化用户体验，如图 6-7 所示。

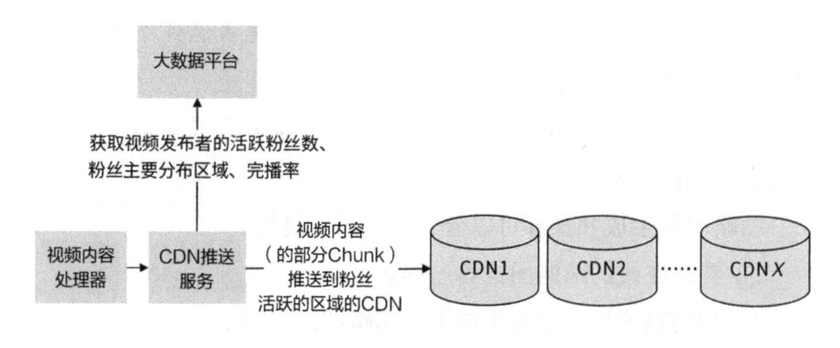

图 6-7　主动 CDN 推送

从图 6-7 中可以看出，视频内容处理器处理完视频后，一方面会将视频存储到前面说过的视频存储系统中，另一方面又会调用 CDN 推送服务。然后，CDN 推送服务将调用大数据平台，获取视频上传者的活跃粉丝数、粉丝分布区域等数据。如果是 10 万粉丝以上的用户发布了短视频，CDN 推送服务会根据其粉丝活跃的区域，将视频推送到对应区域的 CDN 服务器上。

短视频的完播率通常不足 30%，所以 QuickTok 也不需要将完整视频推送到 CDN，只需要根据视频发布者的历史播放记录，计算其完播率和播放期望进度，然后将短视频切分成若干 Chunk，将部分 Chunk 推送到 CDN 即可。

业界达成的一般共识是，**视频应用 CDN 处理的带宽大约占总带宽的 95% 以上**，也就是说，通过合理使用 CDN，QuickTok 数据中心需要处理的带宽压力大约 4Tbit/s。

6.3.3　缩略图生成与推荐设计

视频的缩略图通常是由某一帧画面缩略生成的。事实上，缩略图的选择会极大地影响用户单击、播放视频的意愿。一个 10 分钟的视频大约包含 3 万帧画面，选择哪一帧画面，才能使用户单击视频的可能性最大？另外，针对不同的用户分类，是否选择不同的缩略图会产生更高的点击率？

我们需要通过**大数据平台的机器学习引擎**来完成缩略图的生成和推荐，如图 6-8 所示。

缩略图的生成和推荐可以分为两个具体过程。

1）实时在线的缩略图推荐过程 a。

2）利用离线机器学习生成优质缩略图的过程 b。

在过程 a 中，用户通过搜索引擎搜索视频，搜索引擎产生搜索结果视频列表后，根据视频 ID 从缩略图存储中获取对应的缩略图。

但是，一个视频可能对应很多个缩略图，如果想要显示最吸引当前用户的那个，搜索引擎就需要调用 QuickTok 大数据平台的缩略图推荐引擎进行推荐。

推荐引擎可以获取当前用户的偏好特征标签以及视频对应的多个缩略图特征，使用 XGboost 训练好的模型，将用户特征标签和缩略图特征进行匹配，然后返回最有可能被当前用户单击的缩略图 ID。搜索引擎再按照 ID，将对应的缩略图构建到搜索结果页面，返回给用户。

用户浏览搜索结果列表，单击某些缩略图进行播放。App 应用会将用户的浏览与点击数据发送给 QuickTok 大数据平台，这样就进入了利用机器学习来生成优质缩略图的过程 b。

这样，机器学习系统就获取到了海量用户的浏览和点击数据，以及每个缩略图的特征。

有了机器学习系统的加持，视频内容处理器就可以使用优质特征标签库来处理上传的视频内容，抽取符合优质特征的帧，进而生成缩略图。

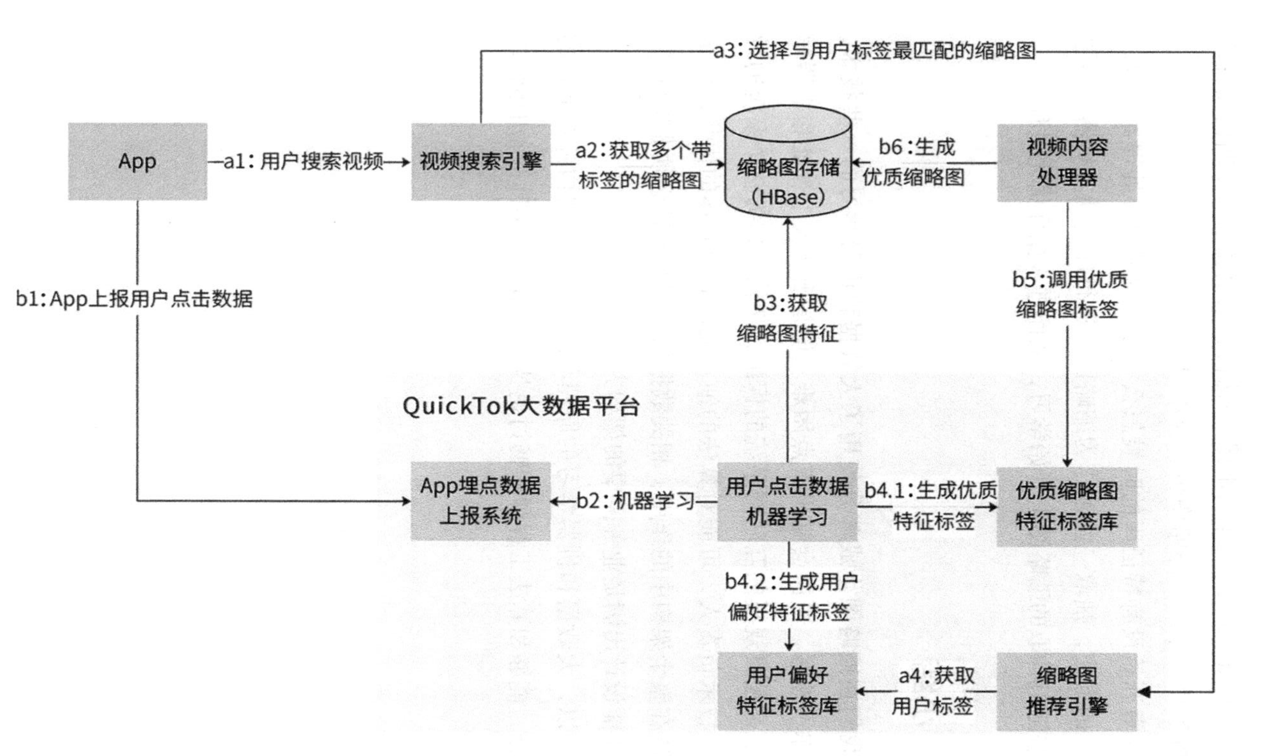

图 6-8 利用大数据平台生成缩略图

以上的a、b两个过程不断循环迭代，系统就可以不断优化优质特征标签库，不断使缩略图更符合用户喜好。

那最开始没有特征库的时候怎么办呢？视频内容处理器可以使用随机的办法，抽取一些帧作为缩略图，进行冷启动。机器学习再从这些随机抽取的缩略图上开始学习，从而进入循环优化过程。

6.4 小结

我们在缩略图生成部分使用了大数据和机器学习的一些技术，如果你不熟悉，可能会觉得有点困难。但是现在人工智能和机器学习几乎是稍具规模的互联网系统的标配，架构师作为整个系统的设计者、技术负责人，可能对算法的细节无法做出具体的优化，但是对算法在整个架构中的作用、相关数据的处理和流转必须非常熟悉，这样才能设计出满足业务需要的架构方案。

所以，大数据和机器学习的原理与应用应该是架构师技能栈的一部分，能够和算法工程师顺畅讨论技术细节是架构师必备的能力。

CHAPTER 7

第7章

高可用分布式存储系统设计

海量数据存储涉及两方面的技术：一是分布式的海量数据处理；二是单机数据存储，这是两个完全不同的技术方向。在单机数据存储领域，已经有很多成熟的产品，如支持键－值存储结构的Berkeley DB。但是单机受硬件资源的限制，其能存储的数据量、支持的并发数据访问量都是非常有限的。

因此对一个高并发访问的应用场景而言，需要在单机存储系统的基础上构建一个分布式的海量处理系统，这个分布式系统可以将单机的存储系统统一管理起来，构建成一个大规模的分布式集群，统一对外提供数据服务。应用程序可以像使用单机一样在这个大规模的集群上高并发地读写海量数据。

我们准备在Berkeley DB以及其他类似的单机键－值存储系统的基础上开发一个分布式数据存储系统，支持海量数据在一个大规模的分布式集群上进行存储、访问，产品名称为Doris，产品Logo如图7-1所示。

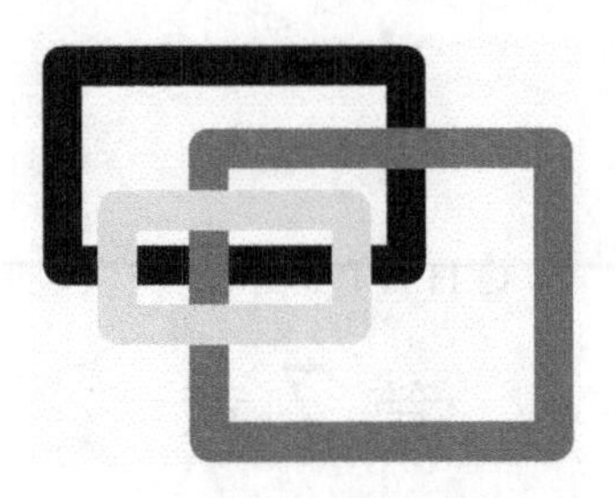

图 7-1　海量数据存储系统 Doris Logo

Doris 的设计目标是支持海量的键 – 值结构的数据存储，访问速度和可靠性要高于主流的 NoSQL 数据库，系统要易于维护和支持集群伸缩。Doris 的主要技术挑战在于两点。

一是如何实现分布式存储集群的数据管理，即应用程序读写数据的时候，如何选择正确的服务器，以及集群扩容时如何快速实现数据重新分布，保证应用程序仍然可以正确访问到数据。

二是如何保证在某台服务器宕机或者升级的时候，数据可以正常访问，即如何保证系统的高可用。所以我们面临的核心技术问题是：分布式路由、分布式集群伸缩、分布式数据冗余与失效转移。

7.1　需求分析

Doris 的核心功能比较简单，就是支持键 – 值结构数据的读取、写入、删除等操作，具体来说，需要具备以下技术特性。

海量存储：支持万亿级数据存储，可管理 PB 级分布式存储空间，支持多种底层存储系统，即单机存储系统可替换，早期以 Berkeley DB 作为底层数据系统。

伸缩性：支持线性伸缩、平滑扩容，集群规模可在数台到数千台随意伸缩。

高可用：具有自动容错和故障转移能力，可用性指标 >99.997%。

高性能：低响应时间，读操作时间 <8ms，写操作时间 <10ms。

高扩展性：可灵活扩展新功能，支持新功能热更新。

低运维成本：透明集群管理，通过 UI 界面操作即可进行集群扩缩容以及故障服务器替换。

7.2 概要设计

Doris 的主要访问模型是：应用程序 KV Client 启动后，连接控制中心（Administration），从控制中心获得整个 Doris 集群的服务器部署信息及路由算法；KV Client 使用 Key 作为参数进行路由计算，将计算得到的集群中某些服务器作为当前 Key、Value 数据存储的服务器节点；KV Client 使用自定义的通信协议将数据和命令传输给服务器上的 DataServer 组件，DataServer 再调用本地的存储系统 Store（Berkeley DB）将数据存储到本地磁盘，Doris 整体架构如图 7-2 所示。

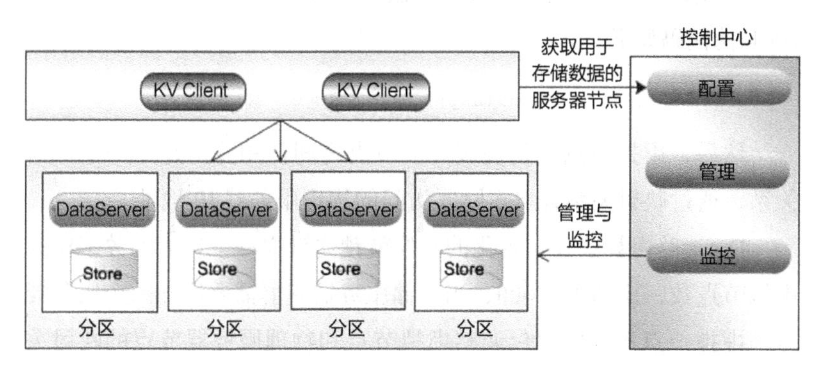

图 7-2　Doris 整体架构图

Doris 的核心技术就是这个架构模型上创新性地实现了自己独特的**分区路由算法、失效转移策略、集群伸缩设计方案**。

7.3 详细设计

我们具体看下 Doris 的分区路由算法、失效转移策略、集群伸缩设计方案。

7.3.1 路由算法

对大多数分布式存储系统而言，路由算法都是非常核心的。因为数据存储在分布式集群的某台服务器上，应用程序必须通过路由算法才能和具体的服务器通信，进而访问数据。路由算法可以采用最简单的余数 Hash 算法，但是当集群扩容的时候，即增加服务器的时候，余数 Hash 算法的除数会改变，进而导致大量的数据无法正确路由。如果是分布式缓存，就会导致大量的访问不能命中，如果是分布式存储，就会导致大量的数据需要迁移。

为了改进余数 Hash 算法的缺陷，业界提出了一致性 Hash 算法。这里，Doris 自创了一种基于虚拟节点的路由算法。

首先，Key 使用余数 Hash 算法计算得到虚拟节点下标，余数 Hash 伪代码如下。

```
虚拟节点下标= hash(md5(key)) mod 虚拟节点个数
```

然后，虚拟节点和物理服务器节点之间使用算法建立一个映射关系，通过映射关系查找实际要访问的物理服务器 IP 地址。

Doris 路由算法在初始化的时候就预先设立一个较大的数字作为虚拟节点数，比如 100 000，当存储服务器集群需要增加一个服务器时，虚拟节点不变，仅仅调整虚拟节点和物理服务器节点的映射关系就可以了。图 7-3 展示了在 6 个虚拟节点的情况下，当物理服务器由两个增加为 3 个的时候，虚拟节点和物理节点之间映射关系的变化。其中，vn 代表虚拟节点，pn 代表物理节点，vn 和 pn 后面的序数代表节点编号。

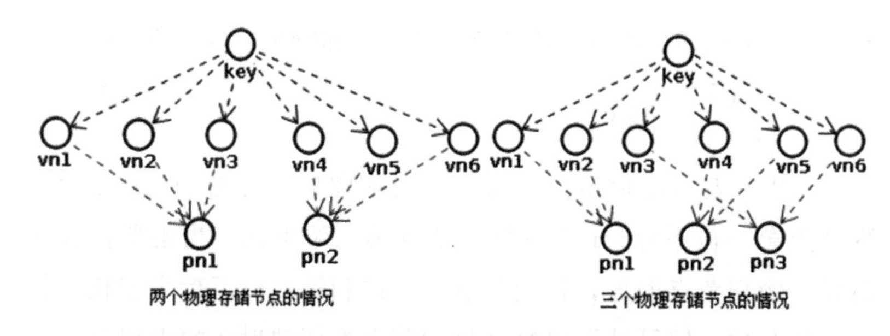

图 7-3　调整虚拟节点与物理节点映射关系实现集群扩容

相比传统的一致性 Hash 路由算法，基于虚拟节点的分区路由算法可以获得更好的数据负载均衡，即数据在各个服务器上的存储分布更加均衡。在集群伸缩、增加服务器的时候可以做到更少的数据迁移。在实践中，这种算法的一个更大优势是，如果将物理存储的文件系统和虚拟节点关联，即一个虚拟节点对应一个物理存储文件，那么当集群扩容并进行数据迁移的时候，就可以以文件为单位进行数据复制，这样迁移速度和运维成本都非常低。

基于虚拟节点的分区路由算法的关键难点是，如何计算虚拟节点与物理节点的映射关系，特别是在增加服务器的时候，如何重新计算这个映射关系，使新的映射关系依然处于负载均衡的状态，即每个物理节点映射的虚拟节点个数差不多相同。

将图 7-3 中的映射关系转换成表格的形式，由两个物理节点增加为 3 个物理节点的情况如图 7-4 所示。

物理节点 m_1	m_{11}	m_{12}	m_{13}
虚拟节点：	n_1	n_2	n_3

物理节点 m_2	m_{21}	m_{22}	m_{23}
虚拟节点：	n_4	n_5	n_6

物理节点 m_1	m_{11}	m_{12}
虚拟节点：	n_1	n_2

物理节点 m_2	m_{21}	m_{22}
虚拟节点：	n_4	n_5

物理节点 m_3	m_{31}	m_{32}
虚拟节点：	n_3	n_6

图 7-4　调整后的虚拟节点与物理节点的映射关系

我们可以通过以下公式计算虚拟节点和物理节点之间的映射关系：$z=\left(\left[\frac{N}{x}\right]+y\right)\%N$。

其中z表示虚拟节点下标，N表示虚拟节点总数，x表示物理节点第一位下标，y表示物理节点第二位下标。当集群扩容的时候，物理节点增加，物理节点第一位和第二位下标会变化，代入上述公式，即可计算出每个物理节点重新映射后的虚拟节点下标了。

基于虚拟节点的分区路由算法实现代码如下。

```
/**
 * 映射关系算法，构造物理节点到虚拟节点的映射关系
 * 客户端路由一般不需要该方法，若服务端迁移的时候以虚拟节点为单位迁移
   则需要调用该方法
 * @param physicalNodesNum 映射关系中物理节点的数目
 * @param virtualNodesNum 映射关系中虚拟节点的数目
 * @return List 方式的二维数组，第一维（级）物理节点，第二维（级）是
   虚拟节点
 */
public static List<List<Integer>> makeP2VMapping(int
    physicalNodesNum, int virtualNodesNum) {
    List<List<Integer>> h = new ArrayList<List<Integer>>();
    List<Integer> t = new ArrayList<Integer>();
    for (int i = 0; i < virtualNodesNum; i++) {
        t.add(i);
    }
    h.add(t);
    if (physicalNodesNum == 1) {
        return h;
    }
    for (int k = 2; k <= physicalNodesNum; k++) {
        List<List<Integer>> temp1 = new ArrayList
            <List<Integer>>();
        List<Integer> temp3 = new ArrayList<Integer>();
        int y[] = new int[k];
        for (int i = 1; i <= k; i++) {
```

```
            y[i - 1] = (virtualNodesNum - sumY(y, i - 1))
                / (k + 1 - i);//初始化物理节点内的虚拟节点数目
        }
        for (int j = 0; j < (k-1); j++) {
                List<Integer> temp2 = new ArrayList<Integer>();
            for (int x = 0; x < h.get(j).size(); x++) {
                if (x < y[j]) {
                    temp2.add(h.get(j).get(x));
                } else {
                    temp3.add(h.get(j).get(x));
                }
            }
            temp1.add(temp2);
        }
        temp1.add(temp3);
        h = temp1;
    }
    return h;
}
```

7.3.2　高可用设计

在需求分析的技术指标上，Doris 的可用性要求为 99.997%，保证数据可用性的策略主要是数据存储冗余备份和数据访问失效转移。

我们先看下 Doris 如何实现冗余备份，如图 7-5 所示。

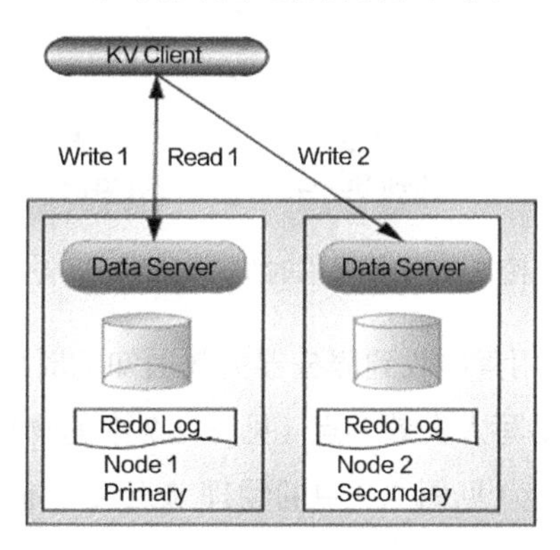

图 7-5　一份数据写入多个服务器实现数据冗余高可用

Doris 将存储服务器 DataServer 集群分成多个 group（默认情况下为 2 个 group）。进行数据写操作的时候，根据分区路由算法，在每个 group 里计算一个服务器地址，异步并发地向多个 group 的服务器上写入数据，以此保证数据有多个备份。

当 KV Client 访问某台服务器失败的时候，Doris 会启动失效转移策略，保证数据访问不受服务器失效影响，保证系统高可用。具体来说，Doris 将失效分为 3 种情况：瞬时失效、临时失效、永久失效，不同情况采用不同的失效转移策略。

当第一次不能访问服务器的时候，Doris 认为这是瞬时失效，会进行访问重试，如果三次重试后仍然失败，就会把失败信息提交给控制中心。控制中心检测该服务器心跳是否正常，并尝试进行访问，如果访问失败，就将该服务器标记为临时失效，并通知所有 KV Client 应用程序，如图 7-6 所示。

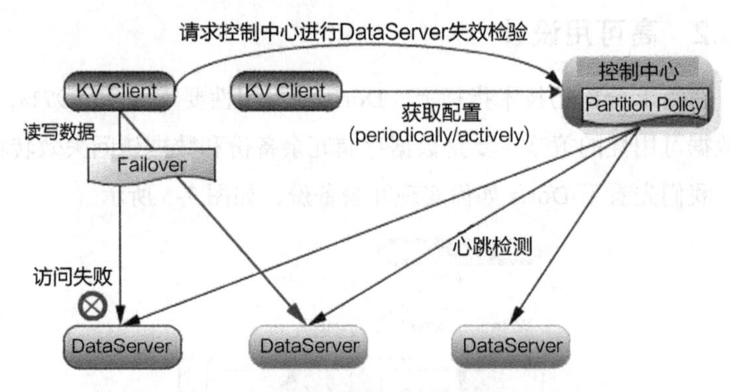

图 7-6　Doris 临时失效检测与报告

KV Client 应用程序收到服务器失效通知的时候，启动临时失效策略，将原本需要写入失效节点（见图 7-7 中的物理节点 2）的数据写入临时日志节点（见图 7-7 中的物理节点 *X*），而读操作则只访问正常的物理节点 1。

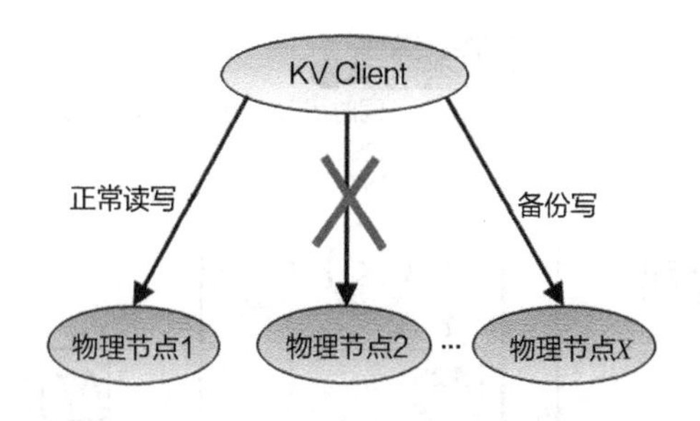

物理节点2临时失效期间的数据处理

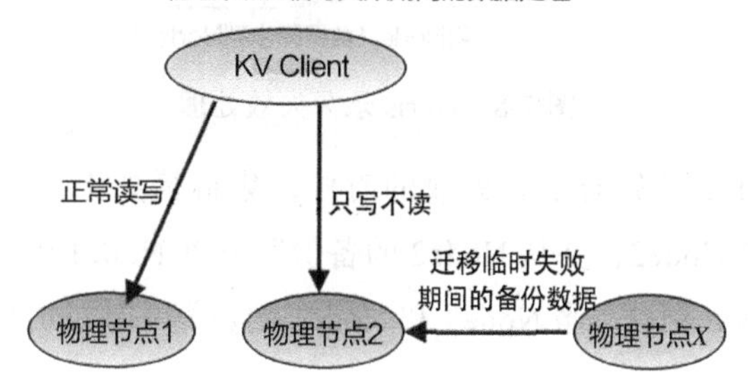

物理节点2恢复期间的数据处理

图 7-7　Doris 临时失效与恢复处理

当临时失效节点 2 恢复正常运行，系统会将失效期间写入临时日志节点 X 的数据合并恢复后放到物理节点 2。这段时间物理节点 2 只提供写服务，不提供读服务。当所有数据恢复完毕，集群访问恢复正常，如图 7-7 所示。

注意： 临时失效是指服务器临时宕机，比如应用程序升级导致的 DataServer 进程退出，当 DataServer 重新启动后，就可以对临时失效的服务器进行数据恢复。而永久失效是指服务器硬盘损坏等导致的服务器永久性不可恢复。

对于永久失效节点所在的服务器，我们需要添加新的服务器来代替它，处理的基本策略就是将服务器上另一个 group 中可正常使用的服务器数据复制到新添加的服务器上即可，如图 7-8 所示。

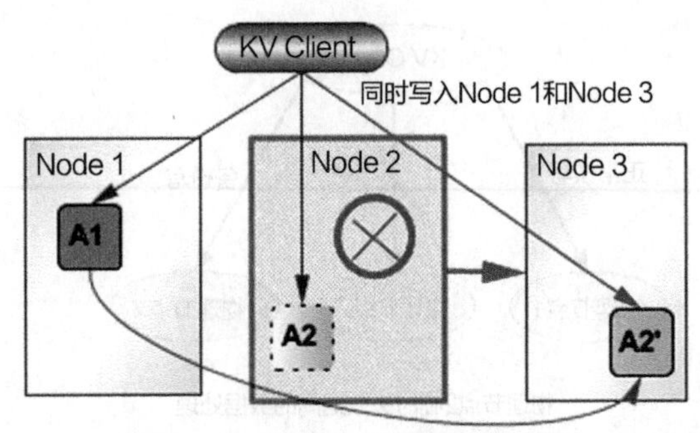

图 7-8　Doris 永久失效处理

当 Node2 服务器永久失效的时候，集群需要上线一台服务器 Node3 代替 Node2，并从 Node2 的备份服务器 Node1 中将数据同步复制一份到 Node3，当 Node3 和 Node1 的数据一致的时候，集群就恢复正常了。

上述 3 种失效的数据转移过程，除了服务器永久失效需要工程师手动添加服务器，并到控制中心进行新服务器配置、激活启用外，其他情况不需要任何人工干预，Doris 会全部自动化完成。

7.3.3 集群伸缩设计

分布式系统的一个重要设计目标是集群弹性可伸缩，其必然伴随着数据的迁移，就是将原先服务器中的部分数据迁移到新的服务器上，如图 7-9 所示。

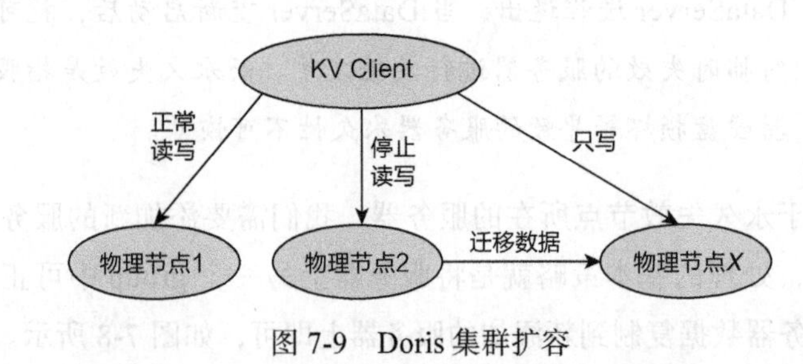

图 7-9　Doris 集群扩容

集群扩容添加服务器的具体过程如下。

1）向集群中一个 group 添加新的物理服务器，部署并启动 Doris 服务器进程。

2）将这个 group 的所有服务器设置为临时失效。

3）使用路由算法重新计算加入服务器后的虚拟节点分布，并把需要迁移的虚拟节点对应的物理文件复制到新服务器上。

4）设置 group 所有服务器临时失效恢复策略，将扩容期间的数据更新写回这些服务器。

注意： 一般说到 Doris（https://github.com/itisaid/Doris）是指某互联网大厂研发的分布式存储系统。

7.4 小结

我们知道一家互联网公司主要靠自己的互联网产品盈利，比如阿里巴巴主要靠淘宝、天猫、阿里巴巴 B2B 网站等产品赚钱。而公司的工程师主要也是开发这些产品，但是这些产品通常都需要处理海量的用户请求和大规模的数据存储，所以在系统底层通常用到很多基础技术产品，比如分布式缓存、分布式消息队列、分布式服务框架、分布式数据库等。这些基础技术产品可以选择开源技术产品，也可以选择自己研发。自己研发的优点是可以针对业务场景进行定制开发，同时培养提高自己工程师的技术实力；缺点是投入大、风险高。

通常公司到了一定规模，都会开始逐渐自主研发一些基础技术产品，一方面提升自己的产品研发能力，另一方面也可以提高自身在业界的地位，吸引更优秀的人才并提高竞争门槛，形成自己的竞争壁垒。

但是公司的资源毕竟是有限的，主要的资源都用于业务产品开发了，那剩下的资源到底应该投入到哪里呢？这需要公司在内部形成一套竞争策略，以使优秀的项目能够得到资源。

对工程师而言，业务产品的开发技术难度相对较低，如果要想更快提高自己的技术水平，去开发基础技术产品更能得到提升和锻炼，所以优秀的工程师更愿意去开发有难度、有挑战的创新性基础技术产品，而不是去开发那些千篇一律的业务产品。

这样，在工程师和公司之间就形成了一种博弈：工程师想要开发基础技术产品，但是必须要得到公司管理层的支持；管理层资源有限，只愿意支持开发那些对业务有价值、技术有创新、风险比较低的基础技术产品。

所以事情就变成工程师需要说服公司管理层，他想要做的就是对业务有价值、技术有创新、风险比较低的基础技术产品；而管理层则要从这些竞争者中选出最优秀的项目。

通过这种博弈，公司的资源会凝聚到最有价值的技术产品上，优秀的工程师也会被吸引到这些项目上，最后实现了公司价值与员工价值的统一和双赢。

而架构师除了要拥有高水平的技术能力外，还需要对组织运行方式有一定了解才能抓住机会，在提升自己技术水平的同时，为企业创造出更多价值，同时自己也拥有更美好的职业未来。

CHAPTER 8

第8章 应对万人抢购的秒杀系统设计

秒杀是电子商务应用中常见的一种营销手段：将少量商品（常常只有一件）以极低的价格，在特定的时间点出售。比如，周日晚上8点整，开售1部1元钱的手机。因为商品价格诱人，而且数量有限，所以用户趋之若鹜。

虽然秒杀对应用推广有很多好处，但是对系统技术来说是极大的挑战：系统是为正常运营设计的，而秒杀活动带来的并发访问用户是平时的数百倍甚至上千倍。也就是说，秒杀的时候，系统需要承受比平时多得多的负载压力。

为了应对这种比较特殊的营销活动，我们启动了一个专门的秒杀项目，项目代号是Apollo。Apollo的核心挑战是：如何应对突然出现的数百倍高并发访问压力，并保证用户只有在秒杀开始时才能下单购买秒杀商品？接下来我们就看看Apollo的需求与技术架构吧。

8.1 需求分析

秒杀的业务场景上面已经描述过了，由于业务的特殊性，秒杀还有两个特别的需求，即需要开发独立于现有业务系统的秒杀系统，以及防止跳过秒杀页面。

8.1.1 独立开发部署秒杀系统

如果直接在现有的系统上进行秒杀活动，必然会对现有系统造成冲击，稍有不慎可能导致整个系统瘫痪。由于秒杀时的最高并发访问量巨大，整个电商系统需要部署比平常运营多好几倍的服务器，而这些服务器绝大部分时间都是用不着的，浪费惊人。所以秒杀业务不能使用正常的电商业务流程，也不能和正常的网站交易业务共用服务器，甚至域名也需要使用自己独立的域名。总之，我们需要设计、部署专门的秒杀系统，进行专门应对。

8.1.2 防止跳过秒杀页面直接下单

秒杀的游戏规则是：到了秒杀时间才能开始对商品下单购买。在此时间点之前，只能浏览商品信息，不能下单。而下单页面也是一个普通的URL，如果得到这个URL，不用等到秒杀开始就可以下单了，所以秒杀系统Apollo必须避免这种情况。

8.2 概要设计

Apollo要解决的核心问题如下。

1）如何设计一个独立于原有电子商务系统的秒杀系统，并独立部署。

2）这个秒杀系统如何承受比正常情况高数百倍的高并发访问

压力。

3）如何防止跳过秒杀页面而获得下单 URL。

我们将讨论这三个问题的解决方案，并设计秒杀系统部署模型。

8.2.1 独立秒杀系统页面设计

不同于一般的网购行为，参与秒杀活动的用户更关心的是如何能快速刷新商品页面，在秒杀开始的时候抢先进入下单页面，而不是精细的商品描述等用户体验细节，因此秒杀系统的页面设计应尽可能简单。秒杀商品页面如图 8-1 所示。

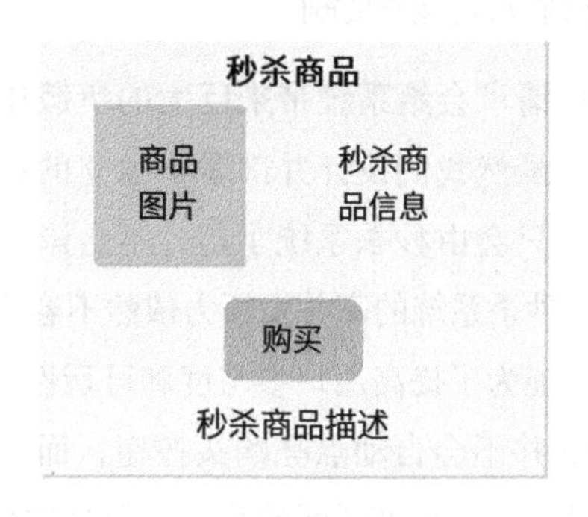

图 8-1　秒杀商品页面示意图

商品页面中的购买按钮只有在秒杀活动开始时才变亮，在此之前以及秒杀商品卖出后，该按钮都是灰色的，不可以单击。秒杀时间到，购买按钮点亮，单击后进入下单页面，如图 8-2 所示。

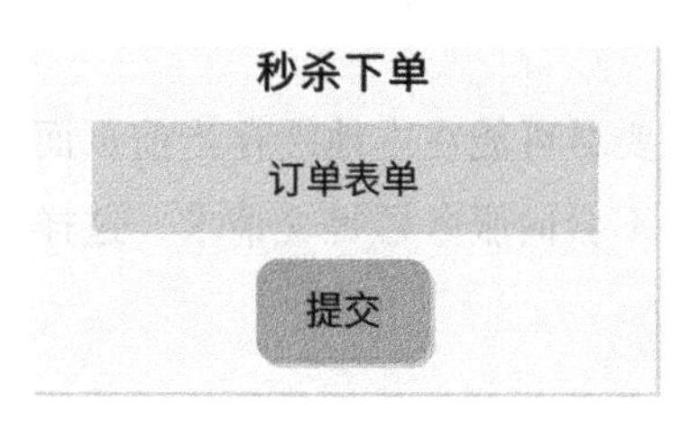

图 8-2　秒杀下单页面

下单表单也要尽可能简单，如：购买数量只能是一个且不可以修改；送货地址和付款方式都使用用户的默认设置，没有默认也可以不填，允许等订单提交后修改；只有第一个提交的订单发送给订单子系统，才能成功创建订单，其余用户提交订单后只能看到秒杀结束页面。

秒杀系统只需要设计购买和下单两个页面就可以了，因为提交订单并下单成功的用户只有一个，这个时候就没有什么高并发了。所以订单管理、支付以及其他业务都可以使用原来的系统和功能。

8.2.2 秒杀系统的流量控制

高并发的用户请求会给系统带来巨大的负载压力，严重的可能会导致系统崩溃。虽然我们设计并部署了独立的秒杀系统，秒杀时的高并发访问压力只会由秒杀系统承担，不会影响到主站的电子商务核心系统，但是秒杀系统的高并发压力依然不容小觑。

此外，秒杀系统为了提高用户参与度和可玩性，在秒杀开始的时候，浏览器或App并不会自动点亮购买按钮，而是要求用户不停刷新页面，使用户保持一个高度活跃的状态。但是这样一来，用户在秒杀快要开始的时候拼命刷新页面，会给系统带来更大的高并发压力。

我们知道，**缓存是提高响应速度、降低服务器负载压力的重要手段**。所以，控制访问流量、降低系统负载压力的第一个设计方案就是使用缓存。Apollo采用多级缓存方案，可以更有效地降低服务器的负载压力。

首先，浏览器要尽可能在本地缓存当前页面，当刷新页面的时候，事实上浏览器不会向服务器提交请求，这样就避免了服务器的访问负载压力。

其次，秒杀系统还使用CDN[1]（内容分发网络）缓存。秒杀相关的HTML、JavaScript、CSS、图片都可以缓存到CDN中，秒杀开始前，即使有部分用户新打开浏览器，也可以通过CDN加载到这些静态资源，不会访问服务器，又一次避免了服务器的访问负载压力。

同样，秒杀系统中提供HTML、JavaScript、CSS、图片的静态资源服务器和提供商品浏览的秒杀商品服务器也要在本地开启缓存功能，进一步降低服务器的负载压力。

使用多级缓存的秒杀系统部署图如图8-3所示。

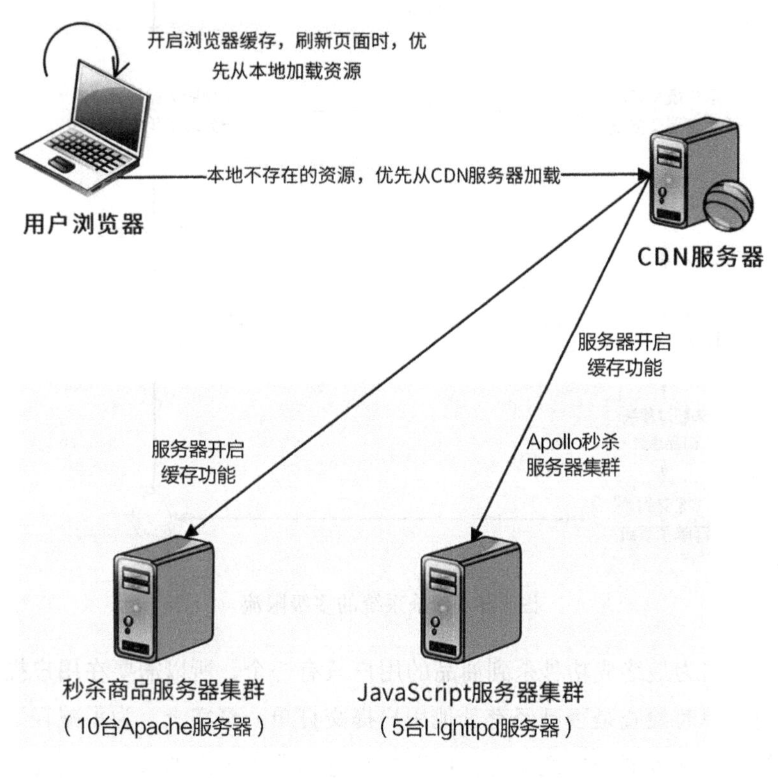

图8-3　秒杀系统的多级缓存

[1] CDN是由网络运营服务商就近为用户提供的一种缓存服务。

秒杀开始后，用户购买和下单的并发请求就不能使用缓存了，但我们仍然需要控制高并发的请求流量。因此秒杀开始后，秒杀系统会使用一个**计数器**对并发请求进行限流处理，如图 8-4 所示。

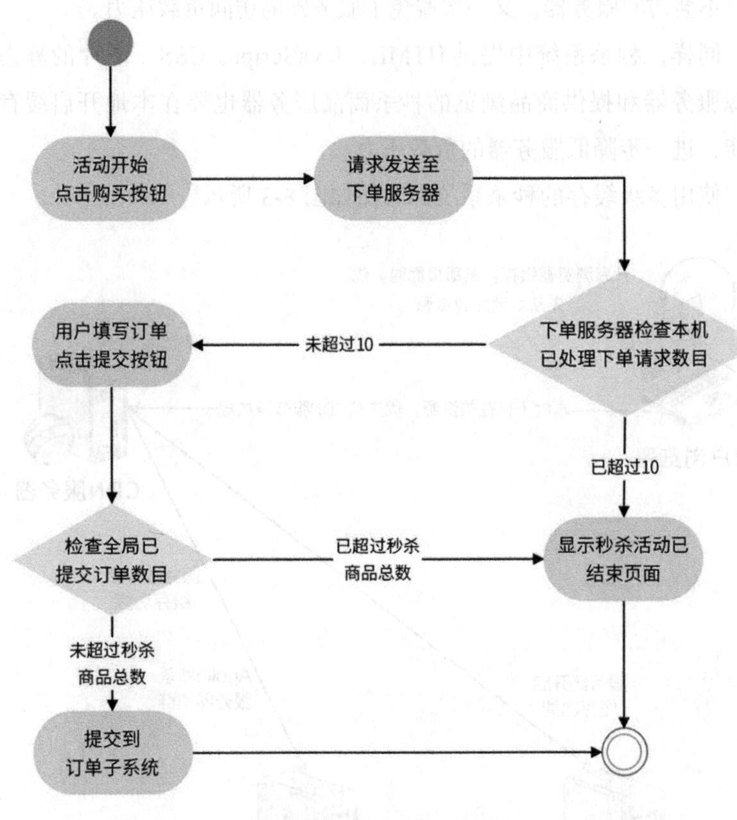

图 8-4　秒杀系统的多级限流

因为最终成功秒杀到商品的用户只有一个，所以需要在用户提交订单时检查是否已经有其他用户提交订单。事实上，为了减轻下单页面服务器的负载压力，可以控制进入下单页面的入口，只有少数用户能进入下单页面，其他用户则直接进入秒杀结束页面。假设下单服务器集群有 10 台服务器，每台服务器只接受最多 10 个下单请求，这样整个系统只需要承受100个并发请求就可以了，而秒杀成功的用户也只能出现在这100个并发请求中。

事实上，限流是一种非常常用的高并发设计方案，我们会在下个模块专门设计一个通用的限流器。通过缓存和限流这两种设计方案，已经可以应对绝大多数情况下秒杀带来的高并发压力。

8.2.3 秒杀活动启动机制设计

前面说过，购买按钮只有在秒杀活动开始时才能点亮，在此之前是灰色的。如果该页面是动态生成的，当然可以在服务器端构造响应页面输出，控制该按钮是灰色还是点亮。但是在前面的设计中，为了减轻服务器端负载压力，更好地利用CDN、反向代理等性能优化手段，该页面被设计成了静态页面，缓存功能放在CDN、秒杀商品服务器，甚至用户浏览器上。秒杀开始时，用户刷新页面，请求根本不会到达应用服务器。

因此，我们需要在秒杀商品静态页面中加入一个特殊的JavaScript文件，这个JavaScript文件要设置为不被任何地方缓存。秒杀未开始时，该JavaScript文件内容为空。当秒杀开始时，定时任务会生成新的JavaScript文件内容，并推送到JavaScript服务器。

新的JavaScript文件包含了秒杀是否开始的标志和下单页面URL的随机数参数。当用户刷新页面时，新JavaScript文件会被用户浏览器加载，根据JavaScript中的参数控制秒杀按钮的点亮。当用户单击按钮时，提交表单的URL参数也来自这个JavaScript文件，如图8-5所示。

这个JavaScript文件还有一个优点：本身非常小，即使每次浏览器刷新都访问JavaScript文件服务器，也不会对服务器集群和网络带宽造成太大压力。

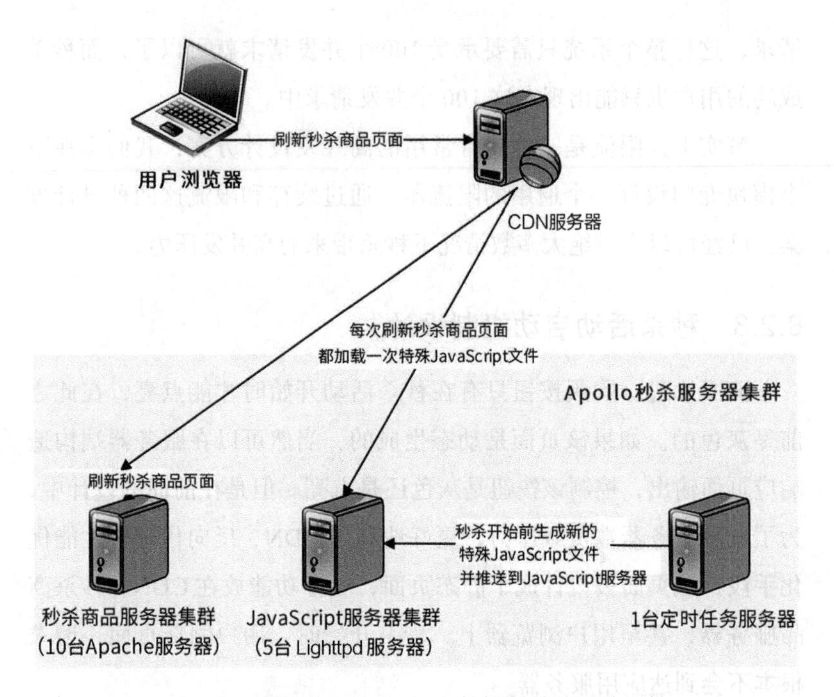

图 8-5　用特殊 JavaScript 文件控制秒杀活动开始

8.2.4　秒杀系统部署模型

综上设计方案，Apollo 系统整体部署模型如图 8-6 所示。

用户在浏览器打开秒杀商品页面，浏览器检查本地是否缓存了该商品的信息。如果没有，就通过 CDN 加载，如果 CDN 也没有，就访问秒杀商品服务器集群。

用户刷新页面时，除了特殊 JavaScript 文件，其他页面和资源文件都可以通过缓存获得，秒杀没开始的时候，特殊 JavaScript 文件内容是空的，所以即使高并发也没有什么负载和带宽访问压力。秒杀开始时，定时任务服务器会推送一个包含点亮按钮指令和下单 URL 内容的新 JavaScript 文件，用来替代原来的空文件。用户这时候再刷新就会加载新的 JavaScript 文件，此时购买按钮变亮，并能进入下单页面。

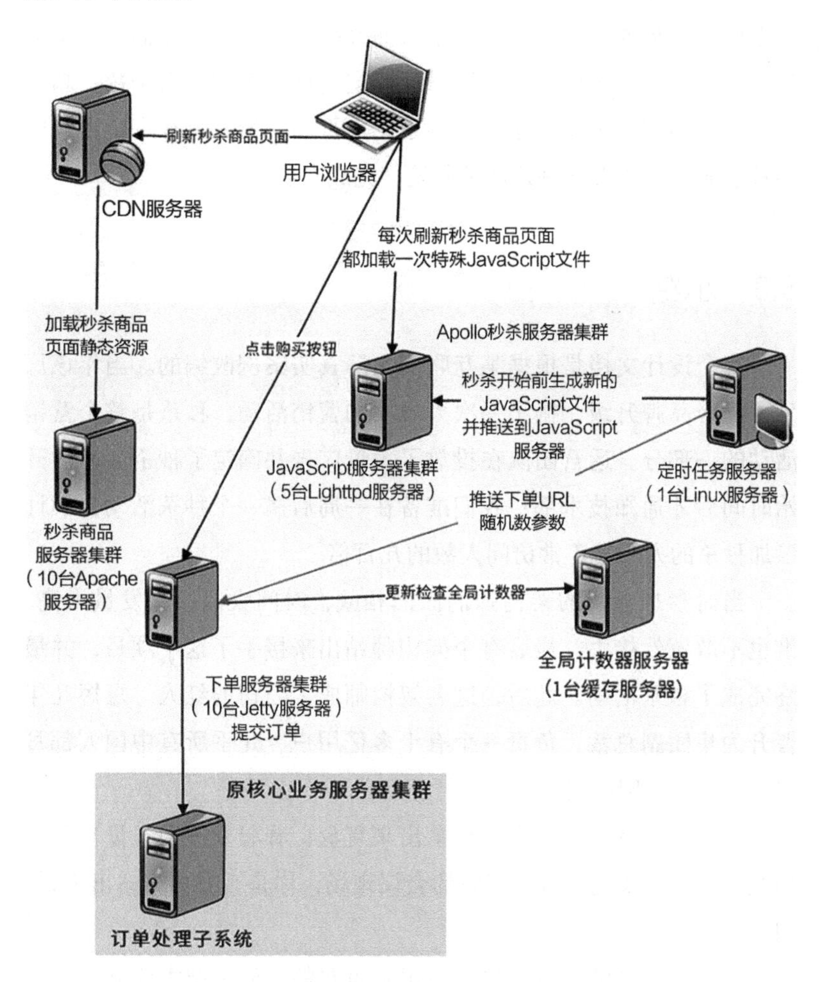

图 8-6　秒杀系统整体部署模型

下单 URL 中会包含一个随机数，这个随机数也会由定时任务推送给下单服务器，下单服务器收到用户请求的时候，检查请求中包含的随机数是否正确，即检查该请求是否是伪造的。

进入下单服务器的请求会被服务器进行限流处理，每台服务器超过10个的请求会被重定向到秒杀结束页面。只有前10个请求可以返回下单页面。用户填写下单页面并提交到下单服务器后，全局计数器会根据秒杀商品库存数量，确定允许创单的请求个数，超过这个数目的请求也将重定向到秒杀结束页面。最终只有一个用户能够秒杀成功，进入订单处理子系统，完成交易。

8.3 小结

这个设计文档是根据某互联网大厂真实案例改编的。当年该厂为了配合品牌升级，搞了一次大规模的营销活动，秒杀是整个营销活动的一部分。运营团队在投放了大量广告并确定了秒杀活动的开始时间后才通知技术部：我们准备在一周后搞一个秒杀活动，预计参加秒杀的人数是正常访问人数的几百倍。

当时参加会议的架构师们面面相觑，时间太短，并发量太高，谁也不敢贸然接手。最后有个架构师站出来接手了这个项目，并最终完成了秒杀活动。此后，这名架构师成了公司的红人，短短几年晋升为集团副总裁，负责一个有十多亿用户、几乎所有中国人都耳熟能详的互联网应用。

我们现在重新把这个设计拿出来复盘，看起来技术含量也不过如此。那么如果把你放到当时的会议现场，你是否有勇气站出来说："我来"。

对一个架构师而言，精通技术是重要的，而用技术建立起自己的信心，在关键时刻有勇气面对挑战更重要。人生的道路虽然漫长，但是紧要处可能只有几秒。这几秒是秒杀系统高并发访问高峰的那几秒，也是面对挑战迎难而上站出来的那几秒。

CHAPTER 9

第9章 基于LBS的交友系统设计

交友与婚恋是人们最基本的需求之一。随着互联网时代的不断发展，移动社交软件已经成为人们生活中必不可少的一部分。然而，熟人社交并不能完全满足年轻人的社交与情感需求，于是陌生人交友平台悄然兴起。

我们决定开发一款基于LBS（地理位置服务）的应用，为用户匹配邻近的、互相感兴趣的好友，应用名称为Liao，产品Logo如图9-1所示。

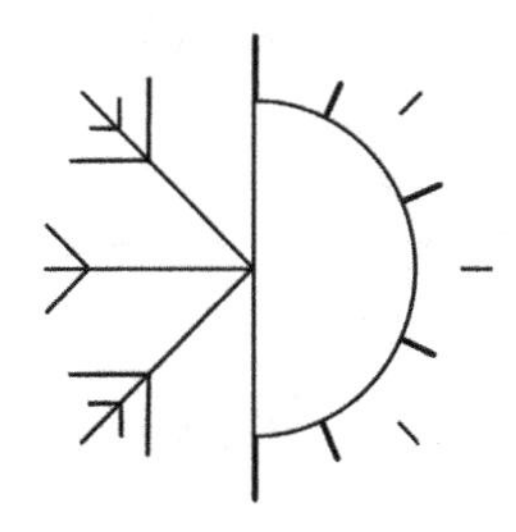

图9-1　交友平台Liao Logo

Liao面临的技术挑战包括：面对海量的用户，如何为其快速找到邻近的人，可以选择的地理空间邻近算法有哪些？如何在这些算法中选择出最合适的那个？

9.1 需求分析

Liao的客户端是一个移动App，用户打开App后，上传、编辑自己的基本信息，然后系统（推荐算法）根据其地理位置和个人信息，为其推荐位置邻近的用户。用户在手机上查看对方的照片和资料，如果感兴趣，希望进一步联系，就向右滑动照片；如果不感兴趣，就向左滑动照片。

如果两个人都向右滑动了对方的照片，就表示他们互相感兴趣。系统就通知他们配对成功，并为他们开启聊天功能，可以更进一步了解对方，决定是否建立更深入的关系。

Liao的用例图如图9-2所示。

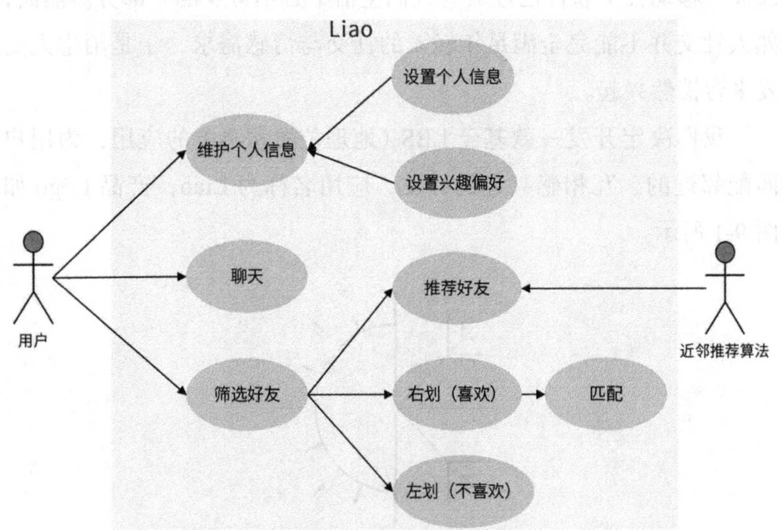

图9-2 Liao用例图

用户规模分析：Liao 的目标用户是全球范围内的中青年单身男女，预估目标用户超过 10 亿，系统按 10 亿用户进行设计。

9.2 概要设计

Liao 的系统架构采用典型的**微服务架构**设计方案，用户通过网关服务器访问具体的微服务，如图 9-3 所示。

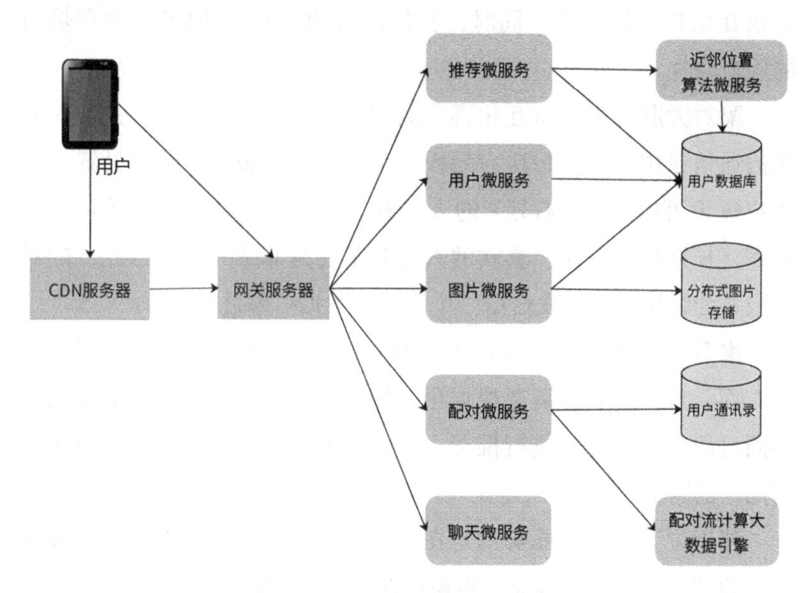

图 9-3　Liao 的微服务架构图

由图 9-3 可知，用户的所有请求都通过统一的**网关服务器**处理。网关服务器负责限流、预防攻击、用户身份识别及权限验证、微服务调用及数据聚合封装等，而真正的业务逻辑则通过访问微服务来完成。Liao 的关键微服务有：用户微服务、图片微服务、配对微服务、聊天微服务、推荐微服务、邻近位置算法微服务。Liao 的网关预计将承担每天百亿次规模的访问压力。

用户微服务管理用户的个人信息、兴趣爱好以及交友偏好等，此外负责用户登录服务，只有登录用户才能访问系统。因为需要存储10亿条用户数据，所以用户数据库采用分片的MySQL数据库。

图片微服务用于管理用户照片，提供用户照片存储及展示的功能。Liao需要存储的图片数大约几百亿张。我们使用Nginx作为图片服务器，图片服务器可以线性扩容，每写满一台服务器（及其Slave服务器），就继续写入下一台服务器。服务器IP、图片路径则记录在用户数据库中。同时，我们需要购买CDN服务，缓存热门的用户照片。

配对微服务负责将互相喜欢的用户配对，通知用户，并加入彼此的通信录中。用户每次右划操作都调用该微服务。系统设置一个用户每天可以喜欢（右划）的人是有上限的，但是，对于活跃用户而言，长期积累下来，喜欢的人的数量还是非常大的。因此，配对微服务会将用户数据发送给一个流式大数据引擎进行计算。

推荐微服务负责向用户展示其可能感兴趣的邻近用户。因此，一方面，推荐微服务需要根据用户操作、个人兴趣、交友偏好调用协同过滤等推荐算法进行推荐；另一方面必须保证推荐的用户在当前用户的附近。

邻近位置算法微服务就是在所有用户中选择距离当前用户位置较近的其他用户，具体算法实现将在详细设计中讨论。

9.3 详细设计

详细设计主要关注邻近位置算法，也就是，如何根据用户的地理位置寻找距其一定范围内的其他用户。

我们可以通过Liao App获取用户当前经度、纬度坐标，然后根据经度、纬度，计算两个用户之间的距离，距离计算采用半正矢公式：

$$d = 2r\arcsin\left(\sqrt{\text{hav}(\varphi_2-\varphi_1)+\cos(\varphi_1)\cos(\varphi_2)\text{hav}(\lambda_2-\lambda_1)}\right)$$
$$= 2r\arcsin\left(\sqrt{\sin^2\left(\frac{\varphi_2-\varphi_1}{2}\right)+\cos(\varphi_1)\cos(\varphi_2)\sin^2\left(\frac{\lambda_2-\lambda_1}{2}\right)}\right)$$

其中，r 代表地球半径，φ 表示纬度，λ 表示经度。

Java 实现代码如下

```
//lat1,lon1: 用户 1 的纬度和经度, lat2,lon2: 用户 2 的纬度和经度
// 返回值: 两个用户的距离, 单位: m
public static double distHaversineRAD(double lat1, double
    lon1, double lat2, double lon2) {
    double hsinX = Math.sin((lon1 - lon2) * 0.5);
    double hsinY = Math.sin((lat1 - lat2) * 0.5);
    double h = hsinY * hsinY +
        (Math.cos(lat1) * Math.cos(lat2) * hsinX * hsinX);
    return 2 * Math.atan2(Math.sqrt(h), Math.sqrt(1 - h))
        * 6371000;
}
```

这个算法实现比较简单，但是当我们有 10 亿用户的时候，如果每次进行当前用户匹配都要和其他所有用户进行一次距离计算，然后进行排序，那么需要的计算量至少也是千亿级别，这样的计算量是我们不能承受的。通常的空间邻近算法有以下 4 种，我们一一进行分析，最终选出最合适的方案。

9.3.1 SQL 邻近算法

我们可以将用户经度、纬度直接记录到数据库中，纬度记录在 latitude 字段，经度记录在 longitude 字段。用户当前的纬度和经度为 X、Y，如果我们想要查找和当前用户经度、纬度距离为 D 之内的其他用户，可以通过如下 SQL 实现。

```
select * from users where latitude between X-D and X+D and
    longitude between Y-D and Y+D;
```

这样的 SQL 实现起来比较简单，但是如果有 10 亿用户，数据

分片在几百台服务器上，SQL 执行效率就会很低。而且我们用经度、纬度距离进行近似计算，在高纬度地区，这种近似计算的偏差还是非常大的。

同时“between X-D and X+D”以及“between Y-D and Y+D”也会产生大量中间计算数据，这两个计算会先返回经度和纬度各自区间内的所有用户，再进行交集（and）处理，如图 9-4 所示。

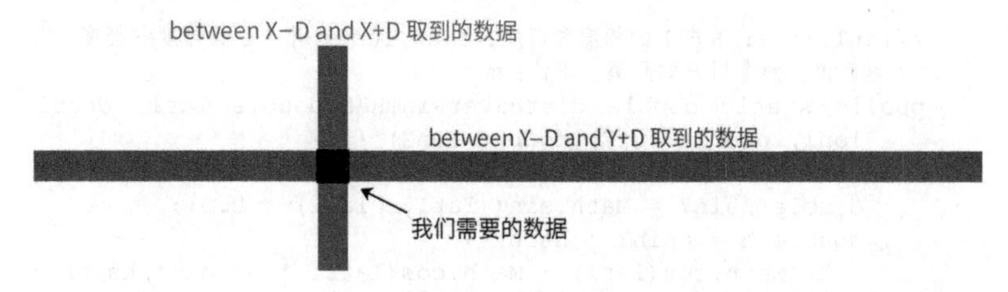

图 9-4　SQL 邻近算法产生大量的无用中间数据

我们的用户量非常大，而计算邻近好友又是一个非常高频的访问，同时，分片数据库进行集合计算需要在中间代理服务器或应用程序服务器完成计算，因此，这样的交集计算带来的计算负载压力是我们的系统完全不能承受的。所以这个方案可以被放弃。

9.3.2　地理网格邻近算法

为了减少上述交集计算使用的中间数据量，我们将整个地球用网格进行划分，如图 9-5 所示。

图 9-5　将整个地球用网格划分

事实上，我们划分的网格远比图中示意的要密集得多，如赤道附近的经度、纬度方向大约每 10 千米一个网格。

这样每个用户必然会落入一个网格中，我们在用户表中记录用户所在的网格 ID（gridID），然后借助这个字段进行辅助查找，将查找范围限制在用户所在的网格（gridIDx0）及其周围 8 个网格（gridIDx1～gridIDx8）中，可以极大降低中间数据量，SQL 如下。

```
select * from users where latitude between X-D and X+D and
    longitude between Y-D and Y+D and gridID in (gridIDx0,
    gridIDx1,gridIDx2,gridIDx3,gridIDx4,gridIDx5,gridIDx6,
    gridIDx7,gridIDx8);
```

这条 SQL 要比上面 SQL 的计算负载压力小得多，但是对高频访问的分片数据库而言，用这样的 SQL 进行邻近好友查询依然是不能承受的，同样，距离精度也不满足要求。

我们发现，基于这种网格设计思想，不通过数据库就能实现邻近好友查询：可以**将所有的网格及其包含的用户都记录在内存中**。当我们进行邻近查询时，只需要在内存中计算用户及其邻近的 8 个网格内的所有用户的距离即可。

我们可以估算下将所有用户经度、纬度都加载到内存中需要的内存量：1G×3×4B＝12GB（用户 ID、经度、纬度，都采用 4 个字节编码，总用户数 10 亿）。这个内存量是完全可以接受的。

实际上，通过恰当地选择网格的大小，我们不停访问当前用户位置周边的网格就可以由近及远地不断得到邻近的其他用户，而不需要再通过 SQL 来得到。那么如何选择网格大小？如何根据用户位置得到其所在的网格呢？又如何得到当前用户位置周边的其他网格呢？我们看下实践中更常用的动态网格和 GeoHash 算法。

9.3.3 动态网格算法

事实上，不管如何选择网格大小，可能都不合适。因为在陆家嘴即使很小的网格可能就包含近百万的用户，而在可可西里，非常大的网格也包含不了几个用户。

因此，我们希望能够动态地设定网格的大小，如果一个网格内用户太多，就把它分裂成几个小网格，小网格内如果用户还是太多，继续分裂成更小的网格，如图 9-6 所示。

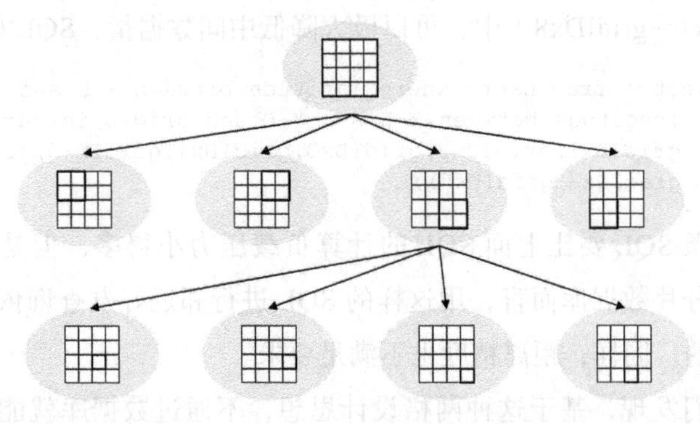

图 9-6 四叉树网格结构

这是一个四叉树网格结构，开始的时候整个地球只有一个网格，当用户增加，超过阈值（500 个用户）的时候，就分裂出 4 个子树，4 个子树对应父节点网格的 4 个地理子网格。同时，根据位置信息将用户重新分配到 4 个子树中。同样，如图 9-6 所示，如果某个子树中的用户增加，超过了阈值，该子树会继续分裂成 4 个子树。

因此，我们可以将全球用户分配在这样一个 4 叉树网格结构中，所有的用户都必然在这个 4 叉树的叶子节点中，而且每个节点内包含的用户数不超过 500 个。那么，陆家嘴的网格可能就会很小，而可可西里的网格就会很大，太平洋对应的网格可能有几千公里。

当给定当前用户的经度、纬度，查询邻近用户的时候，首先从根节点开始查找，如果根节点就是叶子节点，那么直接遍历根节点中的所有用户，计算距离即可。如果根节点不是叶子节点，那么根据给定的经度、纬度判断其在网格中的位置，即左上、右上、右下、左下这4个位置，顺序对应4个子树，根据网格位置访问对应的子树。如果子树是叶子节点，那么在叶子节点中查找，如果不是叶子节点，继续上面的过程，直到查找到叶子节点。

上面的过程只能找到当前用户所在网格的好友，如何查找邻近网格的其他用户呢？事实上，我们只需要将4叉树所有的叶子节点顺序组成一个双向链表，每个节点在链表上的若干个前驱节点和后继节点正好就是其地理位置邻近的节点。

动态网格也叫4叉树网格，在空间邻近算法中较为常用，也能满足Liao的需求。但是编程实现稍稍有点麻烦，而且如果网格大小设计不合适，导致树的高度太高，每次查找需要遍历的路径会太长，性能结果也会比较差。我们再看一下性能和灵活性更好的GeoHash算法。

9.3.4 GeoHash 算法

除了动态网格算法，GeoHash事实上是另外一种变形了的网格算法，也是Redis中Geo函数使用的算法。GeoHash是将网格进行编码，然后根据编码进行Hash存储的一种算法。

经度、纬度数字的不同精度意味着其误差范围，比如保留经度、纬度到小数点后第1位，那么误差范围最大可能会达到11千米（在赤道附近）。也就是说，小数点后1位精度的经度、纬度的覆盖范围是一个11km × 11km的网格。

那么，我们用小数点后1位精度的经度、纬度作为key，网格内的用户集合作为value，就可以构建一个Hash表的<key, value>对。通过查找这个key-value对及其周围8个网格的key-value对，计算这些value内所有用户和当前用户的距离，就可以找到邻近11

千米内的所有用户。

在实践中，Redis的GeoHash并不会直接用经度、纬度作为key，而是采用一种基于Z阶曲线的编码方式，将二维的经度、纬度转化为一维的二进制数字，再进行Base32编码，具体过程如下。

首先，分别针对经度和纬度求取当前区间（纬度的开始区间就是[−90，90]；经度的开始区间就是[−180，180]）的平均值，将当前区间分为两个区间。然后对用户的经度、纬度和区间平均值进行比较，用户的经度、纬度必然落在两个区间中的一个，如果大于平均值，那么取1，如果小于平均值，那么取0。继续求取当前区间的平均值，进一步将当前区间分为两个区间。如此不断重复，可以在经度和纬度方向上得到两个二进制数。这个二进制数越长，其所在的区间越小，精度越高。

图9-7、图9-8展示了纬度、经度<43.60411，−5.59041>的二进制编码过程，最终得到纬度的12位编码，经度的13位编码。

纬度编码：101111001001						
bit position	bit value	min	mid	max	mean value	maximum error
0	1	−90.000	0.000	90.000	45.000	45.000
1	0	0.000	45.000	90.000	22.500	22.500
2	1	0.000	22.500	45.000	33.750	11.250
3	1	22.500	33.750	45.000	39.375	5.625
4	1	33.750	39.375	45.000	42.188	2.813
5	1	39.375	42.188	45.000	43.594	1.406
6	0	42.188	43.594	45.000	42.891	0.703
7	0	42.188	42.891	43.594	42.539	0.352
8	1	42.188	42.539	42.891	42.715	0.176
9	0	42.539	42.715	42.891	42.627	0.088
10	0	42.539	42.627	42.715	42.583	0.044
11	1	42.539	42.583	42.627	42.605	0.022

图9-7　纬度43.60411的二进制编码过程

经度编码：0111110000000						
bit position	bit value	min	mid	max	mean value	maximum error
0	0	−180.000	0.000	180.000	−90.000	90.000
1	1	−180.000	−90.000	0.000	−45.000	45.000
2	1	−90.000	−45.000	0.000	−22.500	22.500
3	1	−45.000	−22.500	0.000	−11.250	11.250
4	1	−22.500	−11.250	0.000	−5.625	5.625
5	1	−11.250	−5.625	0.000	−2.813	2.813
6	0	−5.625	−2.813	0.000	−4.219	1.406
7	0	−5.625	−4.219	−2.813	−4.922	0.703
8	0	−5.625	−4.922	−4.219	−5.273	0.352
9	0	−5.625	−5.273	−4.922	−5.449	0.176
10	0	−5.625	−5.449	−5.273	−5.537	0.088
11	0	−5.625	−5.537	−5.449	−5.581	0.044
12	0	−5.625	−5.581	−5.537	−5.603	0.022

图 9-8　经度 −5.59041 的二进制编码过程

得到两个二进制数后，再将它们合并成一个二进制数。合并规则是，从第一位开始，奇数位为经度，偶数位为纬度。上面例子合并后的结果为 01101 11111 11000 00100 00010 ，共 25 位二进制数。

将 25 位二进制数划分成 5 组，每组 5 个二进制数，对应的十进制数范围是 0～31，采用 Base32 编码，可以得到一个 5 位字符串，Base32 编码表如图 9-9 所示。

Decimal	0	1	2	3	4	5	6	7	8	9	10	11	12	13	14	15
Base 32	0	1	2	3	4	5	6	7	8	9	b	c	d	e	f	g
Decimal	16	17	18	19	20	21	22	23	24	25	26	27	28	29	30	31
Base 32	h	j	k	m	n	p	q	r	s	t	u	v	w	x	y	z

图 9-9　Base32 编码表

25位二进制数的Base32编码计算过程如图9-10所示。

$$[e]_{32ghs} = [13]_{10} = [01101]_2$$
$$[z]_{32ghs} = [31]_{10} = [11111]_2$$
$$[s]_{32ghs} = [24]_{10} = [11000]_2$$
$$[4]_{32ghs} = [4]_{10} = [00100]_2$$
$$[2]_{32ghs} = [2]_{10} = [00010]_2$$

图9-10　25位二进制数的Base32编码计算过程

最后得到一个字符串"ezs42"，作为Hash表的key。25位二进制的GeoHash编码，其最大误差大概2.4km，即对应一个2.4km×2.4km的网格。网格内的用户ID和位置信息都作为value放入Hash表中。

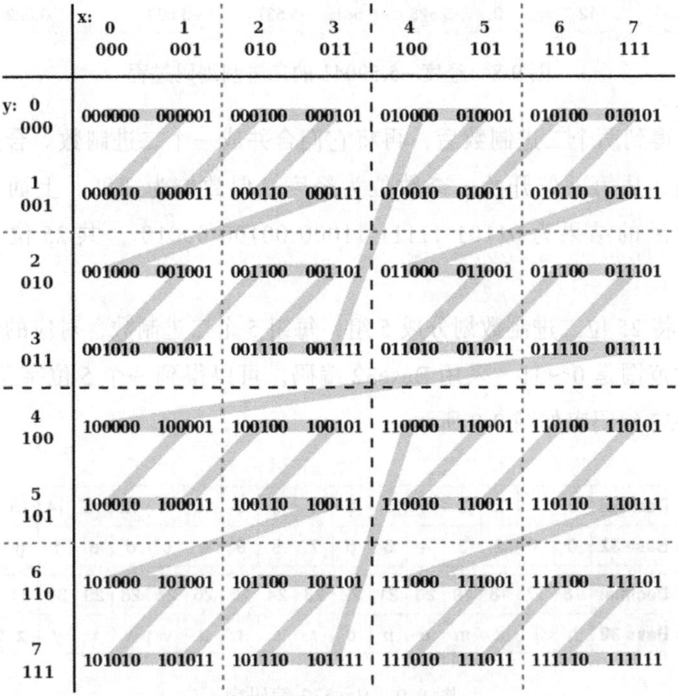

	x: 0 000	1 001	2 010	3 011	4 100	5 101	6 110	7 111
y: 0 000	000000	000001	000100	000101	010000	010001	010100	010101
1 001	000010	000011	000110	000111	010010	010011	010110	010111
2 010	001000	001001	001100	001101	011000	011001	011100	011101
3 011	001010	001011	001110	001111	011010	011011	011110	011111
4 100	100000	100001	100100	100101	110000	110001	110100	110101
5 101	100010	100011	100110	100111	110010	110011	110110	110111
6 110	101000	101001	101100	101101	111000	111001	111100	111101
7 111	101010	101011	101110	101111	111010	111011	111110	111111

图9-11　GeoHash的Z阶曲线

一般说来，通过选择 GeoHash 的编码长度，实现不同大小的网格，就可以满足邻近交友应用场景的需求了。但是在 Redis 中，需要面对更通用的地理位置计算场景，所以 Redis 中的 GeoHash 并没有用 Hash 表存储，而是用跳表（SkipList）存储。

Redis 使用 52 位二进制的 GeoHash 编码，误差约为 0.6m。Redis 将编码后的二进制数按照 Z 阶曲线的布局，进行一维化展开。即将二维的经度、纬度上的点，用一条 Z 型曲线连接起来，Z 阶曲线布局示例如图 9-11 所示。

事实上，所谓的 Z 阶曲线布局，本质其实就是基于 GeoHash 的二进制排序。将这些经过编码的二进制数据用跳表存储。查找用户的时候，可以快速找到该用户，沿着跳表前后检索，得到的就是邻近的用户。

9.3.5 Liao 的最终算法选择

Liao 的邻近算法最终选择使用 Hash 表存储的 GeoHash 算法，经度采用 13bit 编码，纬度采用 12bit 编码，即最后的 GeoHash 编码为 5 个字符，每个网格 2.4km×2.4km≈52.4km^2，将整个地球分为 2^{25}≈3300 万个网格，去掉海洋和几乎无人生存的荒漠极地，需要存储的 Hash 键不到 500 万个，采用 Hash 表存储。Hash 表的 key 是 GeoHash 编码，value 是一个列表（List），其中包含了所有相同 GeoHash 编码的用户 ID。

查找邻近好友的时候，Liao 将先计算用户当前位置的 GeoHash 值（5 个字符），然后从 Hash 表中读取该 Hash 值对应的所有用户，即将在同一个网格内的用户进行匹配，并将满足匹配条件的对象返回给用户。如果一个网格内匹配的对象数量不足，则计算周围 8 个网格的 GeoHash 值，读取这些 Hash 值对应的用户列表，继续匹配。

9.4 小结

算法是软件编程中最有挑战性，也最能考验一个人编程能力的技术。所以很多企业面试的时候特别喜欢问算法类的问题，即使这些算法和将来的工作内容关系不大，面试官也可以凭借这些问题对候选人的专业能力和智力水平进行评判，而且越是大厂的面试越是如此。

架构和算法通常是一个复杂系统的一体两面，架构是关于整体系统如何组织起来的，而算法则是关于核心功能如何处理的。本书大多数案例也都体现了这种一体两面，很多案例设计都有一两个核心算法，比如短 URL 生成与预加载算法、缩略图生成与推荐算法、本章的空间邻近算法以及下一章要讲的倒排索引与 PageRank 算法，都展现了这一点。

一个合格的架构师除了要掌握系统的整体架构，也要能把握住这些关键的算法，才能在系统的设计和开发中做到心中有数、控制自如。

CHAPTER 10

第 10 章

全网搜索引擎设计

第 4 章讨论了大型分布式网络爬虫的架构设计，但是网络爬虫只是从互联网获取信息，而海量的互联网信息如何呈现给用户，还需要使用搜索引擎完成。因此我们准备开发一个针对全网内容的搜索引擎，产品名称为 iKnow，产品 Logo 如图 10-1 所示。

图 10-1　搜索引擎 iKnow Logo

iKnow 的主要技术挑战包括：

1）针对爬虫获取的海量数据，如何高效地进行数据管理。

2）当用户输入搜索词的时候，如何快速查找包含搜索词的网页内容。

3）如何对搜索结果的网页内容进行排序，使排在搜索结果列表前面的网页正好是用户期望看到的内容。

10.1 概要设计

一个完整的搜索引擎包括分布式爬虫、索引构造器、网页排名算法、搜索器等组成部分，iKnow 的系统架构如图 10-2 所示。

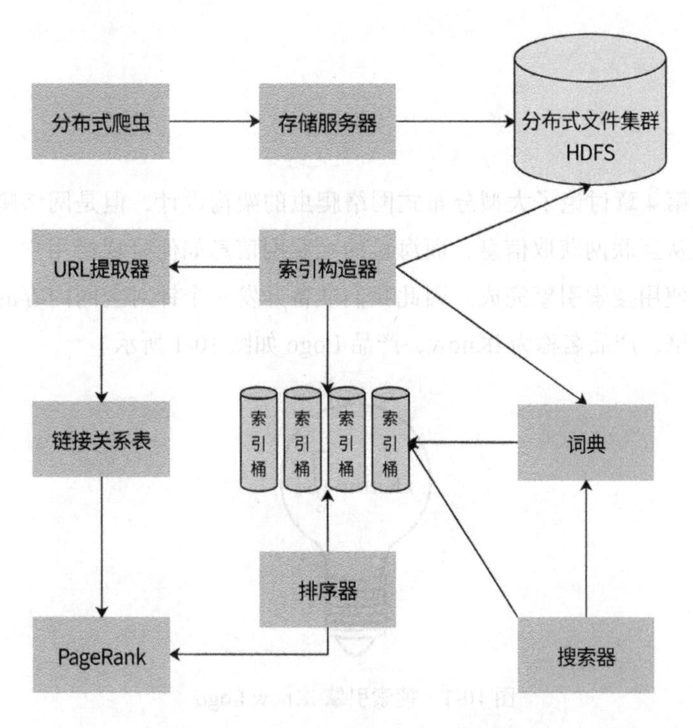

图 10-2　搜索引擎 iKnow 整体架构

分布式爬虫（Bajie）通过存储服务器将爬取的网页存储到分布

式文件集群 HDFS，为了提高存储效率，网页将被压缩后存储。存储的时候，网页一个文件挨着一个文件地连续存储，存储格式如图 10-3 所示。

docID	URL长度	数据长度（压缩后）	URL	网页内容数据（压缩后）

图 10-3　搜索引擎原始网页的存储格式

在存储格式中，每个网页被分配一个 8 字节长整型 docID。在 docID 后面用 2 个字节来记录 URL 的长度，之后用 4 个字节来记录数据长度（压缩后），所有存储的网页的头 14 个字节都是同样的格式。之后存储的是 URL 字符串和压缩后的网页内容数据。读取文件的时候，先读取 14 个字节的头信息，根据头信息中记录的 URL 长度和数据长度，再读取对应长度的 URL 和网页内容数据。

搜索引擎能够快速查找的核心就是利用索引，根据用户的查询内容查找匹配的索引，根据索引列表构建结果页面。索引的构造主要通过索引构造器完成，索引构造器读取 HDFS 中的网页内容，解压缩后提取网页中的单词，得到网页所有单词的单词列表。再以 docID 作为 key，以单词列表作为 value，构建一个“ docID →单词列表”的正排索引。然后，索引构造器根据这个正排索引构建一个“单词→ docID 列表”的倒排索引，其中 docID 列表就是所有包含了这个单词的网页列表。利用这个倒排索引，搜索器可以快速获得用户搜索词对应的所有网页。

网页中所有的单词构成了一个词典。实际上，词典就是一个 Hash 表，key 就是单词，value 就是倒排索引的网页列表。虽然互联网页的内容非常多，但是使用到的单词其实是非常有限的。根据 Google 的报告，256MB 内存可以存放 1400 万个单词，这差不多就是英文单词的全部了。

在构建索引的过程中，因为要不断修改索引列表，还要进行排序，所以有很多操作是需要进行加锁同步完成的。海量的互联网页的计算，这样的索引构建速度太慢了，因此我们设计了64个索引桶，根据docID取模，将不同网页分配到不同的桶中，在每个桶中分别进行索引构建，通过并行计算来加快索引的处理速度。

索引构造器在读取网页内容、构造索引的时候，还会调用URL提取器，将网页中包含的URL提取出来，构建一个链接关系表。链接关系表的格式是“docID → docID”，前一个docID是当前网页的docID，后一个docID是当前网页中包含的URL对应的docID。一个网页会包含很多个URL，即会构建出很多个这样的链接关系。后面会利用这个链接关系表，使用PageRank排名算法对所有网页进行打分排名，当索引器得到查找的网页列表时，利用PageRank值进行排序，并最终呈现给用户，保证用户最先看到的网页是最接近用户期望的结果页面。

10.2 详细设计

一个运行良好的搜索引擎的核心技术就是索引和排序，所以下面将分别说明这两种技术要点。

10.2.1 索引

索引构造器从HDFS读取网页内容后，解析每个页面，提取网页里的每个单词。如果是英文，那么每个单词都用空格分隔，比较容易；如果是中文，需要使用中文分词器才能提取到每个单词，比如“高并发架构”，使用中文分词器得到的就是“高并发”“架构”两个词。

索引构造器将所有的网页都读取完，提取出所有的单词，就可以构建出每个网页的“docID→单词列表”正排索引，如图10-4所示。

1	架构，分布式，缓存，队列，微服务
2	高并发，架构，设计，文档，写作

图10-4 正排索引举例

然后遍历所有的正排索引，再按照“单词→docID列表”的方式组织起来，就是倒排索引了，如图10-5所示。

单词	网页列表
高并发	2、4、5、7
架构	1、2、4

图10-5 倒排索引举例

我们这个例子中只有两个单词、7个网页。事实上，iKnow数以千亿计的网页就是通过倒排索引组织起来的，网页数量虽然庞大，但是单词数比较有限。所以，整个倒排索引的数量相比网页数量要小得多。iKnow将每个单词对应的网页列表存储在硬盘中，而单词则存储在内存的Hash表中，从而构成了一个索引词典。索引词典示例如图10-6所示。

单词	网页列表地址
高并发	0xa46fc960
架构	0x8a8f29be

图10-6 索引词典

整个网页列表也可以将部分热门单词存储在内存中，相当于缓存。在词典中，每个单词记录下硬盘或者内存中的网页列表地址，这样只要搜索单词，就可以快速得到对应的网页地址列表。iKnow 根据列表中的网页编号 docID，展示对应的网页信息摘要，就完成了海量数据的快速检索。

如果用户的搜索词正好是一个单词，比如“高并发”，那么直接查找词典，得到网页列表就完成查找了。但是如果用户输入的是一句话，那么搜索器就需要将这句话拆分成几个单词，然后分别查找倒排索引。这样的话，得到的就是几个网页列表，再对这几个网页列表求交集，才能得到最终的结果列表。

比如，以“高并发架构”为例，搜索器就会拆分成两个词：“高并发”“架构”，得到两个倒排索引：高并发→ 2, 3, 5, 7；架构→ 1, 2, 4。

需要对这两个倒排索引求交集，即同时包含“高并发”和“架构”的网页才是符合搜索要求的结果，最终的交集结果应该是只有一个网页，即 docID 为 2 的网页满足要求。

列表求交集最简单的实现就是双层 for 循环，但是这种算法的时间复杂度是 $O(n\^2)$，我们的网页列表长度（n）可能有千万级甚至更高，这样的计算效率太低了。

一个改进的算法是拉链法，我们将网页列表先按照 docID 的编号进行排序，得到的就是如图 10-7 所示的两个有序链表。

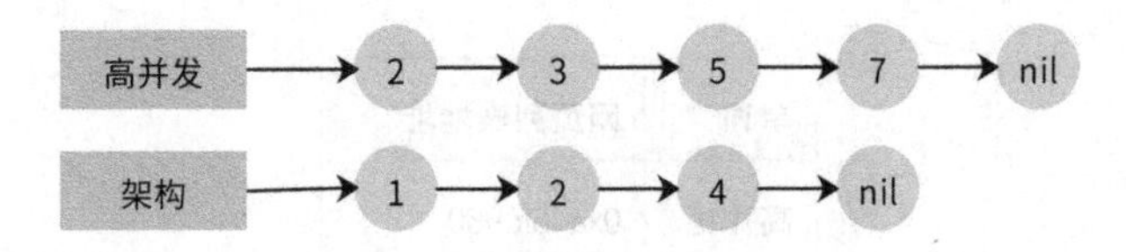

图 10-7　有序列表求交集的拉链法

同时遍历两个链表，如果其中一个链表当前指向的元素小于另一个链表当前指向的元素，那么这个链表就继续向前遍历；如果两个链表当前指向的元素相同，则该元素就是交集元素，将其记录在结果列表中；依此继续向前遍历，直到其中一个链表指向自己的尾部 nil。

拉链法的时间复杂度是 $O(2n)$，远优于双层循环。但是对千万级的数据而言，还是太慢。我们还可以采用数据分片的方式进行并行计算，以实现性能优化。

比如，我们的 docID 分布在 [0, 1 万亿) 区间，而每个倒排索引链表平均包含 1 千万个 docID。我们把所有的 docID 按照 1000 亿进行数据分片，就会得到 10 个区间：[0，1000 亿)，[1000 亿，2000 亿)，...，[9000 亿，1 万亿)。每个倒排索引链表大致均匀分布在这 10 个区间中。我们可以依照这 10 个区间范围将每个要遍历的链表切分为 10 片，每片大约包含 100 万个 docID。两个链表只在自己对应的分片内求交集即可，因此我们可以启动 10 个线程对 10 个分片进行并行计算，速度可提高 10 倍。

事实上，两个 1000 万长度的链表求交集，最终的结果可能不过几万。也就是说，大部分的比较都是不相等的，比如图 10-8 所示的例子。

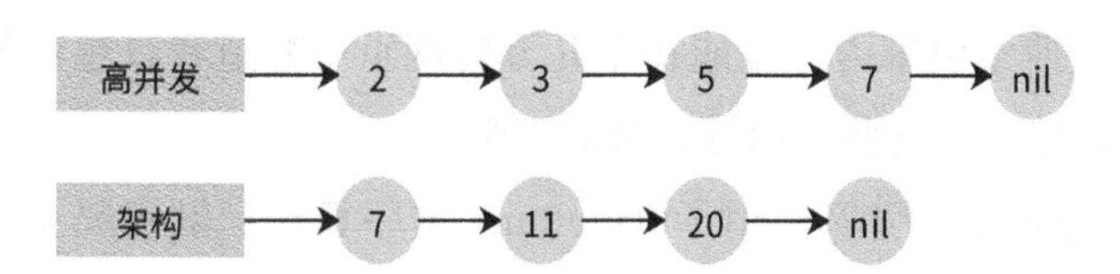

图 10-8　第一个链表的最后一个元素，才和第二个链表的第一个元素相同

第一个链表遍历到自己的最后一个元素，才和第二个链表的第一个元素相同。那么第一个链表能不能跳过前面的那些元素呢？很自然，我们想到可以用**跳表**来实现，如图 10-9 所示。

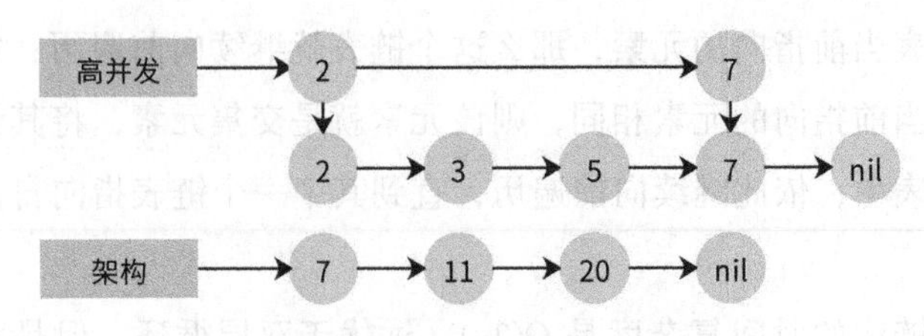

图 10-9　采用跳表组织有序的网页列表

跳表实际上是在链表上构建多级索引，在索引上遍历可以跳过底层的部分数据。我们可以利用这个特性实现链表的跳跃式比较，加快计算速度。使用跳表的交集计算时间复杂度大约是 $O(\log(n))$。

此外，虽然搜索引擎利用倒排索引已经能很快得到搜索结果了，但搜索引擎应用还会使用缓存对搜索进行加速，将整个搜索词对应的搜索结果直接放入缓存，以减少倒排索引的访问压力，以及不必要的集合计算。

10.2.2　PageRank 排序算法

当我们使用搜索引擎进行搜索的时候，你会发现，通常在搜索的前三个结果里就能找到自己想要的网页内容，而且很大概率第一个结果就是我们想要的网页。而排名越往后，搜索结果与我期望的偏差越大。

那么搜索引擎为什么能在十几万的网页中知道我最想看的网页是哪些，然后把这些页面排到最前面呢？

Google 搜索引擎使用了 PageRank 排序算法，以实现上面描述的排序效果。iKnow 也使用了 PageRank 算法进行网页结果排名，以保证搜索结果更符合用户期待。

PageRank 算法会根据网页的链接关系给网页打分。如果一个网页 A 包含另一个网页 B 的超链接，那么就认为 A 网页给 B 网页投了一票。一个网页得到的投票越多，说明自己越重要；越重要的网页给自己投票，自己也越重要。

PageRank 算法就是计算每个网页的 PageRank 值，最终的搜索结果也是以网页的 PageRank 值排序，展示给用户。事实证明，这种排名方法非常有效，PageRank 值高的网页，确实更满足用户的搜索期望。

以网页 A、B、C、D 举例，带箭头的线条表示链接，如图 10-10 所示。

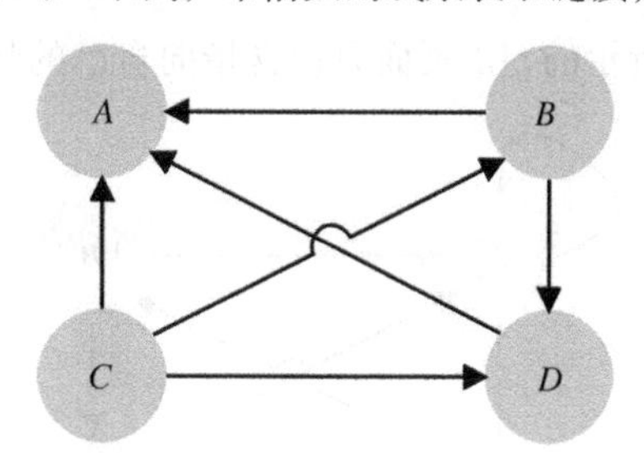

图 10-10 网页之间的链接指向关系

B 网页包含了 A、D 两个页面的超链接，相当于 B 网页给 A、D 每个页面投了一票，如果初始的时候，所有页面都是 1 分，那么经过这次投票后，B 给了 A 和 D 每个页面 1/2 分（B 包含了 A、D 两个超链接，所以每个投票值 1/2 分），自己从 C 页面得到 1/3 分（C 包含了 A、B、D 三个页面的超链接，每个投票值 1/3 分）。

而 A 页面则从 B、C、D 分别得到 1/2、1/3、1 分。用公式表示就是

$$\text{PR}(A)=\frac{\text{PR}(B)}{2}+\frac{\text{PR}(C)}{3}+\frac{\text{PR}(D)}{1}$$

等号左边是经过一次投票后，A 页面的 PageRank 分值；等号右边每一项的分子是包含 A 页面超链接的页面的 PageRank 分值，分母是该页面包含的超链接数目。

经过一次计算后，每个页面的 PageRank 分值就会重新分配，重复同样的算法过程。经过几次计算后，根据每个页面 PageRank

分值进行排序，就得到一个页面重要程度的排名表。根据这个排名表将用户搜索出来的网页结果排序，排在前面的通常也正是用户期待的结果。

但是这个算法还有个问题，如果某个页面只包含指向自己的超链接，这样的话其他页面不断给它送分，而自己一分不出，随着计算执行次数越多，它的分值也就越高，这显然是不合理的。这种情况就像图 10-11 所示的，*A* 页面只包含指向自己的超链接。

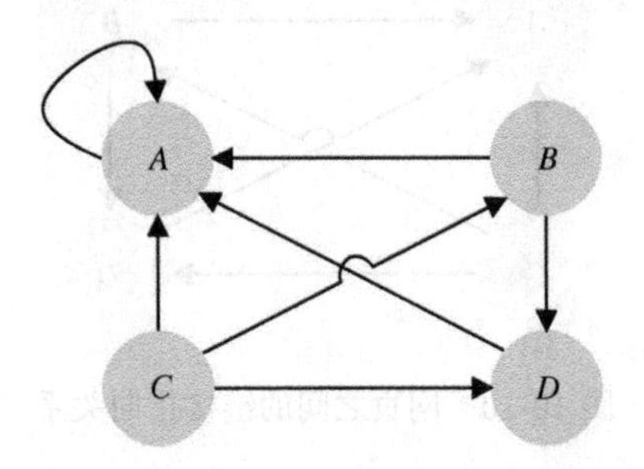

图 10-11　*A* 页面只包含指向自己的超链接

解决方案是，设想浏览一个页面的时候，有一定概率不是单击超链接，而是在地址栏输入一个 URL 访问其他页面，表示在公式上就是

$$\mathrm{PR}(A)=\alpha\left(\frac{\mathrm{PR}(B)}{2}+\frac{\mathrm{PR}(C)}{3}+\frac{\mathrm{PR}(D)}{1}\right)+\frac{(1-\alpha)}{4}$$

其中，（$1-\alpha$），就是跳转到其他任何页面的概率，通常取经验值 0.15（即 α 为 0.85），因为有一定概率输入的 URL 是自己的，所以加上公式最后一项，其中分母 4 表示所有网页的总数。

那么对于 N 个网页，任何一个页面 P_i 的 PageRank 值的计算公式如下：

$$\mathrm{PageRank}(P_i)=\alpha\sum_{P_j\in M(P_i)}\frac{\mathrm{PageRank}(P_j)}{L(P_j)}+\frac{1-\alpha}{N}$$

公式中，$P_j \in M(P_i)$ 表示所有包含有 P_i 超链接的 P_j，$L(P_j)$ 表示 P_j 页面包含的超链接数，N 表示所有的网页总和。由于 iKnow 要对全世界的网页进行排名，所以这里的 N 是一个万亿级的数字。

计算开始的时候，将所有页面的 PageRank 值设为 1，代入上面公式计算，每个页面都得到一个新的 PageRank 值。再把这些新的 PageRank 值代入上面的公式，得到更新的 PageRank 值，如此迭代计算，直到所有页面的 PageRank 值几乎不再有大的变化才停止。

10.3 小结

PageRank 算法现在看起来平平无奇，但是正是这个算法造就了 Google 近 3 千亿美元的商业帝国。在 Google 之前，Yahoo 已经是互联网最大的搜索引擎公司。按照一般的商业规律，如果一个创新公司不能带来十倍的效率或者体验提升，就根本没有机会挑战现有的巨头。而 Google 刚一出现，就给 Yahoo 和旧有的搜索引擎世界带来摧枯拉朽的扫荡，用户体验的提升不止十倍，其中的秘诀正是 PageRank。

二十几年前，我刚刚接触编程的时候，我国也有很多这样的编程英雄，王选、王江民、求伯君、雷军等，他们几乎凭一己之力就创造出一个行业。正是对这些英雄们的崇拜和敬仰，引领我在编程这条路上一直走下去。软件编程是一种可以创造奇迹的梦想，而不只是为了混碗饭吃的工具。梦想不能当饭吃，但是梦想带来的可不止是一碗饭。

CHAPTER 11

第11章 反应式编程框架设计

反应式编程本质上是一种异步编程方案，在多线程（协程）、异步方法调用、异步 I/O 访问等技术基础之上，提供了一整套与异步调用相匹配的编程模型，从而实现程序调用非阻塞、即时响应等特性，即开发出一个反应式的系统，以应对编程领域越来越高的并发处理需求。

反应式系统应该具备如下 4 个特质。

即时响应：应用的调用者可以即时得到响应，无须等到整个应用程序执行完毕。也就是说应用调用是非阻塞的。

回弹性：当应用程序部分功能失效的时候，应用系统本身能够进行自我修复，保证正常运行，保证响应，不会出现系统崩溃和宕机的情况。

弹性：系统能够对应用负载压力做出响应，能够自动伸缩以适应应用负载压力，根据压力自动调整自身的处理能力，或者根据自身的处理能力调整进入系统中的访问请求数量。

消息驱动：功能模块之间、服务之间通过消息进行驱动，以完成服务的流程。

目前主流的反应式编程框架有RxJava、Reactor等，它们的主要特点是基于**观察者设计模式**的异步编程方案，编程模型采用函数式编程。

观察者模式和函数式编程都有自己的优势，但是反应式编程并不是必须用观察者模式和函数式编程。我们准备开发一个纯消息驱动、完全异步、支持命令式编程的反应式编程框架，框架名称为Flower，产品Logo如图11-1所示。

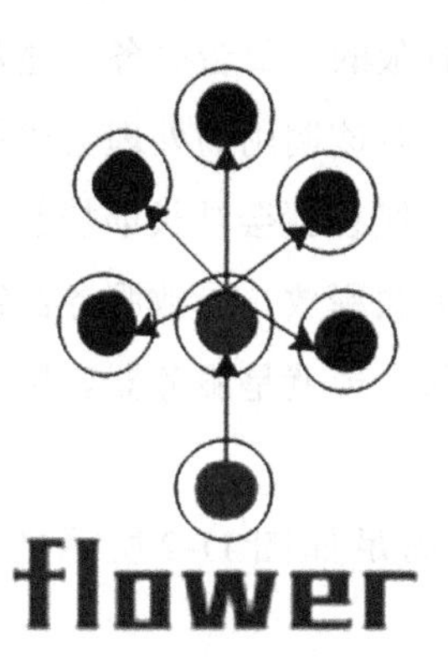

图11-1 反应式编程框架Flower Logo

11.1 需求分析

互联网及物联网场景下的应用系统开发，基本上都是高并发系统开发。也就是说，在同一个时刻，会有大量的用户或设备请求到达系统，需要对其进行计算处理。但是传统的编程模型都是阻塞式编程，阻塞式编程有什么特点，会产生什么问题呢？我们来看一段代码示例。

```
void a(){
    ......
    int x = m();
    int y = n();
    return x + y;
}
```

在方法 a 中调用了方法 m，那么在方法 m 返回之前就不会调用方法 n，即方法 a 被方法 m 阻塞了。在这种编程模型下，方法 m 和方法 n 不能同时执行，系统的运行速度就不会快，并发处理能力就不会很高。

还有更严重的情况。服务器通常为每个用户请求创建一个线程，而创建的总线程数是有限的，每台服务器通常几百个线程。如果方法 m 是一个远程调用，对该调用的处理会比较慢，当方法 a 调用方法 m 时，执行方法 a 的线程就会被长期挂起，无法释放。如果所有线程都因为方法 m 而无法释放，导致服务器线程耗尽，就会使服务器陷入假死状态，外部表现就是服务器宕机，无法响应，系统严重故障。

Flower 框架应该满足如图 11-2 所示的典型 Web 应用的线程特性。

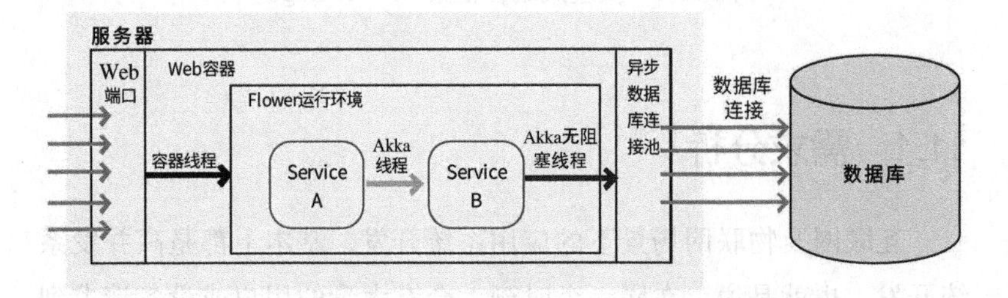

图 11-2　Flower 异步阻塞线程特性

当并发用户请求到达应用服务器时，Web 容器线程不需要执行应用程序代码，它只是将用户的 HTTP 请求变为请求对象，将请求对象异步交给 Flower 框架的 Service 去处理，而 Web 容器线程会立刻就返回。

如果是传统的阻塞式编程，Web 容器线程要完成全部的请求处理操作，直到返回响应结果才能释放线程，所以需要很多 Web 容器线程。但使用 Flower 框架只需要极少的容器线程就可以处理较多的并发用户请求，而且容器线程不会阻塞。

同样，在 Flower 框架中，用户请求交给业务 Service 对象以后，Service 之间依然是使用异步消息通信而非阻塞式的调用。一个 Service 完成业务逻辑处理计算以后，会返回一个处理结果，这个结果会以消息的方式异步发送给下一个 Service。

11.2 概要设计

Flower 框架实现异步无阻塞，一方面是利用了 Java Web 容器的异步特性，主要是 Servlet 3.0 以后提供的 AsyncContext，可快速释放容器线程；另一方面则利用了异步的数据库驱动和异步的网络通信，主要是 HttpAsyncClient 等异步通信组件。而 Flower 框架内，核心应用代码之间的异步无阻塞调用，则是利用了 Akka 的 Actor 模型。

Akka Actor 的异步消息驱动模型如图 11-3 所示。

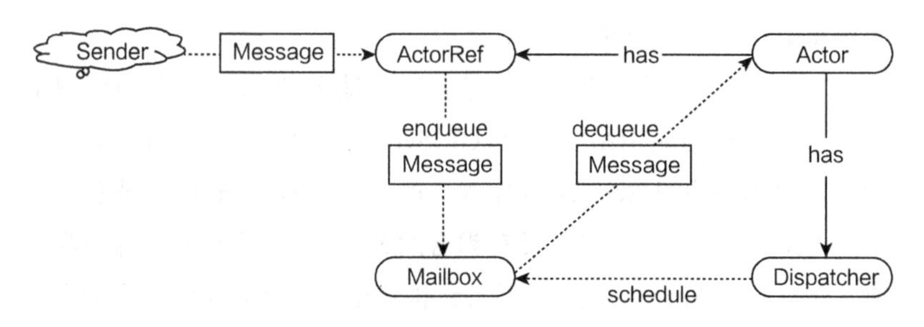

图 11-3 Akka Actor 的异步消息驱动模型

一个 Actor 向另一个 Actor 发起通信时，当前 Actor 就是一个消息的发送者 Sender，它需要获得另一个 Actor 的 ActorRef，也就是一个引用，通过引用进行消息通信。而 ActorRef 收到消息以后，会将这个消息放到目标 Actor 的 Mailbox 里面，然后就立即返回了。

也就是说，一个 Actor 向另一个 Actor 发送消息时，不需要等待对方真正地处理这个消息，只需要将消息发送到目标 Actor 的 Mailbox 里面就可以了。Sender 不会被阻塞，可以继续执行自己的其他操作。而目标 Actor 检查自己的 Mailbox 中是否有消息，如果有，则从 Mailbox 里面获取消息，并进行异步的处理。而所有的 Actor 会共享线程，这些线程不会有任何的阻塞。

但是 Actor 编程模型无法满足人们日常的编程习惯以及 Flower 的命令式编程需求，所以我们需要将 Akka Actor 封装到一个 Flower 的编程框架中，并通过 Flower 提供一个新的编程模型。

Flower 基于 Akka 的 Actor 进行开发，将 Service 封装到 Actor 里面，并且将 Actor 收到的消息作为参数传入 Service 进行调用。

Flower 框架的主要元素包括：Flower Service（服务）、Flower 流程和 Flower 容器。其中，Service 实现一个细粒度的服务功能，Service 之间会通过 Message 关联，前一个 Service 的返回值（Message），必须是后一个 Service 的输入参数（Message）。而 Flower 容器就负责在 Service 间传递 Message，从而使 Service 按照业务逻辑编辑成一个 Flow（流程）。

在 Flower 内部，消息是一等公民，基于 Flower 开发的应用系统是面向消息的应用系统。消息由 Service 产生，是 Service 的返回值；同时消息也是 Service 的输入。前一个 Service 的返回消息是下一个 Service 的输入消息，**没有耦合**的 Service 正是通过消息关联起来，组成一个 Service 流程，并最终构建出一个拥有完整处理能力的应用系统。

11.3 详细设计

Flower 核心类图如图 11-4 所示。

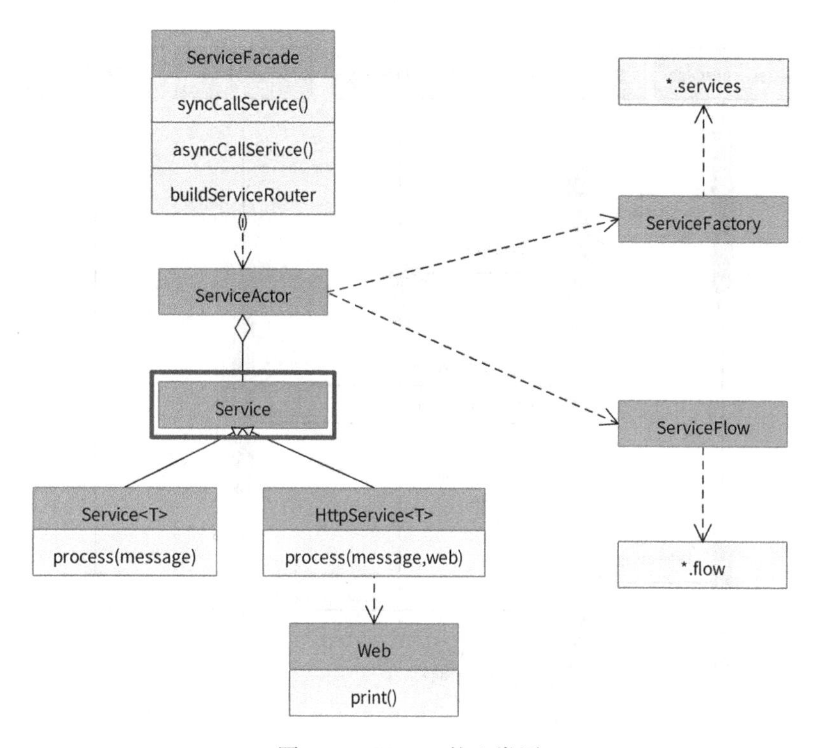

图 11-4　Flower 核心类图

Flower 框架核心关键类及其职责如下。

1）Service 以及 HttpService 接口是框架的核心，开发者开发的服务需要实现 Service 或者 HttpService 接口。HttpService 与 Service 的不同在于，HttpService 在接口方法中传递 Web 参数，开发者利用 Web 接口可以将计算结果直接打印到 HTTP 客户端。

2）ServiceFactory 负责用户以及框架内置的 Service 实例管理（加载 *.services 文件）。

3）ServiceFlow 负责流程管理（加载 *.flow 文件）。

4）ServiceActor 将 Service 封装到 Actor。

Flower 框架初始化及调用时序图如图 11-5 所示。

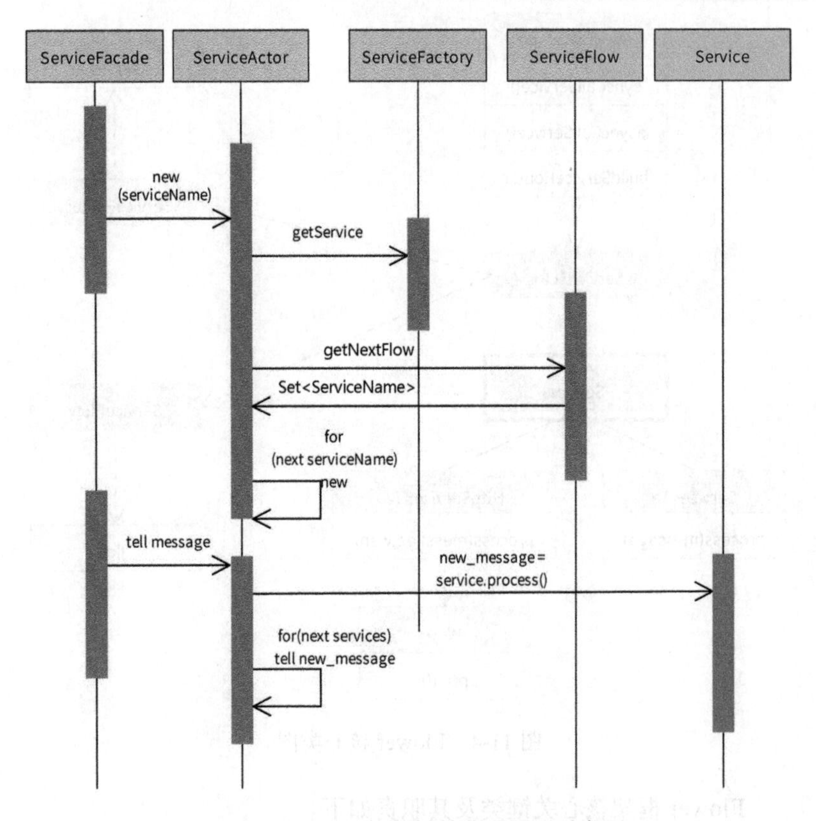

图 11-5　Flower 框架初始化及调用时序图

图 11-5 包含两个过程。第一个过程是**服务流程初始化**过程。首先，开发者通过 ServiceFacade 调用已经定义好的服务流程。然后，ServiceFacade 根据传入的 flow 名和 service 名，创建第一个 ServiceActor。这个 ServiceActor 将通过 ServiceFactory 来装载 Service 实例，并通过 ServiceFlow 获得当前 Service 在流程中所配置的后续

Service（可能有多个）。依次进行递归处理，创建后续 Service 的 ServiceActor，并记录其对应的 ActorRef。

时序图中的第二个过程是**消息流处理**过程。调用者发送给 ServiceFacade 的消息，会被 flow 流程中的第一个 ServiceActor 处理，这个 ServiceActor 会调用对应的 Service 实例，并将 Service 实例的返回值作为消息发送给流程定义的后续 ServiceActor。

使用 Flower 框架开发应用程序就是开发各种 Service，开发服务 Service 类必须实现 Flower 框架的 Service 接口或者继承 AbstractService 基类，在 process 方法内完成服务业务逻辑处理。Service 代码示例如下。

```
public class UserServiceA implements Service<User, User> {
    static final Logger logger = LoggerFactory.
        getLogger(UserServiceA.class);
    @Override
    public User process(User message, ServiceContext
        context) throws Throwable {
        message.setDesc(message.getDesc() + " --> " +
            getClass().getSimpleName());
        message.setAge(message.getAge() + 1);
        logger.info("结束处理消息, message : {}", message);
        return message;
    }
}
```

11.3.1 服务注册

开发者开发的服务需要在 Flower 中注册才可以调用，Flower 提供两种服务注册方式：编程方式和配置文件方式。

编程方式的示例如下。

```
ServiceFactory serviceFactory = flowerFactory.
    getServiceFactory();
serviceFactory.registerService(UserServiceA.class.
    getSimpleName(), UserServiceA.class);
serviceFactory.registerService(UserServiceB.class.
```

```
    getSimpleName(), UserServiceB.class);
serviceFactory.registerService(UserServiceC1.class.
    getSimpleName(), UserServiceC1.class);
```

配置文件方式支持用配置文件进行注册，服务定义配置文件的扩展名为 .services，放在 classpath 下。Flower 框架会自动利用配置文件进行加载注册，比如 flower_test.services。配置文件内容示例如下。

```
UserServiceA = com.ly.train.flower.base.service.user.
    UserServiceA
UserServiceB = com.ly.train.flower.base.service.user.
    UserServiceB
UserServiceC1 = com.ly.train.flower.base.service.user.
    UserServiceC1
```

11.3.2 流程编排

在 Flower 中，服务之间的依赖关系不能通过传统的服务间依赖调用来处理，如 11.1 节的方法 *a* 调用方法 *m* 那样。而是需要通过流程编排方式实现服务间依赖。服务编排方式也有两种——配置文件方式和编程方式。

下面的例子演示的是以**编程方式**编排流程。

```
// UserServiceA -> UserServiceB -> UserServiceC1
final String flowName = "flower_test";
ServiceFlow serviceFlow = serviceFactory.getOrCreateServic-
    eFlow(flowName);
serviceFlow.buildFlow(UserServiceA.class, UserServiceB.
    class);
serviceFlow.buildFlow(UserServiceB.class, UserServiceC1.
    class);
serviceFlow.build();
```

而流程**配置文件方式**则使用扩展名 .flow，放在 classpath 下，Flower 框架会自动加载编排流程。比如 flower_test.flow，文件名 flower_test 就是流程的名字，流程执行时需要指定流程名。配置文件内容示例如下。

```
UserServiceA -> UserServiceB
UserServiceB -> UserServiceC1
```

我们将服务 Service 代码开发好，注册到 Flower 框架中，并通过流程编排的方式编排了这几个 Service 的依赖关系，后面就可以用流程名称进行调用了。调用代码示例如下，其中 flowName 是流程的名字，user 是流程中的一个 Service 名，是流程开始的 Service。

```
final FlowRouter flowRouter = flowerFactory.buildFlowRouter
    (flowName, 16);
flowRouter.asyncCallService(user);
```

11.3.3 流式微服务设计

前面描述的是 Flower 作为一个应用程序编程框架的相关设计，Flower 框架和应用程序在一个进程内启动，加载应用服务代码和流程编排文件，处理异步请求调用。

事实上，Flower 还是一个异步的流式微服务框架。在这种应用场景下，Flower 需要先启动自己的微服务控制中心以及微服务 Agent，然后加载微服务代码到分布式的微服务集群中，实现远程微服务异步调用。

传统的分布式微服务框架如 Dubbo、Spring Cloud 等通过远程调用的方式实现服务的解耦与分布式部署，使得系统开发、维护、服务复用、集群部署更加方便灵活，但是这些微服务框架依然有许多不足之处。

1）耦合性较高。服务之间需要在代码层依赖调用，如果想要增加新的依赖关系，必须修改代码，而修改代码是一切混乱的起源。

2）服务间同步阻塞调用。在被依赖的服务调用返回之前，当前服务必须阻塞等待，如果调用了几个服务，后面的服务必须串行等待，直到前面的服务完成才能开始调用。

3）服务的粒度不好控制。微服务设计没有统一的指导思想，不同系统的微服务设计千差万别，不成熟的团队会因为微服务架构的使用而更加混乱。

Flower 作为一个反应式编程框架，也致力于构建一种新的微服务架构体系。Flower 将使用流式计算的架构思想，它的技术特点是更轻量、更易于设计开发、消息驱动、弱依赖和异步并发。流式微服务与传统分布式微服务相比，优势明显。

1）服务之间消息驱动，不需要直接依赖，没有代码耦合。

2）服务之间异步调用。前面的服务完成了，发送消息后不用管，后面的服务异步地处理消息。

3）服务的粒度天然控制在消息的层面。每个服务只处理一个消息，而消息对于通常的 Web 开发是天然适用的，一个请求就是一个消息，一个订单就是一个消息，一个用户也是一个消息，而消息就是模型。所以只要做好领域模型设计，让消息流动到不同的服务，被不断计算、填充完善，最后完成处理就可以了，这是真正的面向模型设计。

Flower 分布式流式微服务框架部署模型如图 11-6 所示。

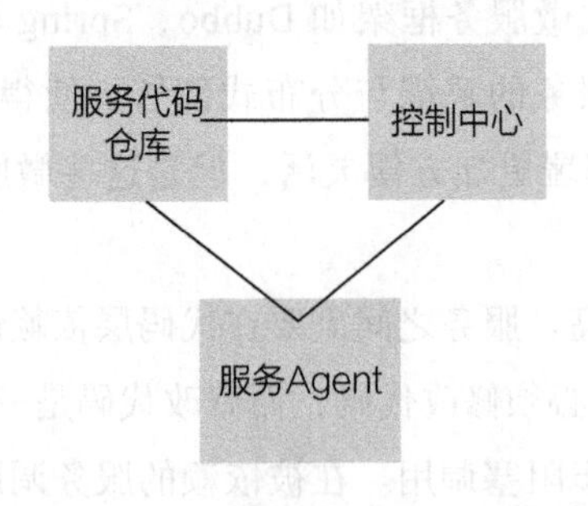

图 11-6 Flower 流式微服务框架部署模型

部署模型角色说明如下。

1）Flower将整个应用系统集群统一管理控制，控制中心控制管理集群的所有资源。

2）Agent部署在集群每一台服务器上，负责加载服务实例，并向控制中心汇报状态。

3）代码仓库负责管理服务的Java程序包，程序包用Assembly打包。

4）控制中心和Agent基于Akka开发，每个服务包装一个Actor里面，Actor之间负责远程异步消息的通信。

Flower微服务集群启动与服务部署时序模型如图11-7所示。

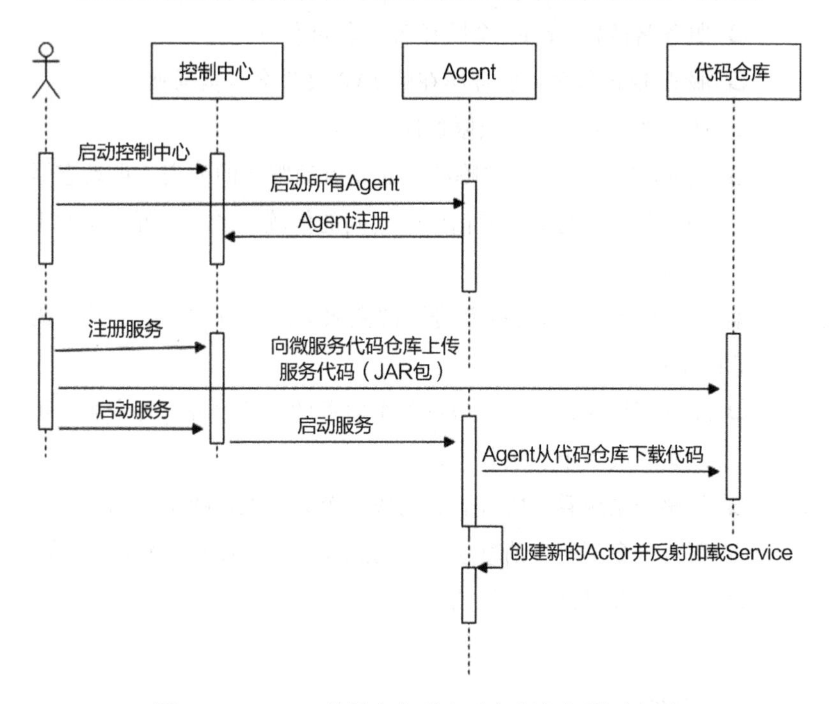

图11-7　Flower微服务集群启动与服务部署时序图

微服务集群启动的时候，Flower微服务集群开发人员通过控制中心来启动集群中所有服务器的Flower Agent，Agent向控制中心进行 Agent 注册。如果开发人员要在 Flower 微服务集群内注册微服务，首先需要向微服务代码仓库上传服务代码，然后通过控制中心来启动服务。控制中心将启动服务的命令发送给分布式的 Agent，Agent 从代码仓库下载代码，并在自己的 Flower 运行时环境中启动服务。

这样，开发者就可以在控制中心进行分布式的服务编排，服务可以在分布式的 agent 中进行异步调用。

其中，注册服务的数据结构设计如下。

- 服务名：字符串，全局唯一。
- 服务路径名：class 全路径名，全局唯一。
- 服务 JAR 包名：服务所在的 JAR 文件名，全局唯一。
- 所有者、使用者：权限控制。
- Agent 列表：需要在哪些 Agent 启动服务的列表，可动态添加服务编排与消息通信服务之间的依赖关系，并可在控制中心编排。

编排方式和前面所述的单进程内微服务编排方式一致，其中需要注意的是：

- 服务编排时，只需要编排每个服务的后续服务，每个服务可以有 0 或多个后续服务；
- 从整个系统看，所有服务构成一个有向无环图（DAG）；
- 服务自身不负责消息通信，消息通信由 Akka 的 Actor 完成；
- 每个服务只处理一种消息。

11.4　小结

架构师是一个技术权威，他应该是团队中最有技术影响力的那个人。所以，架构师需要具备卓越的代码能力，否则就会沦为 PPT

架构师。PPT 架构师可以一时成为团队的焦点，但是无法长远让大家信服。

那么架构师应该写什么样的代码？架构师如果写的代码和其他开发工程师的代码一样，又何以保持自己的技术权威，实现技术领导？简单来说，代码可以分成两种：一种代码是给最终用户使用的，处理用户请求，产生用户需要的结果；另一种是给开发工程师使用的，各种编程语言、数据库、编译器、编程框架、技术工具等。

编程语言、数据库这些是业界通用的，但是编程框架、技术工具，每个公司都可以依据自身的业务特点，开发自己的框架和工具。而架构师应该是开发框架的那个人，每个开发工程师都使用架构师的开发框架以及约定的编程规范开发代码。架构师通过这种方式落地自己的架构设计，保持自己的技术影响。

也许你的开发中不会用到反应式编程，你可能也不需要深入学习 Flower 框架如何设计、如何使用。但是希望你能通过本文学习到如何设计一个编程框架，结合你所在公司的业务场景，将来开发一个你自己的编程框架。

Flower 框架源代码及更多资料可参考 https://github.com/zhihuili/flower。

CHAPTER 12

第12章 支撑亿级用户的微博系统设计

微博是一种允许用户即时更新的简短文本（比如140个字），是可以公开发布的微型博客形式。今天我们就来开发一个面向全球用户，可以支持10亿级用户体量的微博系统，系统名称为Weitter，应用Logo如图12-1所示。

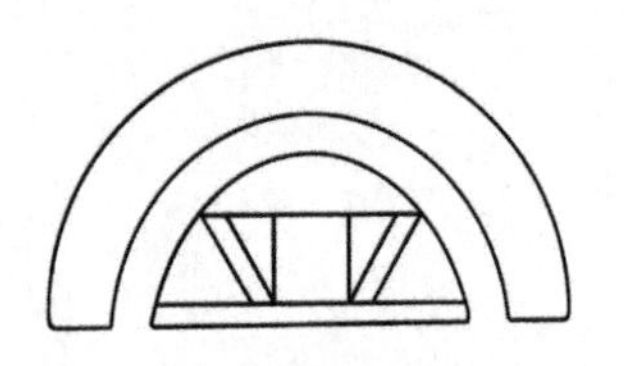

图12-1　微博应用Weitter Logo

我们知道，微博有一个重要特点就是部分明星、大V拥有大量的粉丝。如果明星发布一条比较有话题性的个人新闻，就会引起粉丝们的大量转发和评论，进而引起更大规模的用户阅读和传播。

这种突发的单一热点事件导致的高并发访问会给系统带来极大

的负载压力，处理不当甚至会导致系统崩溃。而这种崩溃又会成为热点事件的一部分，进而引来更多的围观和传播。

因此，Weitter 面临两方面的技术挑战：一方面是类似微博这样的信息流系统架构是如何设计的；另一方面是如何解决大 V 们发布的热点消息产生的突发性高并发访问压力，保障系统的可用性。下面就来看看这样的系统架构该如何设计。

12.1 需求分析

我们分别看一下 Weitter 的功能需求与性能指标。

12.1.1 功能需求

Weitter 的核心功能只有 3 个：发微博、关注好友、刷微博。其用例图如图 12-2 所示。

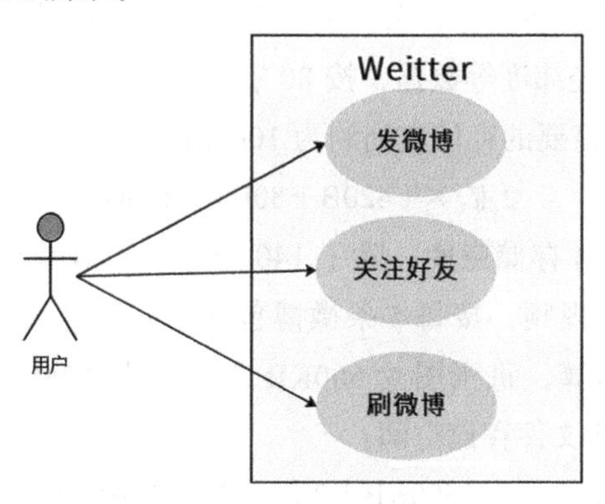

图 12-2 Weitter 用例图

用例图说明如下。

1）发微博：用户可以发表微博，内容包含不超过 140 个字的文本，可以包含图片和视频。

2）关注好友：用户可以关注其他用户。

3）刷微博：用户打开自己的微博主页，主页显示用户关注的好友最近发表的微博；用户向下滑动页面（或者单击"刷新"按钮），主页将更新关注好友的最新微博，且最新的微博显示在最上方；主页一次显示20条微博，当用户滑动到主页底部后，继续向上滑动，会按照时间顺序显示当前页面后续的20条微博。

此外，用户还可以收藏、转发、评论微博。

12.1.2　性能指标估算

系统按10亿用户设计，按20%日活估计，大约有2亿日活用户（DAU），其中每个日活用户每天发一条微博，并且平均有500个关注者。

而对于**发微博所需的存储空间**，可以进行如下估算。

文本内容存储空间：遵循惯例，每条微博140个字，如果以UTF8编码存储汉字计算，则每条微博需要140×3=420字节的存储空间。除了汉字内容以外，每条微博还需要存储微博ID、用户ID、时间戳、经纬度等数据，按80字节计算。那么，每天新发表的微博文本内容需要的存储空间约为100GB。

$$2亿\times(420B+80B)\approx 100GB$$

多媒体文件存储空间：除了140个字的文本内容外，微博还可以包含图片和视频，按每5条微博包含一张图片、每10条微博包含一个视频估算，每张图片500KB，每个视频2MB，每天还需要60TB的多媒体文件存储空间。

$$2亿\div 5\times 500KB+2亿\div 10\times 2MB\approx 60TB$$

对于**刷新微博带来的访问并发量**，我们进行如下估算。

QPS：假设2亿日活用户每天浏览两次微博，每次向上滑动或者进入某个人的主页10次，每次显示20条微博，每天刷新微博次数40亿，即产生40亿次微博查询接口调用，则平均QPS约为5万。

$$40亿次\div(24\times 60\times 60s)\approx 46\,296次/s$$

高峰期 QPS 按平均值 2 倍计算，所以系统需要满足 10 万 QPS。

网络带宽：10 万 QPS 刷新请求，每次返回 20 条微博，那么每秒需访问 200 万条微博。按此前估计，每 5 条微博包含一张图片，每 10 条微博包含一个视频，需要的**网络总带宽**为 4.8Tb/s。

（200 万 /s÷5×500KB+200 万 /s÷10×2MB）×8≈4.8Tb/s

12.2　概要设计

在需求分析中可以看到，Weitter 的业务逻辑比较简单，但是**并发量**和**数据量**都比较大，所以**系统架构的核心就是解决高并发的问题**，系统整体部署模型如图 12-3 所示。

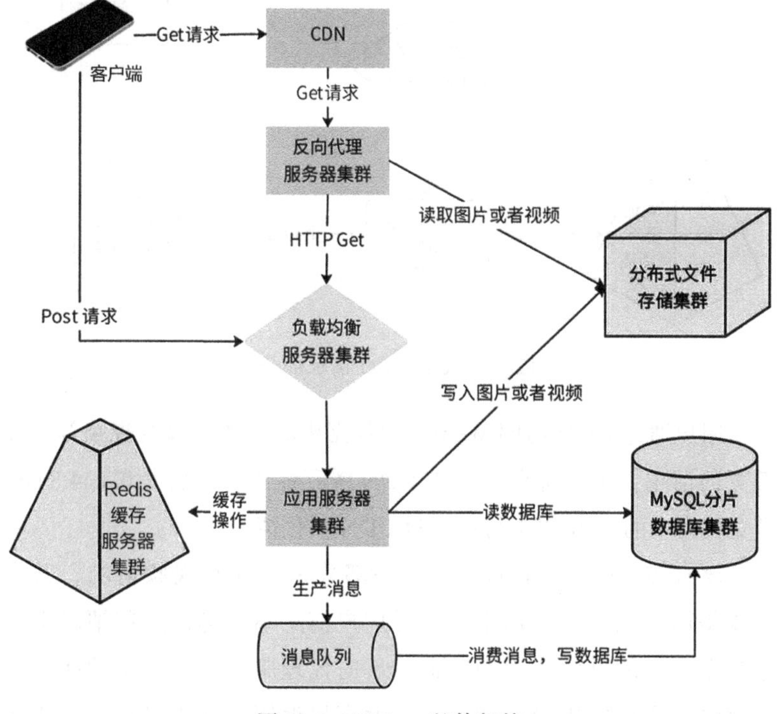

图 12-3　Weitter 整体架构

这里包含了“Get请求”和“Post请求”两条链路：Get请求主要处理刷新微博的操作，Post请求主要处理发微博的请求。这两种请求处理也有重合的部分，下面拆分来看看。

Get请求部分架构如图12-4所示。

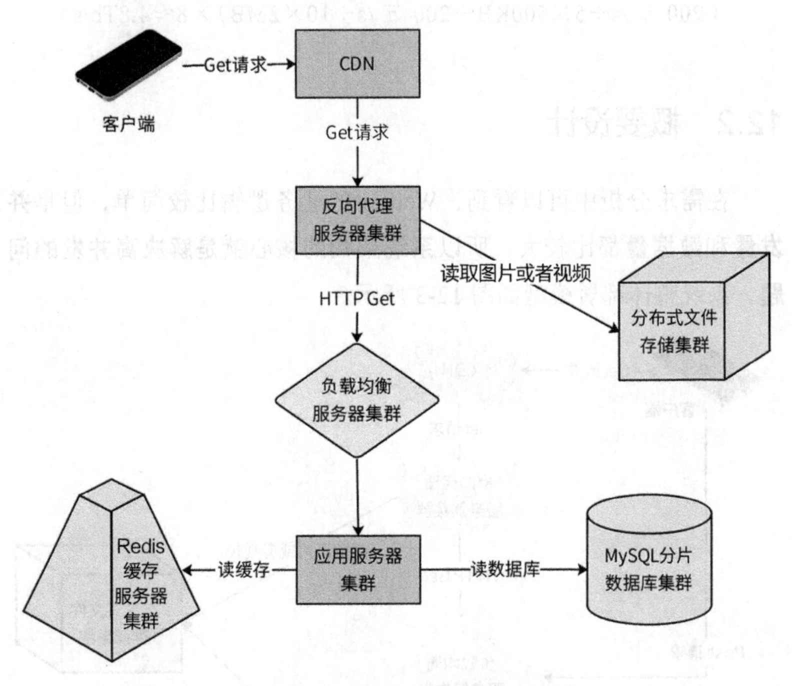

图12-4　Weitter Get请求部分架构

用户通过CDN访问Weitter的数据中心、图片以及视频等极耗带宽的请求，绝大部分可以被CDN缓存命中，也就是说，4.8Tb/s带宽压力中的90%以上可以通过CDN消化掉。

没有被CDN命中的请求，一部分是图片和视频请求，其余主要是用户刷新微博请求、查看用户信息请求等，这些请求会到达数据中心的反向代理服务器。反向代理服务器检查本地缓存是否有请求需要的内容。如果有，就直接返回；如果没有，对于图片和视频文件，会通过分布式文件存储集群获取相关内容并返回。分布式文件存储集群中的图片和视频是用户发表微博的时候上传上来的。

对于用户微博内容等请求，如果反向代理服务器没有缓存，就会通过负载均衡服务器下发给应用服务器处理。应用服务器会先从Redis缓存服务器中检索当前用户关注的好友发表的最新微博，并构建一个结果页面返回。如果Redis中缓存的微博数据量不足，构造不出一个结果页面需要的20条微博，应用服务器会继续从MySQL分片数据库中查找数据。

以上处理流程主要是针对读（HTTP Get）请求，如果是发表微博这样的写（HTTP Post）请求呢？我们再来看一下**写请求**部分，如图12-5所示。

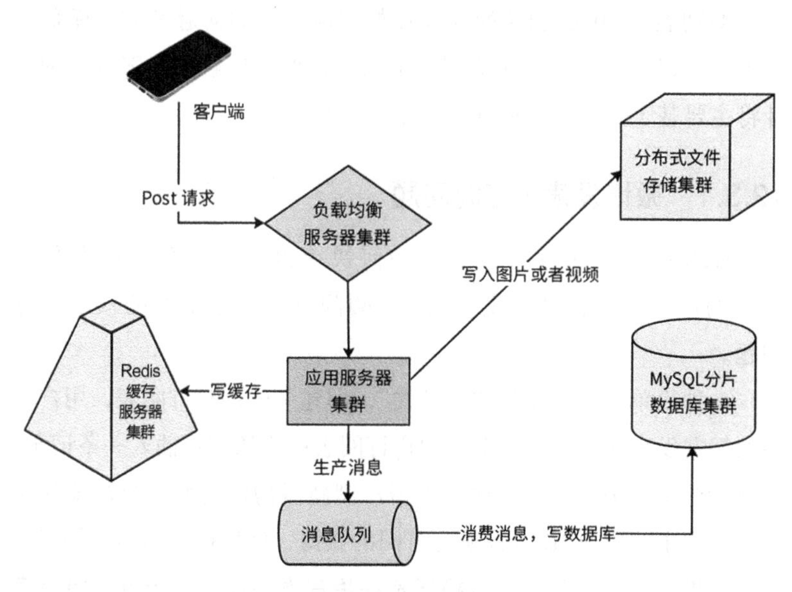

图12-5　Weitter Post请求部分架构

你会看到，客户端不需要通过CDN和反向代理，而是直接通过负载均衡服务器访问应用服务器。应用服务器会将发的微博分别写入 Redis 缓存服务器集群和分片数据库中。

在写入数据库的时候，如果直接写数据库，当有高并发的写请求突然到来时，可能会导致数据库过载，进而引发系统崩溃。所以，数据库写操作，包括发表微博、关注好友、评论微博等，都会写入消息队列服务器，由消息队列的消费者程序从消息队列中按照一定的速度消费消息，并写入数据库中，以保证数据库的负载压力不会突然增加。

12.3 详细设计

当用户刷新微博的时候，如何能快速得到自己关注的好友的最新微博列表？10 万 QPS 的并发量如何应对？如何避免数据库负载压力太大以及如何快速响应用户请求？这些问题解决方案的详细设计将主要基于需求分析和概要设计来讨论。

12.3.1 微博发表 / 订阅问题

Weitter 用户关注好友后，如何快速得到所有关注好友最新发表的微博内容，其实是发表 / 订阅问题，这是微博的核心业务问题。

一种简单的办法就是“推模式”，即建一张用户订阅表，用户关注的好友发表微博后，立即在用户订阅表中为该用户插入一条记录，记录用户 ID 和微博 ID。这样当用户刷新微博的时候，只需要从用户订阅表中按用户 ID 查询所有订阅的微博，然后按时间顺序构建一个列表即可。也就是说，**推模式是在用户发微博的时候推送给所有的关注者**。如图 12-6 所示，用户发表了微博 0，他的所有关注者的订阅表都插入微博 0。

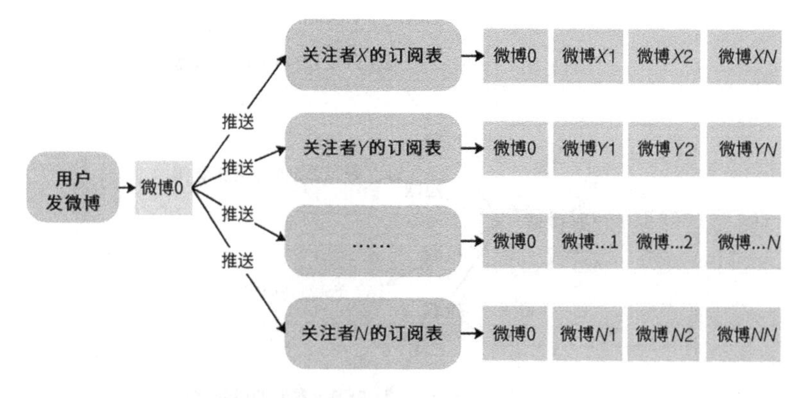

图 12-6 推模式

推模式实现起来比较简单，但是推模式意味着，如果一个用户有大量的关注者，那么该用户每发表一条微博，就需要在订阅表中为每个关注者插入一条记录。而对于明星用户而言，可能会有几千万的关注者，明星用户发表一条微博，就会导致上千万次的数据库插入操作，这会直接导致系统崩溃。

所以，对 10 亿级用户的微博系统而言，我们需要使用“拉模式”解决发表 / 订阅问题。也就是说，当用户刷新微博的时候，根据其关注的好友列表，查询每个好友近期发表的微博，然后将所有微博按照时间顺序排序并构建一个列表。简言之，**拉模式是在用户刷微博的时候拉取他关注的所有好友的最新微博**，如图 12-7 所示。

拉模式极大降低了发表微博时写入数据的负载压力，但是又急剧增加了刷微博时读数据库的压力，因为要对用户关注的每个好友都进行一次数据库查询。如果一个用户关注了大量好友，查询压力也是非常大的。

所以，首先需要限制用户关注的好友数，在 Weitter 中，普通用户关注上限是 2000 人，VIP 用户关注上限是 5000 人。其次，需要尽量减少刷新时查询数据库的次数，也就是说，微博要尽量通过缓存读取。

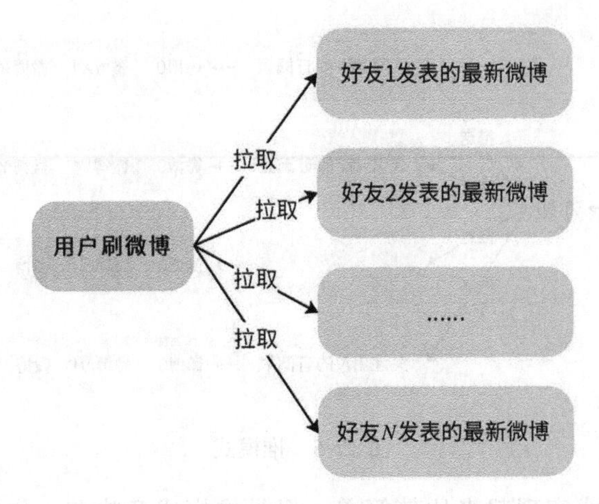

图 12-7　拉模式

但即使如此，你也会发现每次刷新的查询压力还是太大，所以Weitter最终采用“推拉结合”的模式。也就是说，如果用户当前在线，那么就会使用推模式，系统会在缓存中为其创建一个好友最新发表微博列表，关注的好友如果有新发表的微博，就立即将该微博插入列表的头部，当该用户刷新微博的时候，只需要将这个列表返回即可。

如果用户当前不在线，那么系统就会将该列表删除。当用户登录刷新的时候，用拉模式为其重新构建列表。

那么，如何确定一个用户是否在线呢？一方面可以通过用户操作时间间隔来判断，另一方面可以通过机器学习算法预测用户的上线时间，利用系统空闲时间提前为其构建最新微博列表。

12.3.2　缓存使用策略

由前面可知，Weitter是一个典型的高并发读操作的场景。10万QPS刷新请求，每个请求需要返回20条微博，如果全部到数据库中查询的话，数据库的QPS将达到200万，即使是使用分片的分布式数据库，这种压力也依然是无法承受的。所以，我们需要大量使用缓存以改善性能，提高吞吐能力。

但是缓存的空间是有限的，我们必定不能将所有数据都缓存起来。一般缓存使用的是 LRU 淘汰算法，即当缓存空间不足时，将最近最少使用的缓存数据删除，空出缓存空间存储新数据。

但是 LRU 算法并不适合 Weitter 的场景，因为在拉模式下，当用户刷新微博的时候，我们需要确保其关注的好友最新发表的微博都能展示出来。如果其关注的某个好友较少有其他关注者，那么这个好友发表的微博就很可能会被 LRU 算法淘汰并从缓存删除。在这种情况下，系统就不得不去数据库中进行查询。

而最关键的是，系统并不知道哪些好友的数据通过读缓存就可以得到全部最新的微博，而哪些好友需要到数据库中查找，因此不得不全部到数据库中查找，这就失去了使用缓存的意义。

基于此，我们在 Weitter 中使用**时间淘汰算法**，也就是将最近一定天数内发布的微博全部缓存起来，用户刷新微博的时候，只需要在缓存中进行查找。如果查找到的微博数满足一次返回的条数（20 条），就直接返回给用户；如果缓存中的微博数不足，就再到数据库中查找。

最终，如果 Weitter 要缓存 7 天内发表的全部微博，需要的缓存空间约 700GB。缓存的 key 为用户 ID，value 为用户最近 7 天发表的微博 ID 列表。而微博 ID 和微博内容分别作为 key 和 value 缓存起来。

此外，对于特别热门的微博内容，针对这个微博内容的高并发访问，由于访问压力都集中在一个缓存 key 上，会给单台 Redis 服务器造成极大的负载压力。因此，微博还会启用**本地缓存模式**，即应用服务器会在内存中缓存特别热门的微博内容，应用在构建微博刷新页的时候，会优先检查微博 ID 对应的微博内容是否在本地缓存中。

Weitter 最后确定的本地缓存策略是：针对拥有 100 万以上关注者的大 V 用户，缓存其 48 小时内发表的全部微博。

现在，我们来看一下 Weitter 整体的缓存架构，如图 12-8 所示。

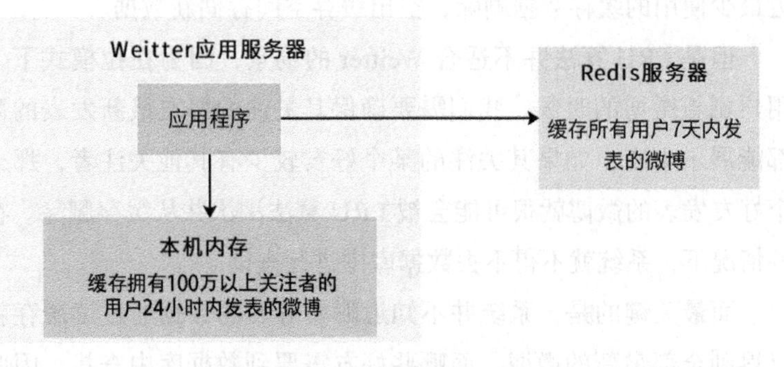

图 12-8 Weitter 缓存架构

12.3.3 数据库分片策略

前面我们分析过，Weitter 每天新增 2 亿条微博。也就是说，平均每秒约需要写入 2300 条微博，高峰期每秒写入 4600 条微博。这样的写入压力，对单机数据库而言是无法承受的。而且，每年新增约 700 亿条微博记录，这也超出了单机数据库的存储能力。因此，Weitter 的数据库需要采用分片部署的分布式数据库。分片的规则可以采用用户 ID 分片或者微博 ID 分片。

如果按用户 ID（用户 ID 的 Hash 值）分片，那么一个用户发表的全部微博都会保存到一台数据库服务器上。这样做的好处是，当系统需要按用户查找其发表的微博时，只需要访问一台服务器就可以完成。

但是这样做也有缺点，明星、大 V 用户的数据会成访问热点，进而导致这台服务器负载压力太大。同样，如果某个用户频繁发表微博，也会导致这台服务器数据量增长过快。

按微博 ID（微博 ID 的 Hash 值）分片，虽然可以避免上述按用户 ID 分片的热点聚集问题，但是当查找一个用户的所有微博时，需要访问所有的分片数据库服务器才能得到所需的数据，对数据库服务器集群的整体压力太大。

综合考虑，用户 ID 分片带来的热点问题，可以通过优化缓存来改善；而某个用户频繁发表微博的问题，可以通过设置每天发表微博数上限（如每个用户每天最多发表 50 条微博）来解决。最终，Weitter 采用按用户 ID 分片的策略。

12.4 小结

Weitter 事实上是**信息流应用产品**中的一种，这类应用都以滚动的方式呈现内容，而内容则被放置在一个挨一个、外观相似的板块中。微信朋友圈、抖音、知乎、今日头条等，都是这类应用，因此这些应用也都需要面对 Weitter 这样的发表 / 订阅问题：**如何为海量高并发用户快速构建页面内容**？

在实践中，信息流应用也大多采用文中提到的**推、拉结合模式**，区别只是朋友圈像 Weitter 一样推拉好友发表的内容，而今日头条则推拉推荐算法计算出来的结果。同样，这类应用为了加速响应时间，也大量使用 CDN、反向代理、分布式缓存等缓存方案。所以，熟悉了 Weitter 的架构，就相当于掌握了信息流产品的架构。

CHAPTER 13

第 13 章

百科应用系统设计

百科知识应用网站是互联网应用中一个重要的类别。很多人上网是为了获取知识，而互联网上的信息良莠不齐，相对说来，百科知识应用网站能为普通人提供较为可信的信息。因此，百科知识网站虽然功能单一、设计简单，但是依然撑起了互联网的一片天空：维基百科是全球访问量 TOP10 的网站，百度百科是百度的核心产品之一。

我们准备开发一个供全球用户使用的百科知识应用系统，系统名称为 Wepedia，产品 Logo 如图 13-1 所示。

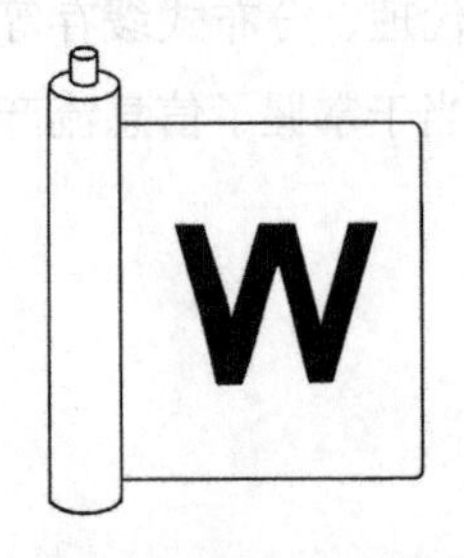

图 13-1　百科知识应用 Wepedia Logo

Wepedia 的功能比较简单，只有编辑词条和搜索查看词条这两个核心功能。但是 Wepedia 的设计目标是支撑每日 10 亿次以上的访问压力。因此设计目标主要是简单、高效地支持高并发访问，以及面对全球用户时保证做到 7×24 小时高可用。

13.1 概要设计

在概要设计方面，我们关注一下 Wepedia 的整体架构和异地多活架构。

13.1.1 整体架构设计

Wepedia 的整体架构，也就是简化的部署模型如图 13-2 所示。

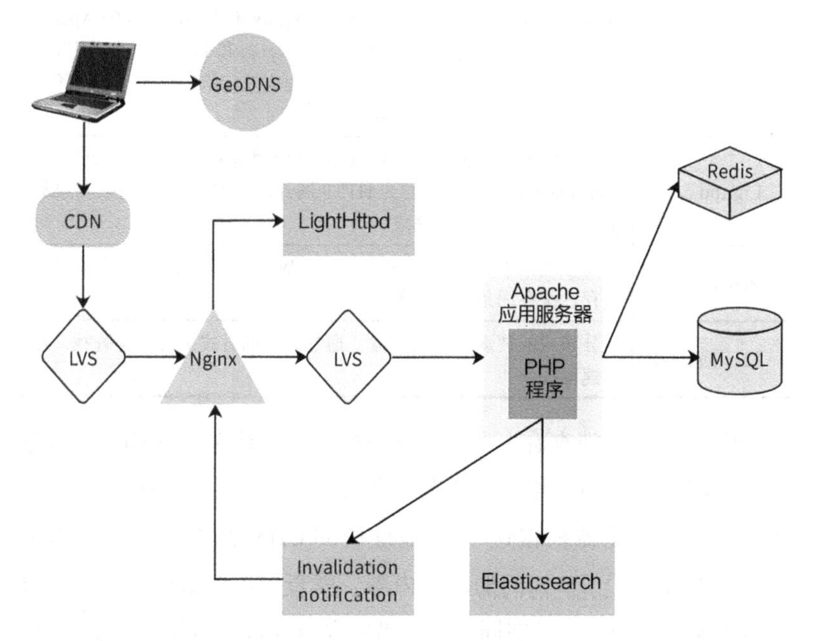

图 13-2 Wepedia 整体架构

在梳理 Wepedia 整体逻辑之前，先说明一下架构图中核心组件的作用，如表 13-1 所示。

表 13-1 Wepedia 组件列表

组件	作 用
GeoDNS	基于地理位置的域名解析服务。可将域名 www.wepedia.org 解析到离用户最近的那个数据中心
CDN	内容分发网络，部署在网络运营商机房的一种缓存服务器。因为距离用户近，所以 CDN 可以更快速地响应用户请求，加快访问速度。同时，CDN 还能极大降低数据中心的访问压力
LVS	基于 Linux 的开源负载均衡服务器。将高并发的用户请求均匀分发到多个服务器，使每个服务器上处理的用户请求都不超过自己的负载处理能力。
Nginx	反向代理服务器，主要提供缓存功能。用户访问某个词条时，Nginx 先查找自己服务器上是否缓存了该词条的内容，如果有，就直接访问对应内容；如果没有，Nginx 就会访问后面的 Apache 应用服务器，获取该词条的内容。Nginx 得到 Apache 应用服务器的返回内容后，一方面将该词条内容响应给用户，一方面缓存在自己的服务器上，以备其他用户访问
Ligttpd	开源的 HTTP 服务器。较 Apache 应用服务器更轻量、更快速。Wepedia 使用 Lighttpd 作为 HTTP 图片服务器，图片上传、存储、下载都通过该服务器完成
Redis	高性能的开源分布式缓存系统。Wepedia 使用 Redis 作为对象缓存，缓存词条内容对象
Elasticsearch	分布式的搜索引擎服务器。通过索引的方式进行内容查找，搜索速度极快

用户在 Web 端查看一个百科词条的时候，首先通过 GeoDNS 进行域名解析，得到离用户最近的数据中心所属的 CDN 服务器的 IP 地址。用户浏览器根据这个 IP 地址访问 CDN 服务器，如果 CDN 服务器上缓存了用户访问的词条内容，就直接返回给用户；如果没有，CDN 会访问和自己在同一个区域的 Wepedia 的数据中心服务器。

准确地说，CDN 访问的是 Wepedia 数据中心负载均衡服务器

LVS 的 IP 地址。请求到达 LVS 后，LVS 会将该请求分发到某个 Nginx 服务器上。Nginx 收到请求后，也查找自己服务器上是否有对应的词条内容，如果没有，就将请求发送给第二级 LVS 负载均衡服务器。

接着，第二级 LVS 将请求分发给某个 Apache 应用服务器，Apache 会调用 PHP 程序处理该请求。PHP 程序访问 Redis 服务器集群，确认是否有该词条的对象。如果有，就将该对象封装成 HTML 响应内容，返回给用户；如果没有，就访问 MySQL 数据库来查找该词条的数据内容。PHP 程序一方面会将 MySQL 返回的数据构造成对象，然后封装成 HTML 返回用户，一方面会将该对象缓存到 Redis。

如果用户的 HTTP 请求是一个图片，那么 Nginx 会访问 Lighttpd 服务器，获取图片内容。

因为 Nginx 缓存着词条内容，那么当词条编辑者修改了词条内容时，Nginx 缓存的词条内容就会成为脏数据。解决这个问题通常有两种方案。第一种是设置失效时间，到了失效时间，缓存内容自动失效，Nginx 重新从 Apache 应用服务器获取最新的内容。但是这种方案并不适合 Wepedia 的场景，因为词条内容不会经常被编辑，频繁失效没有意义，只是增加了系统负载压力；而且，在失效时间到期前，依然有脏数据的问题。

Wepedia 为了解决 Nginx 缓存失效的问题，采用了另一种解决方案：失效通知。词条编辑者修改词条后，Invalidation notification 模块就会通知所有 Nginx 服务器，该词条内容失效，进而从缓存中删除它。这样，当用户访问的时候就不会得到脏数据了。

13.1.2 多数据中心架构

Wepedia 的多数据中心架构，也就是异地多活架构，主要解决数据中心可用性的问题。多数据中心具有容灾备份功能，如果因为天灾或者人祸导致某个数据中心机房不可用，那么用户还可以访问其他数据中心，保证 Wepedia 是可用的。

同时，多数据中心还可以提升系统性能，如果 Wepedia 在全球部署了多个数据中心，则可以就近为用户提供服务。因为即使是最快的光纤网络，从地球一端访问另一端的数据中心，在通信链路上的延迟也需要约 133ms，接近 150ms。

150ms 是一个人类能够明显感知的卡顿时间。再加上服务器的处理时间，用户的响应等待时间可能会超过 1s，而页面加载时间超过 1s，用户就会明显不耐烦。多数据中心架构可以通过 GeoDNS 为用户选择最近的数据中心服务器，减少网络通信延迟，提升用户体验。

但是多数据中心需要解决**数据一致性**的问题：如果词条编辑者修改词条内容，只记录在距离自己最近的数据中心中，那么这份数据就会和其他数据中心的不一致。所以，Wepedia 需要在多个数据中心之间进行数据同步，用户不管访问哪个数据中心，看到的词条内容都应该是一样的。

Wepedia 的多数据中心架构如图 13-3 所示。

Wepedia 的多数据中心架构为一主多从架构，即一个主数据中心，多个从数据中心。如果用户请求是 Get 请求（读请求），那么请求就会在该数据中心处理。如果请求是 Post 请求（写请求），那么请求到达 Nginx 的时候，Nginx 会判断自己是否为主数据中心：如果是，就直接在该数据中心处理请求；如果不是，Nginx 会将该 Post 请求转发给主数据中心。

通过这种方式，主数据中心根据 Post 请求更新数据库后，再通过 Canal 组件将更新同步给其他所有从数据中心的 MySQL，从而使所有数据中心的数据保持一致。同样，Lighttpd 中的图片数据也要进行同步，开发 Lighttpd 插件，将收到的图片发送给所有从数据中心。

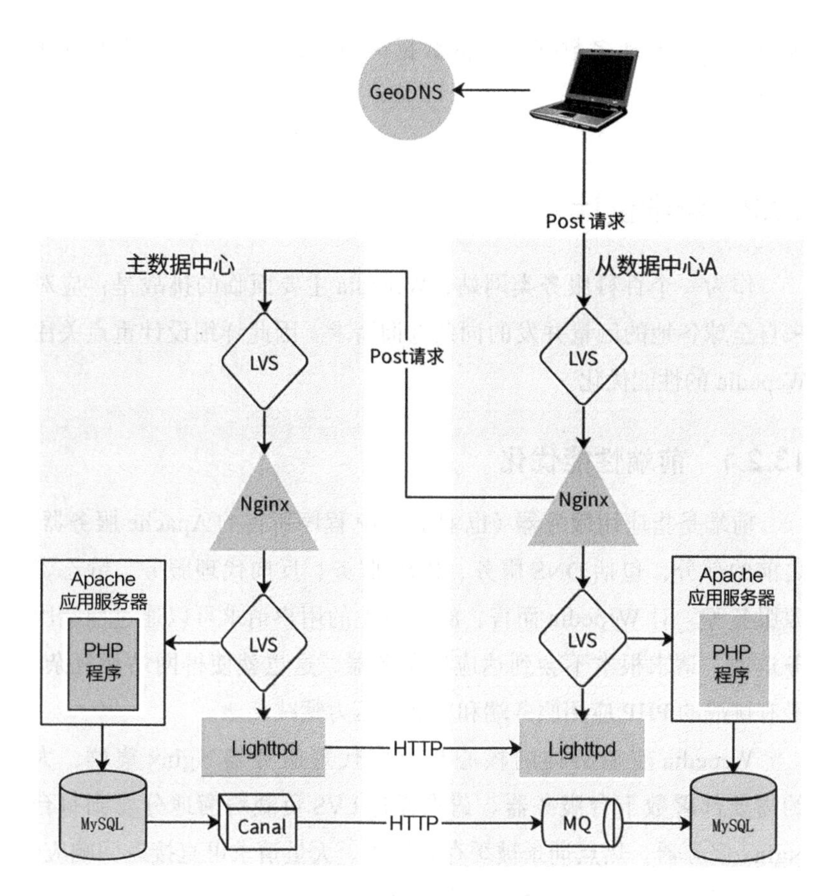

图 13-3　Wepedia 多数据中心架构

数据中心之间采用类似 ZooKeeper 的选主策略进行通信，如果主数据中心不可用，其他数据中心会重新选举一个主数据中心。而如果某个从数据中心失火了，用户请求域名解析到其他数据中心即可。

这种多数据中心架构虽然使词条编辑操作的时间变长，但是由于 Wepedia 的绝大多数请求都是 Get 请求（Get 与 Post 请求比超过 1000∶1），因此对系统的整体影响并不很大。同时用了一种简单、低廉的方式实现多数据中心的数据一致性，开发和运维成本都比较低。

13.2 详细设计

作为一个百科服务类网站，Wepedia主要面临的挑战是：应对来自全球各地的巨量并发的词条查询请求。因此详细设计重点关注Wepedia的性能优化。

13.2.1 前端性能优化

前端是指应用服务器（也就是PHP程序所在的Apache服务器）之前的部分，包括DNS服务、CDN服务、反向代理服务、静态资源服务等。对Wepedia而言，80%以上的用户请求可以通过前端服务返回，请求根本不会到达应用服务器，这也就使得网站最复杂、最有挑战的PHP应用服务端和存储端压力骤减。

Wepedia前端架构的核心是反向代理服务器Nginx集群，大约需要部署数十台服务器。请求通过LVS负载均衡地分发到每台Nginx服务器，热点词条被缓存在这里，大量请求可直接返回响应，减轻应用负载压力。而Nginx缓存不能命中的请求，会再通过LVS发送到Apache应用服务器集群。

在反向代理Nginx之前应用了CDN服务，它对Wepedia的性能优化功不可没。因为用户查询的词条大部分集中在比重很小的热点词条上，这些词条内容页面缓存在CDN服务器上，而CDN服务器又部署在离用户浏览器最近的地方，用户请求直接从CDN返回，响应速度非常快，这些请求甚至根本不会到达Wepedia数据中心的Nginx服务器，服务器压力减小，节省的资源可以更快地处理其他未被CDN缓存的请求。

Wepedia CDN 缓存的几条准则如下。

1）内容页面不包含动态信息，以免页面内容缓存很快失效或者包含过时的信息。

2）每个内容页面有唯一的 REST 风格的 URL，以便 CDN 快速查找并避免重复缓存。

3）在 HTML 响应头写入缓存控制信息，通过应用控制内容是否缓存及缓存有效期等。

13.2.2 服务端性能优化

服务端主要是 PHP 服务器，这里是处理业务逻辑的核心部分，运行的模块都比较复杂笨重，需要消耗较多的资源，Wepedia 需要将最好的服务器部署在这里（和数据库配置一样的服务器），从硬件上改善性能。

除了硬件的改善，Wepedia 还需要使用其他开源组件对应用层进行优化：

1）使用 APC，这是一个 PHP 字节码缓存模块，可以加速代码执行，减少资源消耗。

2）使用 Tex 进行文本格式化，特别是将科学公式内容转换成图片格式。

3）替换 PHP 的字符串查找函数 strtr()，使用更优化的算法重构。

13.2.3 存储端性能优化

包括缓存、数据库等被应用服务器依赖的服务都可以归类为存储端服务。存储端服务通常是一些有状态的服务，即需要进行数据存储。这些服务大多建立在需要进行网络通信和磁盘操作基础上，是性能的瓶颈，也是性能优化的关键环节。

存储端优化最主要的手段是使用缓存，将热点数据缓存在分布式缓存系统的内存中，加速应用服务器的数据读操作速度，减轻数据库服务器的负载。

Wepedia 的缓存使用策略如下。

1）热点特别集中的数据直接缓存到应用服务器的本地内存中，因为要占用应用服务器的内存且每台服务器都需要重复缓存这些数据，因此虽然这些数据量很小，但是读取频率极高。

2）缓存数据的内容尽量是应用服务器可以直接使用的格式，比如 HTML 格式，以减少应用服务器从缓存中获取数据后解析构造数据的代价。

3）使用缓存服务器存储 session 对象。

作为存储核心数据资产的 MySQL 数据库，需要做如下优化。

1）使用较大的服务器内存。在 Wepedia 应用场景中，增加内存比增加其他资源更能改善 MySQL 性能。

2）使用 RAID5 磁盘阵列以加速磁盘访问。

3）使用 MySQL 主主复制及主从复制，保证数据库写入的高可用，并将读负载分散在多台服务器。

13.3　小结

高可用架构中的各种策略，基本上都是针对一个数据中心内的系统架构、针对服务器级别的软 / 硬件故障而进行设计的。但如果整个数据中心都不可用，比如数据中心所在城市遭遇了地震，机房遭遇了火灾或者停电，不管架构设计得多么高可用，应用依然是不可用的。

为了解决这个问题，也为了提高系统的处理能力、改善用户体验，很多大型互联网应用都采用了异地多活的多机房架构策略。也就是说将数据中心分布在多个不同地点的机房里，这些机房都可以对外提供服务。用户可以连接任何一个机房进行访问，这样每个机房都可以提供完整的系统服务，即使某一个机房不可使用，系统也不会宕机，依然保持可用。

CHAPTER 14

第14章

高可用的限流器设计

在互联网高可用架构设计中，限流是一种经典的高可用架构模式。因为某些原因，大量用户突然访问我们的系统时，或者有黑客恶意用DoS（Denial of Service，拒绝服务）方式攻击系统时，这种未曾预期的高并发访问对系统产生的负载压力可能会导致系统崩溃。

解决这种问题的一个主要手段就是限流，即拒绝部分访问请求，使访问负载压力降低到一个系统可以承受的程度。这样虽然有部分用户访问失败，但是整个系统依然是可用的，依然能对外提供服务，而不是因为负载压力太大而崩溃，导致所有用户都不能访问。

为此，我们准备开发一个限流器，产品名称为Diana，产品Logo如图14-1所示。

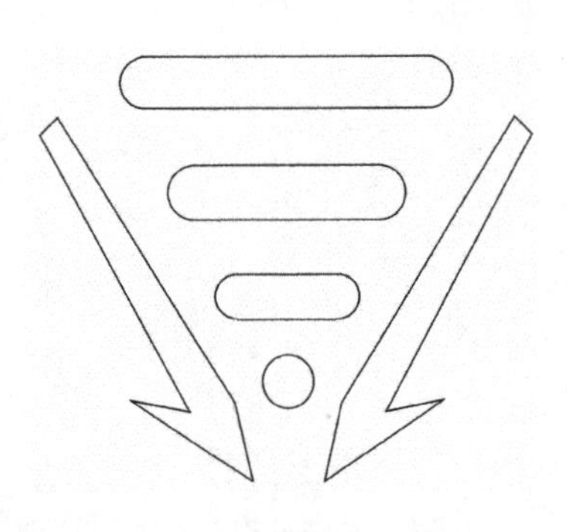

图14-1　限流器Diana Logo

14.1 需求分析

我们将Diana定位为一个限流器组件，即Diana的主要应用场景是部署在微服务网关或者其他HTTP服务器入口，以过滤器的方式对请求进行过滤，对超过限流规则的请求返回“服务不可用”HTTP响应。

Diana的限流规则可通过配置文件获取，并需要支持本地配置和远程配置两种方式，远程配置优先于本地配置。限流方式如下。

- 全局限流：针对所有请求进行限流，即保证整个系统处理的请求总数满足限流配置。
- 账号限流：针对账号进行限流，即对单个账号发送的请求进行限流。
- 设备限流：针对设备进行限流，即对单个客户端设备发送的请求进行限流。
- 资源限流：针对某个资源（即某个URL）进行限流，即保证访问该资源的请求总数满足限流配置。

另外，Diana的设计应遵循开闭原则，能够支持灵活的限流规则功能扩展，即未来在不修改现有代码和兼容现有配置文件的情况下，支持新的配置规则。

14.2 概要设计

Diana并不是一个独立的系统，不可以独立部署，它要部署在系统网关（或者其他HTTP服务器上），作为网关的一个组件进行限流。其部署模型如图14-2所示。

用户请求（通过负载均衡服务器）到达网关服务器。网关服务器本质也是一个HTTP服务器，限流器是部署在网关中的一个过滤器（filter）组件，和网关中的签名校验过滤器、用户权限过滤器等配置在同一个过滤器责任链（Chain of Responsibility）上。限流器应该配置在整个过滤器责任链的前端，也就是说，如果请求超过了限流，请求不需要再进入其他过滤器，直接被限流器拒绝。

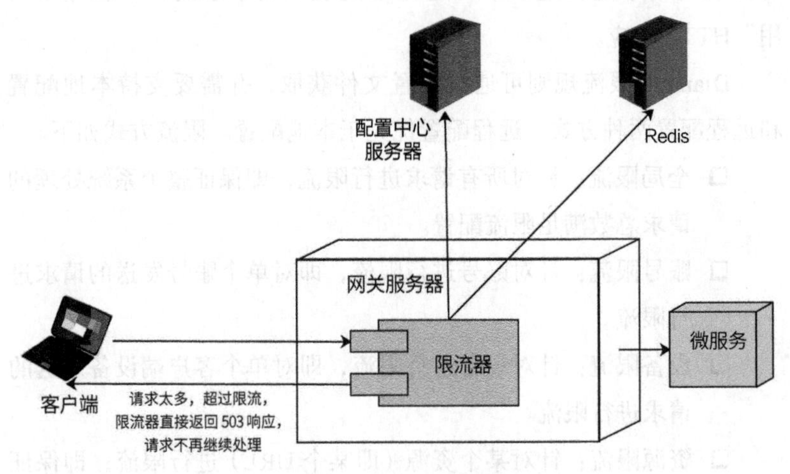

图 14-2　Diana 部署模型

用户请求进入限流器后，根据限流策略，判断该请求是否已经超过限流：如果超过，限流器直接返回 HTTP 状态码为 503（Too Many Requests）的响应；如果没有超过限流，请求继续向下处理（经过其他网关过滤器），并最终调用微服务完成处理。

限流器的策略可以在本地配置，也可以通过远程的配置中心服务器加载，即远程配置。远程配置优先于本地配置。

14.2.1　限流模式设计

请求是否超过限流，主要是判断单位时间内的请求数量是否超过配置的请求限流数量。单位时间请求数量可以在本地记录，也可以远程记录。方便起见，本地记录称作本地限流，远程记录称作远程限流（也叫分布式限流）。

本地限流意味着，每个网关服务器需要根据本地记录的单位时间收到的请求数量进行限流。假设限流配置为每秒限流 50 个请求，如果该网关服务器本地记录的当前一秒内接受请求数量达到 50 个，那么这一秒内的后续请求都返回 HTTP 状态码 503。如果整个系统部署了 100 台网关服务器，每个网关配置本地限流为每秒 50 个请求，那么整个系统每秒最多可以处理 5000 个请求。

远程限流意味着，所有网关共享同一个限流数量，每个网关服务器收到请求后，从远程服务器中获取单位时间内已处理请求数，如果超过限流，就返回 HTTP 状态码 503。也就是说，可能某个网关服务器一段时间内根本就没有请求到达，但是远程的已处理请求数已经达到了限流上限，那么这台网关服务器也必须拒绝请求。我们使用 Redis 作为记录单位时间请求数量的远程服务器。

14.2.2 高可用设计

为了保证配置中心服务器和 Redis 服务器宕机时，限流器组件的高可用。限流器应具有自动降级功能，即当配置中心不可用，则使用本地配置；当 Redis 服务器不可用，则降级为本地限流。

14.3 详细设计

常用的限流算法有 4 种：固定窗口（Window）限流算法、滑动窗口（Sliding Window）限流算法、漏桶（Leaky Bucket）限流算法、令牌桶（Token Bucket）限流算法。我们将详细说明这 4 种算法的实现。

此外，限流器运行期间需要通过配置文件获取对哪些 URL 路径进行限流；本地限流还是分布式限流；对用户限流还是对设备限流，还是对所有请求限流；限流的阈值是多少；阈值的时间单位是什么；具体使用哪种限流算法。因此，我们需要先看一下配置文件的设计。

14.3.1　配置文件设计

Diana 限流器使用 YAML 进行配置，配置文件举例如下：

```
Url:/
rules:
 - actor:device
   unit:second
   rpu:10
   algo:TB
   scope:global
 - actor:all
   unit:second
   rpu:50
   algo:W
   scope:local
```

配置文件的配置项有 7 种，分别说明如下。

1）Url 记录限流的资源地址，“/”表示所有请求，配置文件中的路径可以互相包含。比如“/”包含“/sample”，限流器要先匹配“/”的限流规则，如果“/”的限流规则还没有触发（即访问“/”的流量，也就是单位时间所有请求的总和没有达到限流规则），则再匹配“/sample”。

2）每个 Url 可以配置多个规则（rules），每个规则包括 actor、unit、rpu、algo、scope。

3）actor 为限流对象，可以是账号（actor）、设备（device）、全部（all）。

4）unit 为限流时间单位，可以是秒（second）、分（minute）、时（hour）、天（day）。

5）rpu 为单位时间限流请求数（request per unit），即 unit 定义的单位时间内允许通过的请求数目。如 unit 为 second，rpu 为 100，表示每秒允许通过 100 个请求，每秒超过 100 个请求就进行限流，返回 HTTP 状态码 503。

6）scope 为 rpu 生效范围，可以是本地（local），也可以是全局（global），scope 也决定了单位时间请求数量是记录在本地还是远程，local 记录在本地，global 记录在远程。

7）algo 限流算法，可以是 window（或可缩写为 W）、sliding window、leaky bucket、token bucket。

Diana 支持配置 4 种限流算法，使用者可以根据自己的需求场景，为不同资源地址配置不同的限流算法，下面详细描述这 4 种算法实现。

14.3.2　固定窗口限流算法

固定窗口限流算法就是将配置文件中的时间单位 unit 作为一个时间窗口，每个窗口仅允许限制流量内的请求通过，如图 14-3 所示。

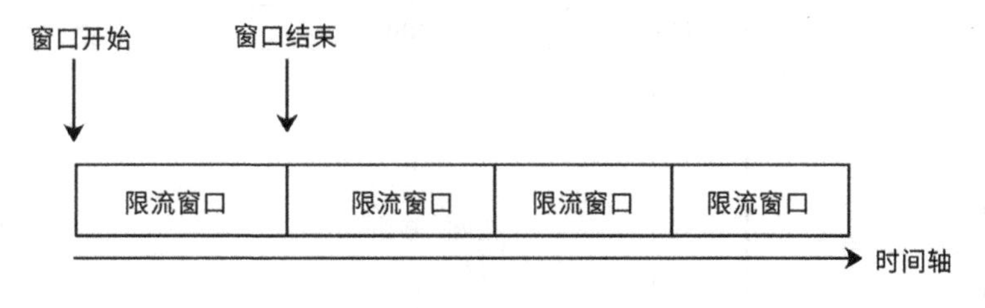

图 14-3　固定窗口限流算法示意图

我们将时间轴切分成一个一个的限流窗口，每个限流窗口有一个窗口开始时间和一个窗口结束时间。窗口开始时，计数器清零，每进入一个请求，计数器的记录就会加 1。如果请求数目超过 rpu 配置的限流请求数就拒绝服务，返回 HTTP 状态码 503。当前限流窗口结束后，就进入下一个限流窗口，计数器再次清零，重新开始。

处理流程如图 14-4 所示。

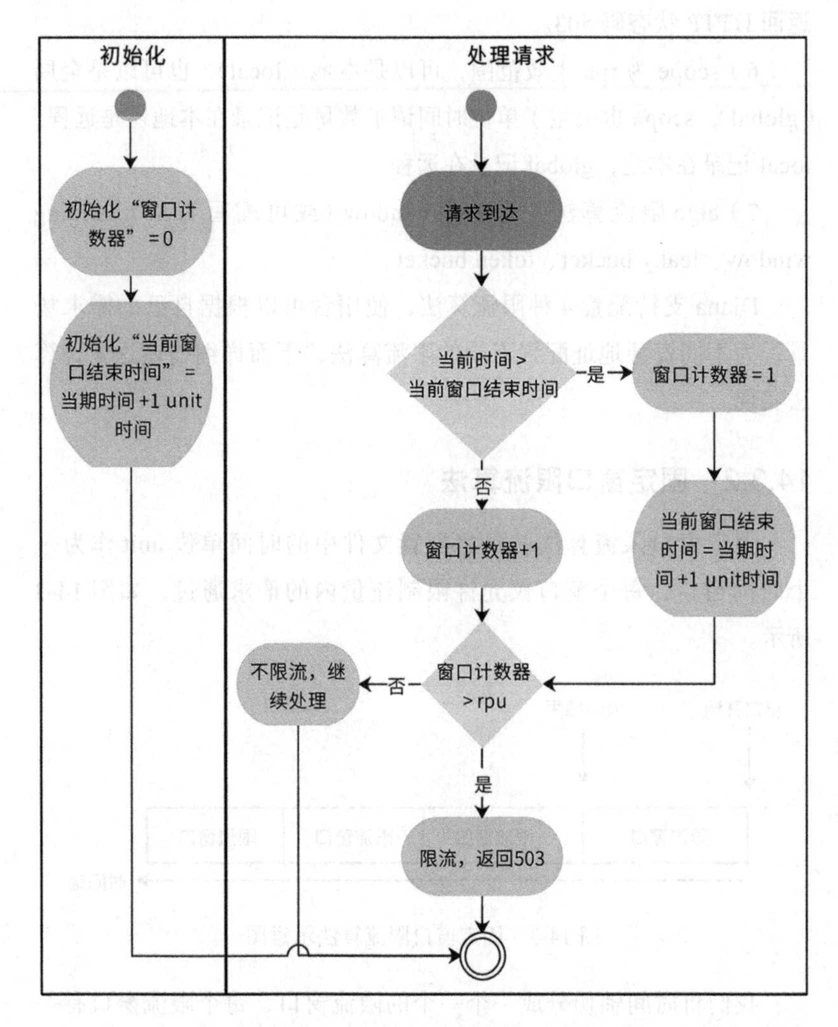

图 14-4　固定窗口限流算法流程图

图 14-4 包括“初始化”和“处理请求”两个泳道。在初始化时，设置“窗口计数器”和“当前窗口结束时间”两个变量。在处理请求时，判断当前时间是否大于“当前窗口结束时间”，如果大于，那

么重置“窗口计数器”和“当前窗口结束时间”两个变量；如果没有，窗口计数器 +1，并判断计数器是否大于配置的限流请求数 rpu，根据结果决定是否进行限流。

这里的“窗口计数器”可以采用本地记录方式，也可以采用远程记录方式，即对应配置中的 local 和 global。固定窗口算法在配置文件中的 algo 项可配置 window。

固定窗口实现比较容易，但是如果使用这种限流算法，在一个限流时间单位内，通过的请求数可能是 rpu 的两倍，无法达到限流的目的，如图 14-5 所示。

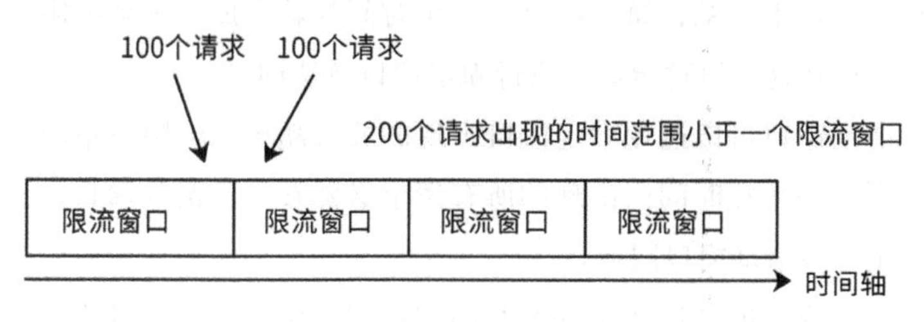

图 14-5　一个限流时间单位内，通过请求是限流目标的两倍

假设单位时间请求限流数 rpu 为 100，在第一个限流窗口快要到结束时间的时候，突然进来 100 个请求，因为这个请求量在限流范围内，所以没有触发限流操作，请求全部通过。然后进入第二个限流窗口，限流计数器清零。这时又忽然进入 100 个请求，因为已经进入第二个限流窗口，所以也没触发限流操作。在短时间内，通过了 200 个请求，这样可能会给系统造成巨大的负载压力。

14.3.3　滑动窗口限流算法

改进固定窗口缺陷的方法是采用滑动窗口限流算法，其示意图如图 14-6 所示。

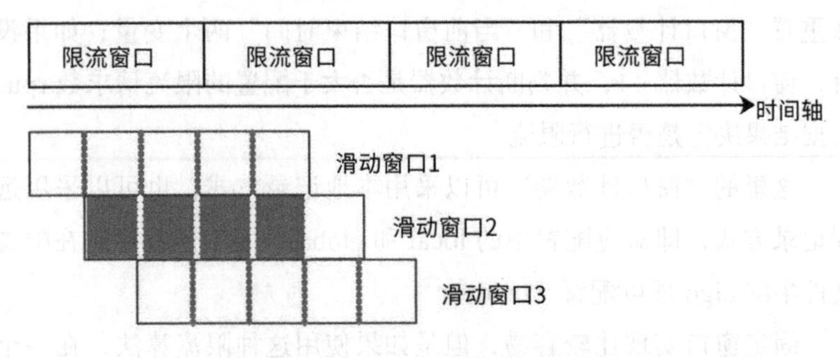

图 14-6　滑动窗口限流算法示意图

滑动窗口就是将限流窗口在内部切分成一些更小的时间片，然后在时间轴上滑动，每次滑过一个小时间片就形成一个新的限流窗口。然后在这个滑动窗口内执行固定窗口算法即可。

滑动窗口可以避免固定窗口出现的放过超出两倍限流请求的问题，因为一个短时间内出现的所有请求必然在一个滑动窗口内，所以一定会被滑动窗口限流。

滑动窗口的算法实现基本和固定窗口一致，只要改动重置“窗口计数器”和“当前窗口结束时间”的逻辑就可以。固定窗口算法重置为窗口结束时间 +1 unit 时间，滑动窗口算法重置为窗口结束时间 +1 个时间片。但是固定窗口算法重置后，窗口计数器为 0，而滑动窗口需要将窗口计数器设置为当前窗口已经经过的时间片的请求总数。比如在图 14-6 里，一个滑动窗口被分为 5 个时间片，滑动窗口 2 的带底纹部分就是已经经过了 4 个时间片。

滑动窗口算法在配置文件中的 algo 项可配置为 sliding window（或者缩写为 SW）。

14.3.4　漏桶限流算法

漏桶限流算法是模拟水流过一个有漏洞的桶进而限流的思路，如图 14-7 所示。

水龙头的水先流入漏桶，再通过漏桶底部的孔流出。如果流入的水量太大，底部的孔来不及流出，就会导致水太满，溢出去。

图 14-7 漏桶限流算法示意图

限流器利用漏桶的这个原理设计漏桶限流算法，用户请求先流入一个特定大小的漏桶中，系统以特定的速率从漏桶中获取请求并处理。如果用户请求超过限流，就会导致漏桶被请求数据填满，导致请求溢出，返回 HTTP 状态码 503。

所以漏桶算法不仅可以限流，当流量超过限制的时候会拒绝处理请求，直接返回 HTTP 状态码 503，还能控制请求的处理速度。

在实践中，可以采用队列当作漏桶，如图 14-8 所示。

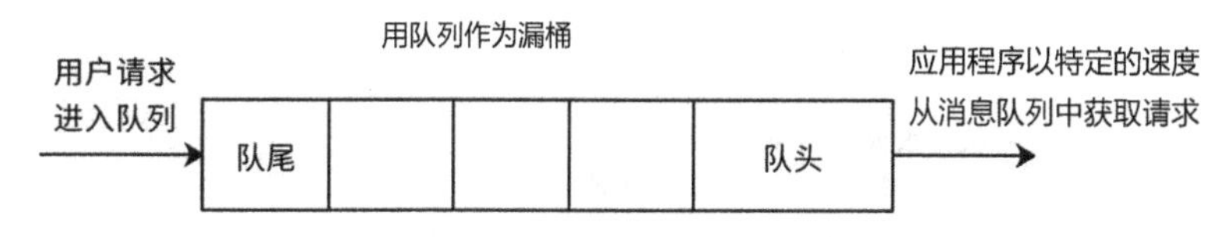

图 14-8 采用队列作为漏桶实现漏桶限流算法

构建一个特定长度的队列 queue 作为漏桶，开始的时候队列为空，用户请求到达后从队列尾部写入队列，而应用程序从队列头部以特定速率读取请求。当读取速度低于写入速度的时候，一段时间后，队列会被写满，这时候写入队列操作会失败。写入失败的请求直接构造 HTTP 状态码 503 并返回。

但是使用队列这种方式，实际上是把请求处理异步化了（写入请求的线程和获取请求的线程不是同一个线程），并不适合目前同步网关的场景。（Flower 异步框架开发的异步网关就可以采用这种队列方式。）

因此Diana实现漏桶限流算法并没有使用消息队列，而是通过阻塞等待来实现。根据限流配置文件计算每个请求之间的间隔时间，例如限流每秒10个请求，那么每两个请求的间隔时间就必须≥100ms。用户请求到达限流器后，根据当前最近一个请求处理的时间和阻塞的请求线程数目，计算当前请求线程的sleep时间。每个请求线程的sleep时间不同，最后就可以实现每隔100ms唤醒一个请求线程去处理，从而达到漏桶限流的效果。

计算请求线程sleep时间的伪代码如下：

```
初始化：
间隔时间 = 100ms;
阻塞线程数 = 0;
最近请求处理时间戳 = 0;
long sleep时间(){
    //最近没有请求，不阻塞
    if((now - 最近请求处理时间戳) >= 间隔时间 and 阻塞线程数 <= 0) {
        最近请求处理时间戳 = now;
        return 0; //不阻塞
    }
    //排队请求太多，漏桶溢出
    if(阻塞线程数 > 最大溢出线程数) {
        return MAX_TIME;//MAX_TIME表示阻塞时间无穷大，当前请求被
            限流
    }
    //请求在排队，阻塞等待
    阻塞线程数 ++;
    return 间隔时间 * 阻塞线程数 - (now - 最近请求处理时间戳) ;
}

// 当请求线程sleep时间结束，继续执行的时候，修改阻塞线程数
最近请求处理时间戳 = now;
阻塞线程数 --;
```

需要注意，以上代码是多线程并发执行，实际开发时需要进行加锁操作。

使用漏桶限流算法，即使系统资源很空闲，多个请求同时到达，漏桶也是慢慢地、一个接一个地去处理请求，这其实并不符合人们的期望，因为这样就是在浪费计算资源。因此除非有特别的场景需求，否则不推荐使用该算法。

漏桶算法的 algo 配置项名称为 leaky bucket 或者 LB。

14.3.5 令牌桶限流算法

令牌桶是另一种桶限流算法，模拟一个特定大小的桶，然后向桶中以特定的速度放入令牌（Token），请求到达后，必须从桶中取出一个令牌才能继续处理。如果桶中已经没有令牌了，那么当前请求就被限流，并返回 HTTP 状态码 503。如果桶中的令牌放满了，令牌桶也会溢出，如图 14-9 所示。

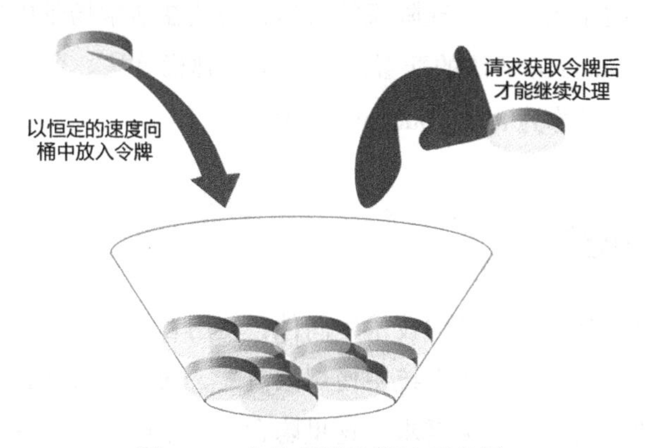

图 14-9　令牌桶限流算法示意图

上面的算法描述似乎需要有一个专门线程来生成令牌，还需要一个数据结构模拟桶。实际上，令牌桶的实现只需要在请求获取令牌的时候通过时间计算，就可以算出令牌桶中的总令牌数。伪代码如下：

```
初始化 :
最近生成令牌时间戳 = 0;
总令牌数 = 0;
```

```
令牌生成时间间隔 = 100ms;
boolean 获取令牌 (){
    // 令牌桶中有令牌，直接取令牌即可
    if( 总令牌数 >= 1){
        总令牌数 --;
        return true;
    }
    // 令牌桶中没有令牌了，重算现在令牌桶中的总令牌数，可能算出的总令
        牌数依然为 0
    总令牌数 = min( 令牌数上限值，总令牌数 +
    (now - 最近生成令牌时间戳 ) / 令牌生成时间间隔 );
    if( 总令牌数 >= 1){
        总令牌数 --;
        最近生成令牌时间戳 = now; // 有令牌了，才能重设时间
        return true;
    }
    return false;
}
```

令牌桶限流算法综合效果比较好，能在最大程度利用系统资源处理请求的基础上，实现限流的目标，建议在通常场景中优先使用该算法，Diana 的默认的配置算法也是令牌桶算法。令牌桶算法的 algo 配置项名称为 token bucket 或 TB。

14.4 小结

限流器是一个典型的技术中间件，使用者是应用系统开发工程师。他们在自己的应用系统中使用限流器，通过配置文件来实现满足自己业务场景的限流需求。这里隐含了一个问题：大家都是开发者，这些应用系统开发工程师为什么要用你开发的中间件呢？事实上，相比一般应用类的软件和代码，技术中间件天然会受到更多同行的挑剔，架构师在设计技术组件的时候要格外考虑易用性和扩展性，开发出来的技术中间件要能经得起同行的审视和挑战。

这一章的设计文档中包含了很多伪代码，这些伪代码是限流算法实现的核心逻辑。架构师一方面需要思考宏观的技术决策，另一

方面要思考微观的核心代码。这两方面的能力支撑起架构师的技术影响力，既要能上得厅堂，即在老板、客户等外部相关方面前也要能侃侃而谈，保障自己和团队能掌控自己的技术方向；也要能下得厨房，搞定最有难度的代码实现，让团队成员相信：跟着你混，没有迈不过去的技术坎。

CHAPTER 15

第15章

安全可靠的 Web 应用防火墙设计

Web 应用防火墙（Web Application Firewall，WAF）通过对 HTTP(S) 请求进行检测，识别并阻断 SQL 注入、跨站脚本攻击、跨站请求伪造等，保证 Web 服务安全、稳定。

Web 安全是所有互联网应用必须具备的功能，没有安全防护的应用犹如怀揣珠宝的孩童独自行走在盗贼环伺的黑夜里。我们准备开发一个 Web 应用防火墙，该防火墙可作为 Web 插件，部署在 Web 应用或者微服务网关等 HTTP 服务的入口，拦截恶意请求，保护系统安全。准备开发的 Web 应用防火墙名为 Zhurong(祝融)，产品 Logo 如图 15-1 所示。

图 15-1　Web 应用防火墙 Zhurong Logo

15.1 需求分析

当 HTTP 请求发送到 Web 服务器时，请求首先到达 Zhurong 防火墙，防火墙判断请求中是否包含恶意攻击信息。如果包含，则防火墙可根据配置策略选择拒绝请求，返回 418 状态码，也可以将请求中的恶意数据进行消毒处理，也就是对恶意数据进行替换，或者插入某些字符，从而使请求数据不再具有攻击性，然后调用应用程序处理。Zhurong 部署模型如图 15-2 所示。

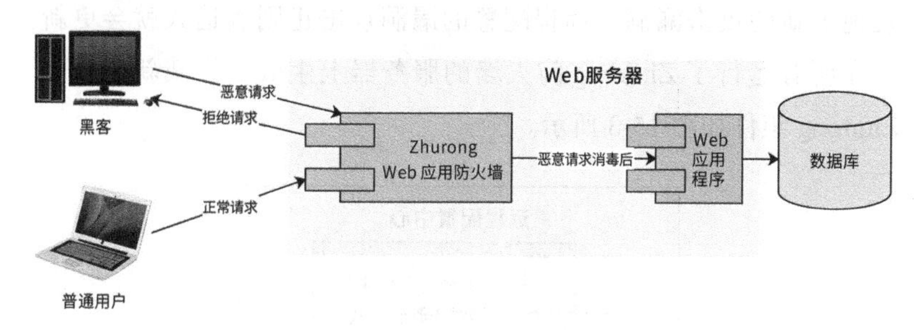

图 15-2 Zhurong 部署模型

Zhurong 需要处理的攻击和安全漏洞列表如表 15-1 所示。

表 15-1 Zhurong 需要处理的攻击和安全漏洞列表

攻击（漏洞）名称	攻击（漏洞）说明
跨站点脚本攻击	黑客通过篡改网页，注入恶意 HTML 脚本，在用户浏览网页时控制用户浏览器进行恶意操作
SQL 注入攻击	在 HTTP 请求中注入恶意 SQL 命令，当服务器用请求参数构造数据库 SQL 命令时，恶意 SQL 被一起构造并在数据库中执行
跨站点请求伪造	攻击者通过伪造合法用户身份，进行非法操作，如转账交易、发表评论等
注释与异常信息泄露	在返回给用户的响应中，HTML 注释或者 500 异常内容包含系统敏感信息，使非法分子利用这些信息发现系统的脆弱之外，进而进行攻击

15.2 概要设计

Zhurong 能够发现恶意攻击请求的主要手段是对 HTTP 请求内容进行正则表达式匹配，将各种攻击类型可能包含的恶意内容构造成正则表达式，然后对 HTTP 请求头和请求体进行匹配。如果匹配成功，那么就触发相关的处理逻辑，直接拒绝请求，或者对请求中的恶意内容进行消毒，即进行字符替换，使攻击无法生效。

其中，恶意内容正则表达式是通过远程配置来获取的。如果发现了新的攻击漏洞，远程配置的漏洞攻击正则表达式就会更新，并在所有运行了 Zhurong 防火墙的服务器上生效，拦截新的攻击。Zhurong 组件如图 15-3 所示。

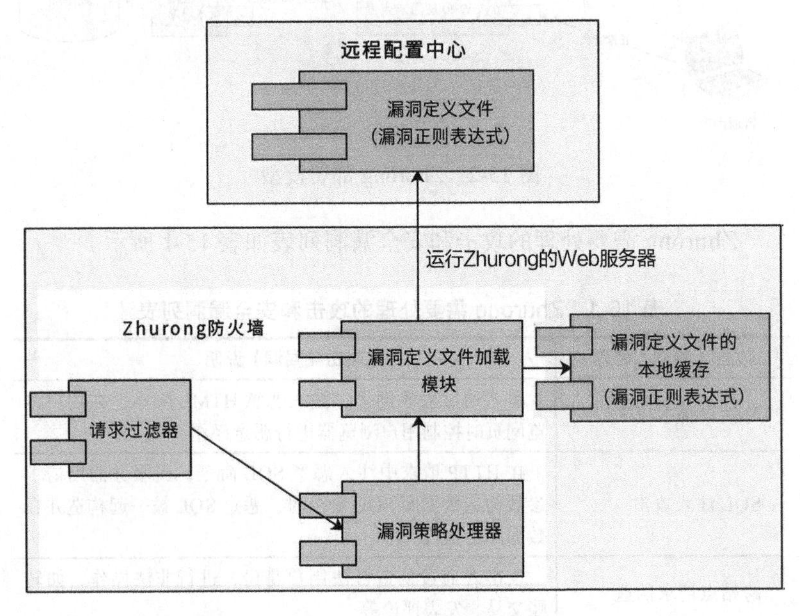

图 15-3　Zhurong 组件

HTTP 请求先到达请求过滤器，请求过滤器提取 HTTP 请求头和 HTTP 请求体中的数据，这个过滤器其实就是 Java 中的 Filter。

过滤器调用漏洞策略处理器进行处理，而漏洞策略处理器需要调用漏洞定义文件加载模块获得漏洞定义规则。漏洞定义文件加载模块缓存了各种漏洞定义规则文件，如果缓存超时，就从远程配置中心重新加载漏洞定义规则。

漏洞定义文件是 Zhurong 的核心，该文件定义了漏洞的正则表达式，过滤器正是通过使用这些正则表达式匹配 HTTP 请求头和 HTTP 请求体的方式，识别出 HTTP 请求中是否存在攻击内容。同时，漏洞定义文件中还定义了发现攻击内容后的处理方式：是拒绝请求，跳转到出错页面，还是采用消毒的方式将攻击内容的字符替换掉。

漏洞定义文件采用 XML 格式，示例如下：

```
<?xml version=" 1.0" ?>

<recipe
    attacktype=" Sql"
    path=" ^/protectfolder/.*$"
    description=" Sql injection attacks"
>
    <ruleSet
        stage = "request"
        condition = "or"
      >
        <action
            name=" forward"
            arg=" error.html"
            />
        <rule
            operator = "regex"
            arg = "paramNames[*]"
            value = "select|update|delete|count|*|sum|mast-
                er|script|' |declare|
                or|execute|alter|statement|executeQuery|co-
                    unt|executeUpdate"
            />
    </ruleSet>

    <ruleSet
        stage = "response"
        condition = "or"
>
```

```
        <action
              name =" replace"
              arg = " "
              />
        <rule
              operator = "regex"
              arg = " responseBody "
              value = "(//.+\n)|(/\*\*.+\*/)|(<!--.*-->)"
              />
    </ruleSet>

  </recipe>
```

1）recipe 是漏洞定义文件的根标签，属性 attacktype 表示处理的攻击类型，有以下几种。

- SQL：SQL 注入攻击。
- XSS：跨站点脚本攻击。
- CSC：注释与异常信息泄露。
- CSRF：跨站点请求伪造。
- FB：路径遍历与强制浏览。

2）path 表示要处理的请求路径，可以为空，表示处理所有请求路径。

3）ruleSet 是漏洞处理规则集合，一个漏洞文件可以包含多个 ruleSet。stage 标签表示处理的阶段——请求阶段是 request，响应阶段是 response。condition 表示和其他规则的逻辑关系：“ or” 表示“或”关系，即该规则处理完成后，其他规则不需要再处理；“ and” 表示“与”关系，该规则处理完成后，其他规则还需要处理。

4）action 表示发现攻击后的处理动作。“ forward” 表示跳转到出错页面，后面的“ arg” 表示要跳转的路径；“ replace” 表示对攻击内容进行替换，即所谓的消毒，使其不再具有攻击性，后面的“arg” 表示要替换的内容。

5）rule 表示漏洞规则，触发漏洞规则就会引发 action 处理动作。operator 表示如何匹配内容中的攻击内容，“ regex” 表示要匹配的正则表达式，“urlmatch”表示 URL 路径匹配。“arg”表示要匹配的目标，可以是 HTTP 请求参数名、请求参数值、请求头、响应体、ULR 路径。“value”是匹配攻击内容的正则表达式。

15.3 详细设计

Zhurong 可以处理的攻击类型有哪些？它们的原理是什么？Zhurong 对应的处理方法又是什么？详细设计将解决这些问题。

15.3.1 XSS 攻击

常见的 XSS 攻击类型有两种。一种是反射型，攻击者诱使用户单击一个嵌入恶意脚本的链接，达到攻击的目的。反射型 XSS 攻击如图 15-4 所示。

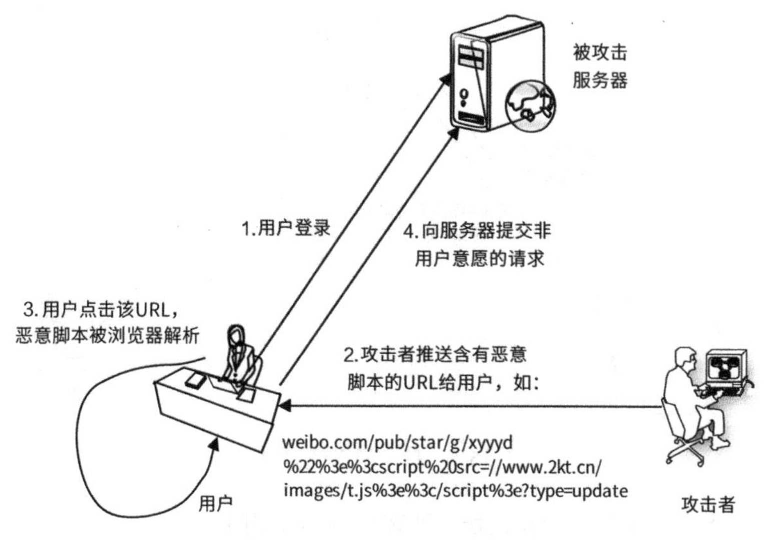

图 15-4　反射型 XSS 攻击

攻击者发布的微博中有一个含有恶意脚本的 URL（在实际应用

中，该脚本在攻击者自己的服务器 www.2kt.cn 上，URL 中包含脚本的链接)，用户单击该 URL，会自动关注攻击者的新浪微博 ID，发布含有恶意脚本 URL 的微博，攻击就被扩散了。

另一种 XSS 攻击是持久型 XSS 攻击，黑客提交含有恶意脚本的请求，保存在被攻击的 Web 站点的数据库中，用户浏览网页时，恶意脚本被包含在正常页面中，从而达到攻击的目的。持久型 XSS 攻击如图 15-5 所示。

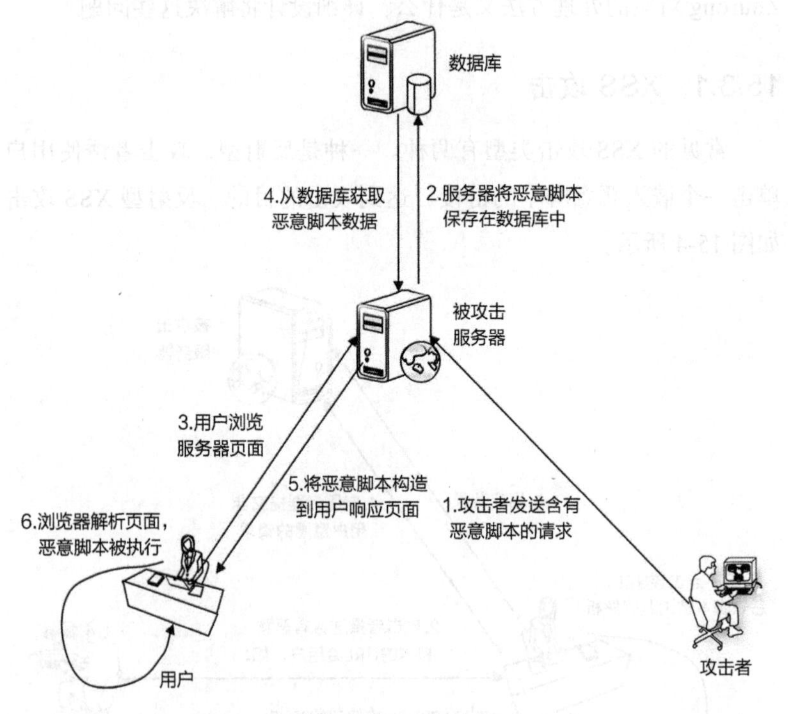

图 15-5　持久型 XSS 攻击

此种攻击经常用在论坛、博客等 Web 应用中。

Zhurong 采用正则表达式检测请求是否含有 XSS 攻击内容，正则表达式如下：

```
(?:\b(?:on(?:(?:mo(?:use(?:o(?:ver|ut)|down|move|up)|
    ve)|key(?:press|down|up)|c(?:hange|lick)|s(?:elec
    |ubmi)t|(?:un)?load|dragdrop|resize|focus|blur)\b\
    W*?=|abort\b)|(?:l(?:owsrc\b\W*?\b(?:(?:java|vb)script
    |shell)|ivescript)|(?:href|url)\b\W*?\b(?:(?:java|vb)
    script|shell)|background-image|mocha):|type\b\
    W*?\b(?:text\b(?:\W*?\b(?:j(?:ava)?|ecma)script\
    b|[vbscript])|application\b\W*?\bx-(?:java|vb)
    script\b)|s(?:(?:tyle\b\W*=.*\bexpression\b\
    W*|ettimeout\b\W*?)\(|rc\b\W*?\b(?:(?:java|vb)
    script|shell|http):)|(?:c(?:opyparentfolder|r
    eatetextrange)|get(?:special|parent)folder)\
    b|a(?:ctivexobject\b|lert\b\W*?\())|<(?:(?:body\
    b.*?\b(?:backgroun|onloa)d|input\b.*?\\btype\
    b\W*?\bimage)\b|!\[CDATA\[|script|meta)|(?:\.
    (?:(?:execscrip|addimpor)t|(?:fromcharcod|cooki)
    e|innerhtml)|\@import)\b)
```

匹配成功后，根据漏洞定义文件，可以选择跳转（forward）到出错页面，也可以采用replace方式进行消毒，replace消毒表如表15-2所示。

表15-2 防XSS攻击消毒表

XSS攻击字符	replace消毒字符
=	=
:	:
-	-
(	(
)	)
<	<
>	>
!	!
[	[
]	]
.	.
@	@

在 XSS 攻击字符前后加上“ ”字符串，使得攻击脚本无法运行，同时不会影响在浏览器显示内容。

15.3.2　SQL 注入攻击

SQL 注入攻击的原理如图 15-6 所示。

图 15-6　SQL 注入攻击

攻击者在 HTTP 请求中注入恶意 SQL 命令（drop table users;），服务器用请求参数构造数据库 SQL 命令时，恶意 SQL 被一起构造，并在数据库中执行。

如果在 Web 页面中有个输入框，要求用户输入姓名，用户输入一个普通的姓名 Frank，那么最后提交的 HTTP 请求如下：

```
http://www.a.com?username=Frank
```

服务器在处理计算后，向数据库提交的 SQL 查询命令如下：

```
Select id from users where username= 'Frank';
```

但是恶意攻击者可能会提交这样的 HTTP 请求：

```
http://www.a.com?username=Frank';drop table users;--
```

即输入的 uername 是：

```
Frank';drop table users;--
```

这样，服务器在处理后，最后生成的 SQL 是这样的：

```
Select id from users where username= 'Frank';drop table
    users;--';
```

事实上，这是两条 SQL：一条 Select（查询）SQL，一条 drop table（删除表）SQL。数据库在执行完查询后就将 users 表删除了，系统崩溃。

检测 SQL 注入攻击的 rule 正则表达式如下。

```
(?:\b(?:(?:s(?:elect\b(?:.{1,100}?\b(?:(?:length|count
    |top)\b.{1,100}?\bfrom|from\b.{1,100}?\bwhere)|.*?\
    b(?:d(?:ump\b.*\bfrom|ata_type)|(?:to_
    (?:numbe|cha)|inst)r))|p_(?:(?:addextendedpro|sqlexe)
    c|(?:oacreat|prepar)e|execute(?:sql)?|makewebtas
    k)|ql_(?:longvarchar|variant))|xp_(?:reg(?:re(?:
    movemultistring|ad)|delete(?:value|key)|enum(?:v
    alue|key)s|addmultistring|write)|e(?:xecresultse
    t|numdsn)|(?:terminat|dirtre)e|availablemedia|lo
    ginconfig|cmdshell|filelist|makecab|ntsec)|u(?:
    nion\b.{1,100}?\bselect|tl_(?:file|http))|group\
    b.*\bby\b.{1,100}?\bhaving|load\b\W*?\bdata\b.*\
    binfile|(?:n?varcha|tbcreato)r|autonomous_transacti
    on|open(?:rowset|query)|dbms_java)\b|i(?:n(?:to\b\
    W*?\b(?:dump|out)file|sert\b\W*?\binto|ner\b\W*?\
    bjoin)\b|(?:f(?:\b\W*?\(\W*?\bbenchmark|null\b)|snull\
    b)\W*?\()|(?:having|or|and)\b\s+?(?:\d{1,10}|'[^=]
    {1,10}')\s*?[=<>]+|(?:print\]\b\W*?\@|root)\@|c(?:ast\
    b\W*?\(|oalesce\b))|(?:;\W*?\b(?:shutdown|drop)|\@\@
    version)\b|'(?:s(?:qloledb|a)|msdasql|dbo)')
```

从请求中匹配到 SQL 注入攻击内容后，可以设置跳转到出错页面，也可以采用 replace 方式进行消毒，replace 消毒表如表 15-3 所示。

表 15-3　防 SQL 注入攻击消毒表

SQL 注入攻击字符	replace 消毒字符
=	=
<	<
>	>
@	@
.	.
(	(
)	)

15.3.3　CSRF 攻击

在 CSRF(Cross Site Request Forgery，跨站点请求伪造）攻击中，攻击者通过跨站请求，以合法用户的身份进行非法操作，如转账交易、发表评论等，如图 15-7 所示。

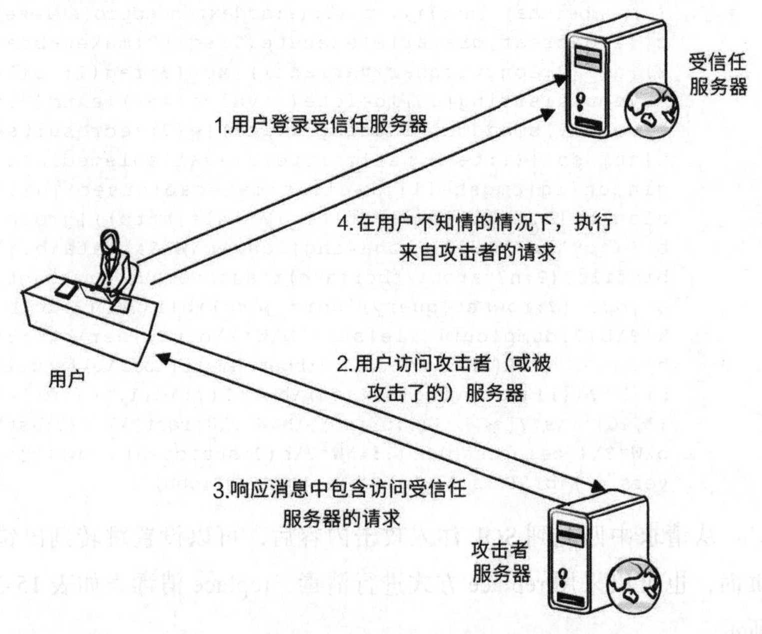

图 15-7　CSRF 攻击

CSRF的主要手法是利用跨站请求，在用户不知情的情况下以用户的身份伪造请求。其核心是利用了浏览器Cookie或服务器Session策略，盗取用户身份。

Zhurong的防攻击策略是，过滤器自动在所有响应页面的表单中添加一个隐藏字段，合法用户在提交请求的时候，会将这个隐藏字段发送到服务器，防火墙检查隐藏字段值是否正确，以确定是否为CSRF攻击。恶意用户的请求是自己伪造的，无法构造这个隐藏字段，从而会被防火墙拦截。

15.3.4　注释与异常信息泄露

为调试程序方便或其他原因，有时程序开发人员会在前端页面程序中使用HTML注释语法进行程序注释，这些HTML注释会显示在客户端浏览器，给黑客攻击带来便利。

此外，许多Web服务器默认是打开异常信息输出的，即服务器端未处理的异常堆栈信息会直接输出到客户端浏览器，这种方式虽然对程序调试和错误报告有好处，但也给了黑客可乘之机。黑客通过故意制造非法输入，使系统运行时出错，获得异常信息，从而寻找系统漏洞进行攻击。

Zhurong在响应数据中检测是否含有HTML注释，如果匹配到HTML注释，就用空字符串替换该注释。

匹配HTML注释的正则表达式如下：

```
&lt;!--(.|&#x000A;|&#x000D;)*--&gt;
```

对于异常信息泄露，Zhurong会检查响应状态码。如果响应状态码为500系列错误，则会进一步匹配响应体内容，检查是否存在错误堆栈信息。

15.4 小结

本章改编自某全球 IT 企业的内部设计文档，这个产品和该企业的 Web 服务器捆绑销售，已经在全球范围内售卖了十几年。这个产品也是中国分公司成立之初最成功的产品，帮助中国分公司奠定了在总公司的地位。而这个产品的最初版本是一个架构师带领一个开发小组用了几个月就开发出来的。

人们常说软件工程师的职业生涯只有十几年，甚至只有几年。事实上，很多商业软件的生命周期都不止十几年，也就是说，在你的职业生涯中，只要开发出一款成功的软件，光是为这个软件维护升级，你也能做十几年甚至几十年。

但是很遗憾，就我所见，大多数软件工程师在自己的职业生涯中都没有成功的经历，要么是加入一个已经成功的项目“修修补补”，要么是在一个不温不火的项目里耗了几年，最后无疾而终。事实上，经历过成功的人会明白什么样的项目将会走向成功，所以不会守着一个成功的项目“养老”，而是不断追求新的成功。

本书挑选的架构设计方案都是基于一些已经成功了的案例。成功的东西有一种“成功”的味道，正是这种味道带领成功者走向成功。希望你在学习技术的同时，也能嗅到成功的味道。

CHAPTER 16

第16章 敏感数据的加解密服务平台

在一个应用系统运行过程中，需要记录、传输很多数据，这些数据有的是非常敏感的，比如用户姓名、手机号码、密码，甚至信用卡号等。这些数据如果直接存储在数据库中，记录在日志中，或者在公网上传输的话，一旦发生数据泄露，不但可能会带来重大的经济损失，还可能会使公司陷入重大的公关与法律危机。

所以，敏感信息必须进行加密处理，也就是把敏感数据以密文的形式存储、传输。这样即使被黑客攻击，发生数据泄露，被窃取的数据也是密文，获取数据的人无法得到真实的明文内容，敏感数据依然被保护着。而当应用程序需要访问这些密文的时候，只需要进行数据解密，即可还原得到原始明文数据。加解密处理既保证了数据的安全，又保证了数据的正常访问。

但是，这一切的前提是**加密和解密过程的安全**。加密、解密过程由加密算法、加密密钥、解密算法、解密密钥组成。图 16-1 展示了对称加密、解密过程。对称加密密钥和解密密钥是同一个密钥，调用加密算法可将明文加密为密文，调用解密算法可将密文还原为明文，如图 16-1 所示。

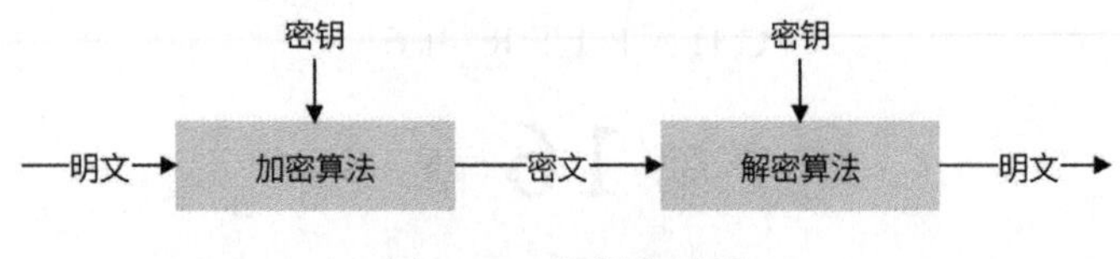

图 16-1　加解密过程

所以，如果窃取数据的人知道了解密算法和密钥，即使数据是加密的，也可以轻松对密文进行还原，得到原始的明文数据。而很多时候，解密算法和密钥都以源代码的方式保存在代码仓库里，黑客如果窃取了源代码，或者内部人泄露了源代码，那么所有的秘密就都不是秘密了。

此外，在某些情况下，我们的系统需要和外部系统进行对称加密数据传输。比如，和银行加密传输信用卡卡号，这时候涉及密钥交换，即我方人员和银行人员对接，直接传递密钥。如果因密钥泄露导致重大经济损失，那么持有密钥的人员将无法自证清白，这又会导致没有人愿意保管密钥。

因此，我们设计了一个加解密服务系统，系统名称为 Venus，统一管理所有的加解密算法和密钥。应用程序只需要依赖加解密服务 SDK，调用接口进行加解密即可，而真正的算法和密钥在系统服务端进行管理，保证算法和密钥的安全，产品 Logo 如图 16-2 所示。

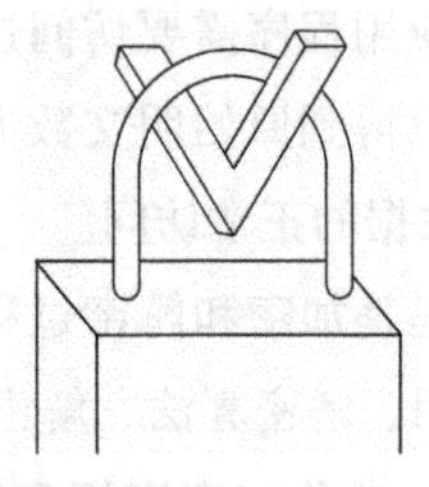

图 16-2　加解密服务系统 Venus Logo

16.1 需求分析

一般说来，日常开发中的加解密程序存在如下问题。

1）密钥（包括非对称加解密证书）保存在源文件或者配置文件中，存储分散且不安全。

2）密钥没有分片交换机制，不能满足高安全级密钥管理和交换的要求。

3）密钥缺乏版本管理，不能灵活升级，一旦修改密钥，此前加密的数据就可能无法解密。

4）加密与解密算法程序不统一，同样算法不同实现，内部系统之间的密文不能正确解析。

5）部分加解密算法程序使用了弱加解密算法和弱密钥，存在安全隐患。

为此，我们需要设计、开发一个专门的加解密服务及密钥管理系统，以解决以上问题。

Venus 是一个加解密服务系统，核心功能是加解密服务，辅助功能是密钥与算法管理。此外，Venus 还需要满足以下非功能性需求。

（1）安全性需求

必须保证密钥的安全性，保证没有人能够有机会看到完整的密钥。因此一个密钥至少要拆分成两片，分别存储在两个异构的、物理隔离的存储服务器中。在需要进行密钥交换的场景中，将密钥至少拆分成两个片段，每个管理密钥的人只能看到一个密钥片段，双方所有密钥管理者分别交接才能完成一次密钥交换。

（2）可靠性需求

加解密服务必须可靠，即保证高可用。无论是发生加解密服务系统服务器宕机还是网络中断等各种情况，数据都能正常加解密。

（3）性能需求

加解密计算的时间延迟主要在于加解密算法，也就是说，加载加解密算法程序、获取加解密密钥的时间必须短到可以忽略不计。

根据以上加解密服务系统功能和非功能性需求，Venus 用例图如图 16-3 所示。

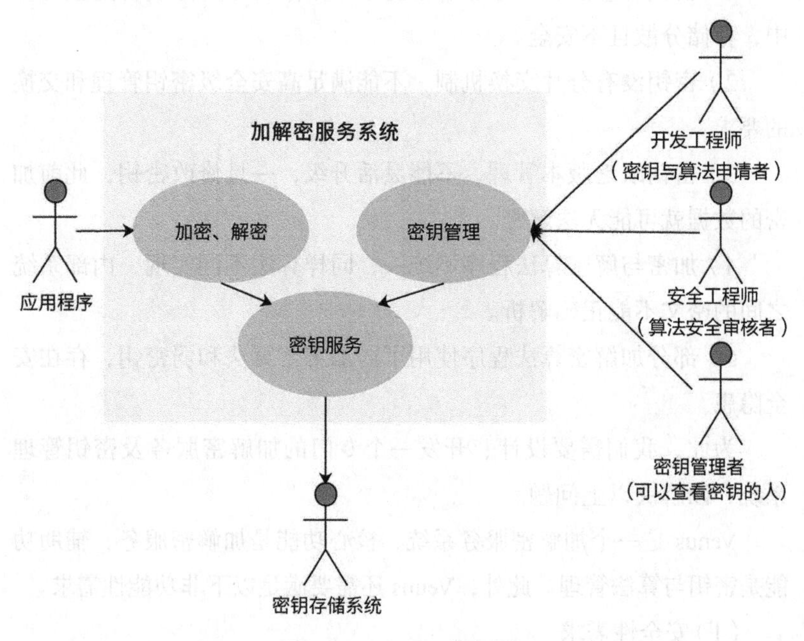

图 16-3　Venus 用例图

系统主要参与者（Actor）包括应用程序、开发工程师、安全工程师、密钥管理者、密钥存储系统。

系统主要用例过程和功能如下。

1）开发工程师使用密钥管理功能为自己开发的应用申请加解密算法和密钥。

2）安全工程师使用密钥管理功能审核算法和密钥的强度是否满足数据安全要求。

3）（经过授权的）密钥管理者使用密钥管理功能可以查看密钥（的一个分片）。

4）应用程序调用加解密功能完成数据的加密、解密。

5）加密 / 解密功能和密钥管理功能需要调用密钥服务功能才能完成密钥的存储与读取。

6）密钥服务功能需访问一个安全、可靠的密钥存储系统来读 / 写密钥。

总的说来，Venus 应满足如下需求。

1）针对密钥存储与管理中的集中与分片问题，做到多存储备份，保证密钥安全、易管理。

2）针对密钥申请者、密钥管理者、密钥访问者，需做到多角色、多权限管理，保证密钥管理与传递的安全。

3）通过密钥管理控制台完成密钥申请、密钥管理、密钥访问控制等一系列密钥管理操作，实现便捷的密钥管理。

4）统一加解密服务 API，通过简单的接口、统一的算法，为内部系统提供一致的加解密算法实现。

16.2 概要设计

针对上述加解密服务及密钥安全管理的需求，设计加解密服务系统 Venus，其整体结构如图 16-4 所示。

应用程序调用 Venus 提供的加解密 SDK 服务接口对信息进行加解密，该 SDK 接口提供了常用的加解密算法并可根据需求任意扩展。加解密 SDK 服务接口调用 Venus 密钥服务器的密钥服务，以取得加解密密钥，并缓存在本地。而密钥服务器中的密钥则来自多个密钥存储服务器，一个密钥分片后存储在多个存储服务器中，每个服务器都由不同的人负责管理。密钥申请者、密钥管理者、安全审核人员通过密钥管理控制台管理、更新密钥，每个人各司其事，没有人能查看完整的密钥信息。

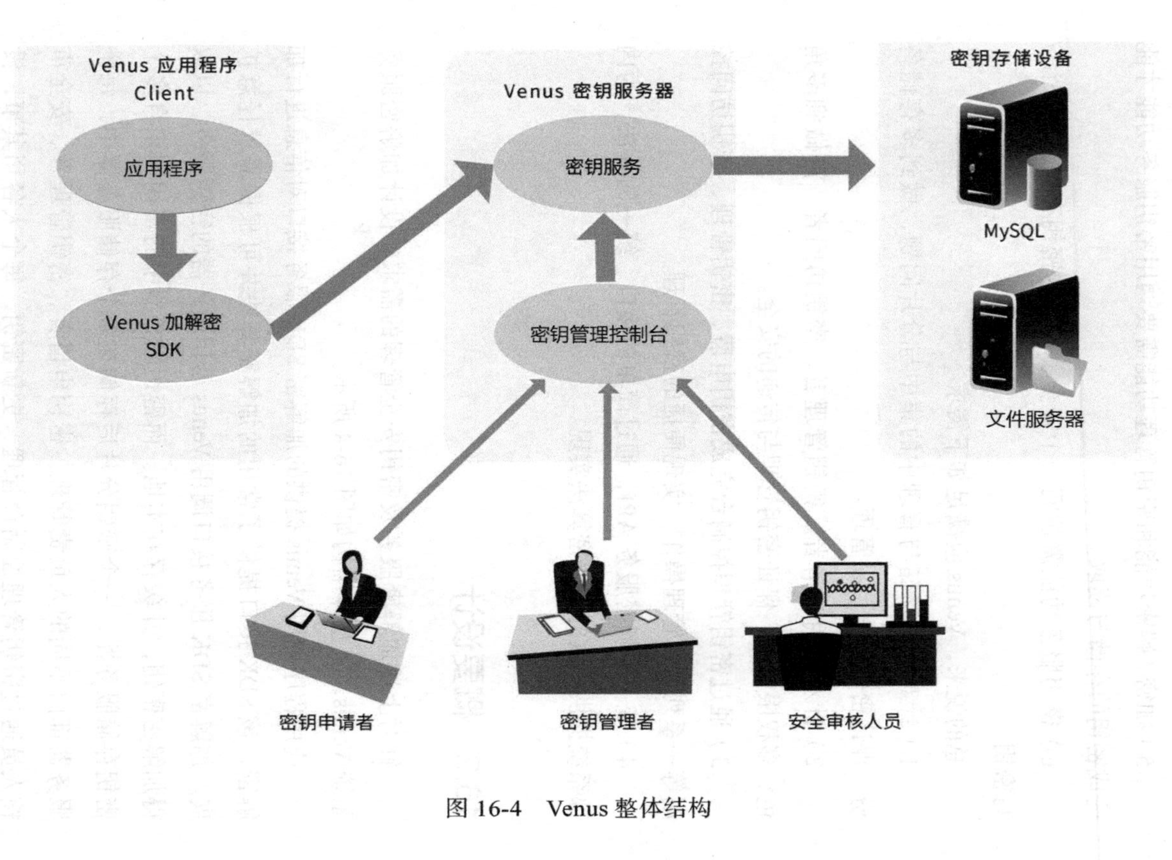

图 16-4　Venus 整体结构

16.2.1 部署模型

Venus 部署模型如图 16-5 所示。

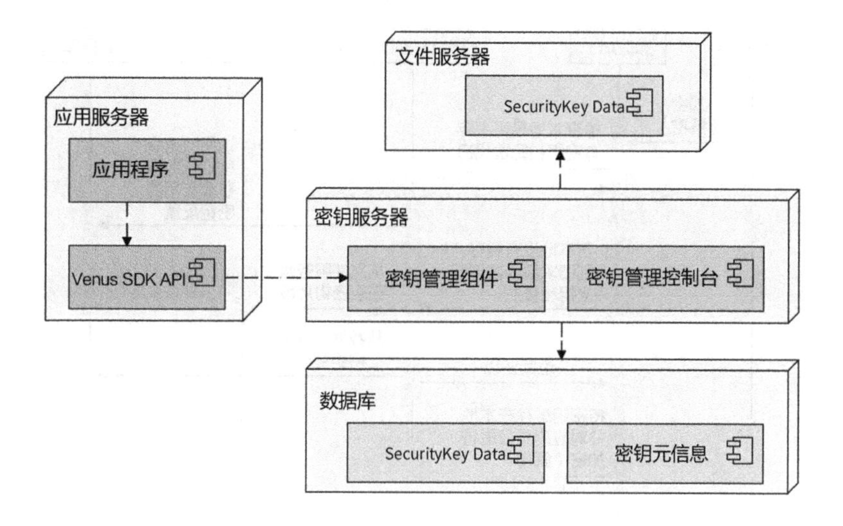

图 16-5　Venus 部署模型

Venus 系统的核心服务器是密钥服务器，提供密钥管理服务。密钥分片存储在文件服务器和数据库 DB 中。

使用 Venus 加解密服务的应用程序部署在应用程序服务器中，依赖 Venus 提供的 SDK API 进行数据加解密。而 Venus SDK 则需要访问密钥服务器来获取加解密算法代码和密钥。

安全起见，密钥将被分片存储在文件服务器和数据库中。所以密钥服务器中部署了密钥管理组件（Key Manager），用于访问数据库中的应用程序密钥元信息，以此获取密钥分片存储信息。密钥服务器根据这些信息访问文件服务器和数据库，获取密钥分片，并把分片拼接为完整密钥，最终返回给 SDK。

此外，密钥管理控制台提供了一个 Web 页面，供开发工程师、安全工程师、密钥管理者进行密钥申请、更新、审核、查看等操作。

16.2.2 加解密调用时序图

加解密调用过程如时序图 16-6 所示。

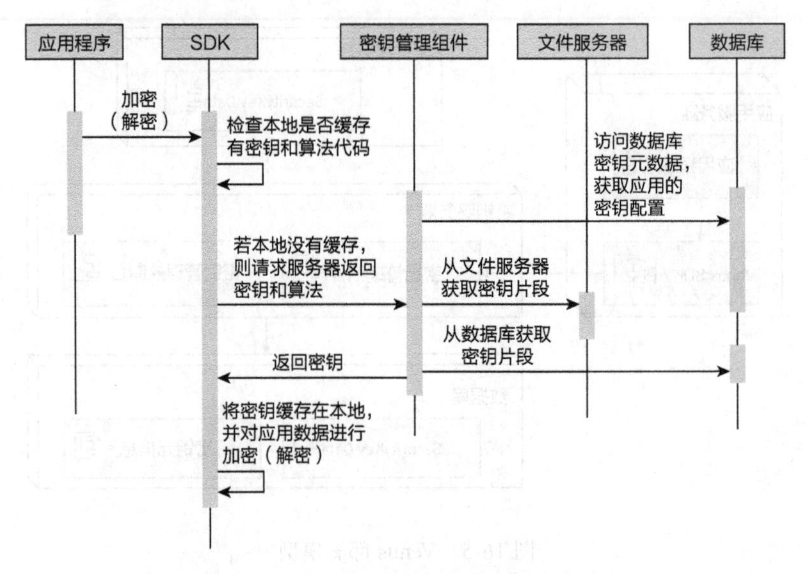

图 16-6　Venus 加解密调用过程时序图

加解密调用过程说明如下。

1）应用程序调用 Venus 的 SDK 对数据进行加密（解密）。

2）SDK 检查在本地是否缓存有加解密需要的密钥和加解密算法代码，如果缓存了，就直接使用该算法和密钥进行加解密。

3）如果本地没有缓存密钥和算法，则请求远程服务器返回密钥和算法。

4）部署在 Venus 服务器的密钥管理组件收到请求后会访问数据库，并检查该应用配置的密钥和算法元数据信息。

5）数据库返回的元数据信息中包括了密钥的分片信息和存储位置，密钥管理组件访问文件服务器和数据库，以获取密钥分片，并将多个分片合并成一个完整密钥，返回给客户端 SDK。

6）SDK 收到密钥后，缓存在本地进程内存中，并完成对应用程序加解密调用的处理。

通过该设计，我们可以看到，Venus 对密钥进行分片存储，不同存储服务器由不同人员管理。如果需要进行密钥交换，那么参与交换的人员，每个人也只能获得一个密钥分片，无法得到完整的密钥，这样就保证了密钥的安全性。

密钥缓存在 SDK 所在的进程（即应用程序所在的进程）中，只有第一次调用时会访问远程的 Venus 服务器，其他调用只访问本进程的缓存。因此加解密的性能只受加解密的数据大小和算法的影响，不受 Venus 服务的性能影响，满足了性能要求。

同时，由于密钥在缓存中，如果 Venus 服务器临时宕机，或者网络通信中断，也不会影响到应用程序的正常使用，保证了 Venus 的可靠性。但是如果 Venus 服务器长时间宕机，那么使用 Venus 的应用程序重新启动，本地缓存被清空，就需要重新请求密钥，这时候应用就不可用了。那么 Venus 如何在这种情况下仍然保证高可用呢?

解决方案就是对 Venus 服务器、数据库和文件服务器做高可用备份。Venus 服务器部署 2～3 台服务器，构建一个小型集群，SDK 通过软负载均衡访问 Venus 服务器集群，若发现某台 Venus 服务器宕机就进行失效转移。同样，数据库和文件服务器也需要做主从备份。

16.3 详细设计

Venus 详细设计主要关注 SDK 核心类设计。其他的，例如数据库结构设计、服务器密钥管理控制台设计等这里不做展开。

16.3.1 密钥领域模型

为了便于 SDK 缓存、管理密钥信息以及在 SDK 与 Venus 服务端传输密钥信息，我们设计了一个密钥领域模型，如图 16-7 所示。

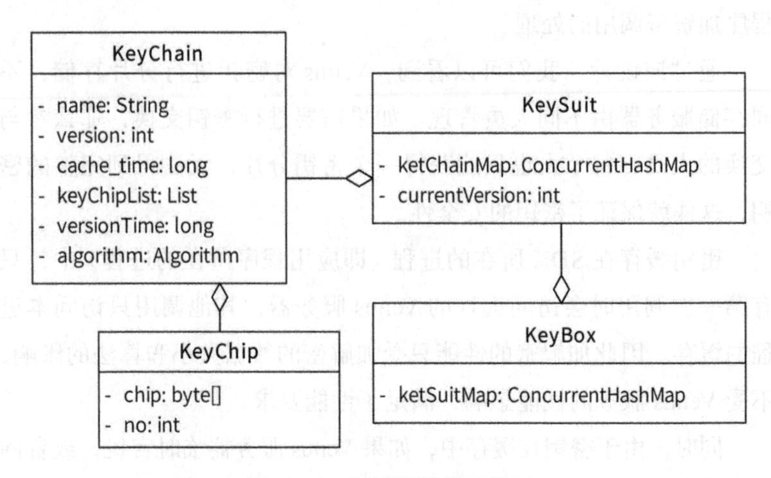

图 16-7　密钥领域模型类图

领域模型类图说明如下。

1）一个应用程序使用的所有密钥信息都记录在 KeyBox 对象中，KeyBox 对象中有一个 keySuitMap 成员变量，这个 map 类的 key 是密钥名称，value 是一个 KeySuit 类。

2）KeySuit 类中有一个 keyChainMap 成员变量，这个 map 类的 key 是版本号,value 是一个 KeyChain 对象。Venus 因为安全性需求，需要支持多版本的密钥。也就是说，同一类数据的加密密钥过一段时间就会进行版本升级，这样即使密钥泄露，只会影响一段时间的数据，不会导致所有的数据都被解密。

3）KeySuit 类的另一个成员变量 currentVersion 记录当前最新的密钥版本号，也就是当前用来进行数据加密的密钥版本号。而解密的时候，则需要从密文数据中提取出加密密钥版本号（或者由应用程序自己记录密钥版本号，在解密的时候提供给 Venus SDK API)，根据这个版本号获取对应的解密密钥。

4）每个版本的具体密钥信息记录在 KeyChain 中，包含密钥名称 name、密钥版本号 version、加入本地缓存的时间 cache_time、该版本密钥创建的时间 versionTime、对应的加解密算法 algorithm，当然，还有最重要的密钥分片列表 keyChipList，里面按序记录着这个密钥的分片信息。

5）KeyChip 记录每个密钥分片，包括分片编号 no，以及分片密钥内容 chip。

16.3.2　核心服务类设计

应用程序通过调用加解密 API VenusService 完成数据加解密，核心服务类如图 16-8 所示。

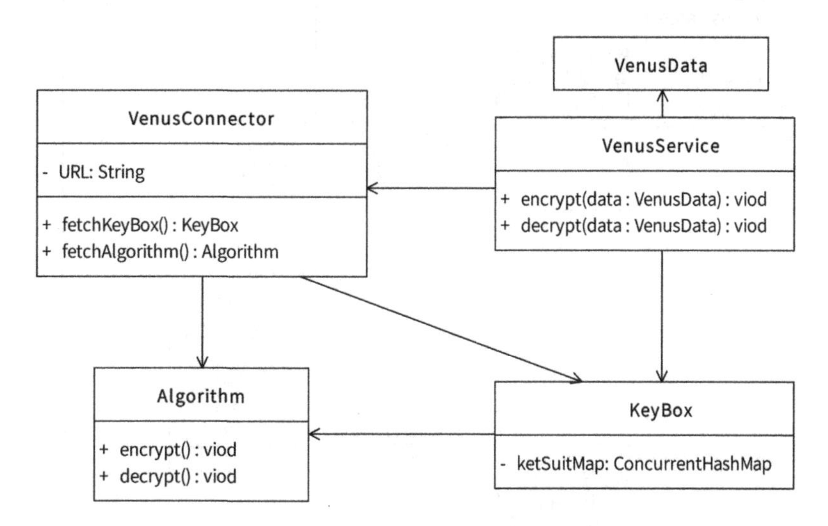

图 16-8　核心服务类

核心服务类图说明如下。

1）Venus SDK 的核心类是 VenusService，应用程序调用该对象的 encrypt 方法进行加密，调用 decrypt 方法进行解密。应用程序需要构造 VenusData 对象，将加解密数据传给 VenusService，VenusService

加解密完成后创建一个新的 VenusData 对象，将加解密的结果写入该对象并返回。VenusData 成员变量会在后面对其进行详细讲解。

2）VenusService 通过 VenusConnector 类连接 Venus 服务器获取密钥 KeyBox 和算法 Algorithm，并调用 Algorithm 的对应方法完成加解密。

以加密为例，其具体处理过程的时序图如图 16-9 所示。

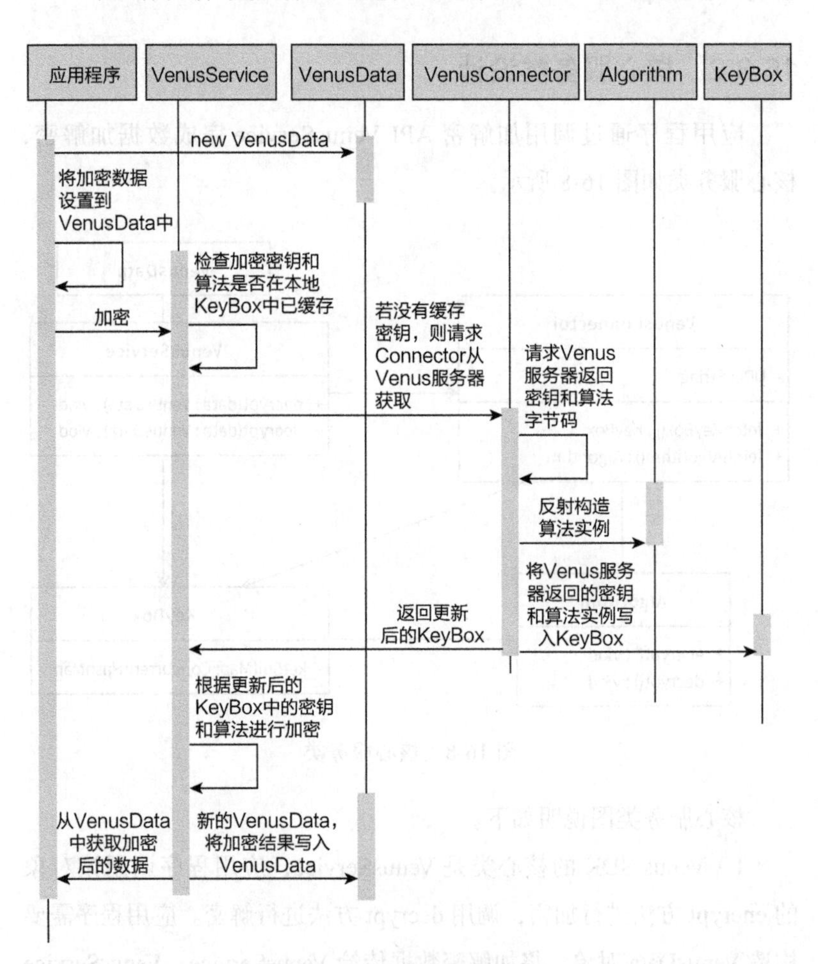

图 16-9　加密过程时序图

1）应用程序创建 VenusData 对象，并将待加密数据写入该对象。接着，应用程序调用 VenusService 的 encrypt 方法进行加密，VenusService 检查加密需要的密钥和算法是否已经缓存了，如果没有，就调用 VenusConnector 请求服务器，返回密钥和算法。VenusConnector 将根据返回的算法字节码来构造加密算法的实例对象，同时根据返回的密钥构造相关密钥对象，并写入 KeyBox，完成更新。

2）VenusService 会根据更新后的 KeyBox 中的密钥和算法进行加密，并将加密结果写入 VenusData。最后，应用程序从返回的 VenusData 中获取加密后的数据即可。

16.3.3 加解密数据接口设计

VenusData 用于表示 Venus 加解密操作时的输入 / 输出数据，也就是说，加解密的时候通过构造 VenusData 对象来调用 Service 对应的方法，加解密完成后的返回值还是一个 VenusData 对象。

VenusData 对象包含的属性说明如下。

VenusData 用作输入时：

1）属性 bytes 和 text 只要设置一个，即要么处理的是二进制的 bytes 数据，要么是 String 数据，如果两个都设置了，Venus 会抛出异常。

2）属性 version 可以不设置（即 null），表示 Venus 操作使用的密钥版本是当前版本。

3）属性 outputWithText 表示输出的 VenusData 是否处理为 text 类型，默认值是 true。

4）属性 dataWithVersion 表示加密后的 VenusData 的 bytes 和 text 中是否包含使用密钥的版本信息，这样在解密的时候可以不指定版本，默认值是 false。

如果 dataWithVersion 设置为 true，即表示加密后密文内包含版本号。在这种情况下，VenusService 需要在密文头部增加 3 个字节的版本号信息，其中头两个字节为固定的 magic code：0x5E、0x23，第三个字节为版本号。（也就是说，密钥版本号只占用一个字节，最多支持 256 个版本。）

VenusData 用作输出时，Venus 会设置属性 keyName（和输入时的值一样）、version、bytes、outputWithText、dataWithVersion（和输入时的值一样），并根据输入的 outputWithText 决定是否设置 text 属性。

16.3.4　测试用例代码

Venus 采用测试驱动开发的方式，主要加解密服务的测试代码如下：

```
public static void testVenusService() throws Exception {
    //准备数据
    VenusData data1 = new VenusData();
    data1.setKeyName("aeskey1");
    data1.setText("PlainText");
    //加密操作
    VenusData encrypt = VenusService.encrypt(data1);
    System.out.printf("Key Name: %s, Secret Text: %s,
        Version: %d.\n", encrypt.getKeyName(),
        encrypt.getText(), encrypt.getVersion());
    //准备数据
    VenusData data2 = new VenusData();
    data2.setKeyName("aeskey1");
    data2.setBytes(encrypt.getBytes());
    data2.setVersion(encrypt.getVersion());
    //解密操作
    VenusData decrypt = VenusService.decrypt(data2);
    System.out.printf("Key Name: %s, Plain Text: %s,
        Version: %d.\n", decrypt.getKeyName(),
    decrypt.getText(), decrypt.getVersion());
}
```

16.4 小结

随着国家信息安全法规的逐步完善以及用户对个人信息安全意识的增强，互联网信息安全也变得越来越重要了。据估计，我国每年涉及互联网信息安全的灰色产业达 1000 亿，很多应用在自己不知情的情况下，已经被窃取了信息并用于交易了。

Venus 是根据某大厂真实设计改编，如果你所在的公司还没有类似安全的加解密服务平台，不妨参考 Venus 的设计，开发实现一个这样的系统。

CHAPTER 17

第17章 许可型区块链重构设计

过去几年，区块链渐成一个热门的技术，除了广为人知的比特币等数字货币，基于区块链的分布式账本和智能合约技术也越来越受到企业的重视，越来越多的企业开始使用区块链技术进行跨企业的业务协作。2018年6月25日，AlipayHK（港版支付宝）和菲律宾电信公司推出的钱包GCash利用区块链技术实现了跨境转账，仅3s就实现了跨境汇款到账，而以前则需要十几分钟到几天的时间。

一般把对公众开放访问的区块链叫作“公有链”，而把若干企业构建的仅供企业间访问的区块链叫作“联盟链”，有时候也称作“许可型区块链”，即只有受到许可的组织或个人才能访问区块链上的数据。上面提到的支付宝转账使用的是联盟链技术，目前比较有影响力的联盟链技术是IBM发起的Hyperledger Fabric项目，若干基于Hyperledger Fabric的联盟链应用已经落地。比如邮储银行的资产托管、招商银行的跨境结算都使用了Hyperledger Fabric技术。

而在公有链领域，目前看来，生态最完整、开发者社区最活跃、去中心化应用最多的公有链技术莫过于以太坊（Ethereum）。在智能合约和去中心化应用开发支持方面，以太坊的生态堪称业界最完备的典范，也受到了最多区块链开发者的支持。

相比 Fabric，使用以太坊开发区块链应用更加简单、易于上手，但是以太坊作为一个公有链技术，目前还无法应用在企业级的联盟链场景中。所以我们准备在以太坊代码的基础上，进行若干代码模块的重构与开发。开发一个基于以太坊的企业级分布式账本与智能合约平台，即一个许可型区块链。这个许可型区块链的产品名称为 Taireum，产品 Logo 如图 17-1 所示。

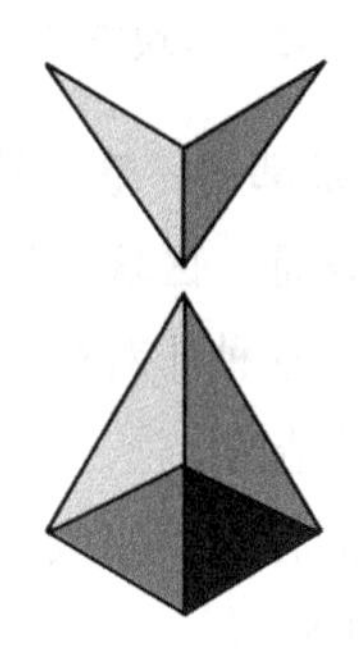

图 17-1　许可型区块链 Taireum Logo

17.1　区块链技术原理

在进入正式的重构设计之前，我们先说明一下区块链的技术原理与关键概念。

17.1.1　区块链技术

区块链的核心目的是构建一个无中心、可信任的分布式记账系统。也就是说，交易数据可以存储在任何组织或个人的服务器，而不用担心这些数据被篡改。

区块链的原理是将不断产生的交易记录按时间序列分组成一个个连续的数据区块（block），然后利用单向散列加密算法，求取每个区块的 Hash 值，并且在每个区块中记录前一个区块的 Hash 值。这些区块就通过 Hash 值串成一个链条（chain），被形象地称为区块链，如图 17-2 所示。

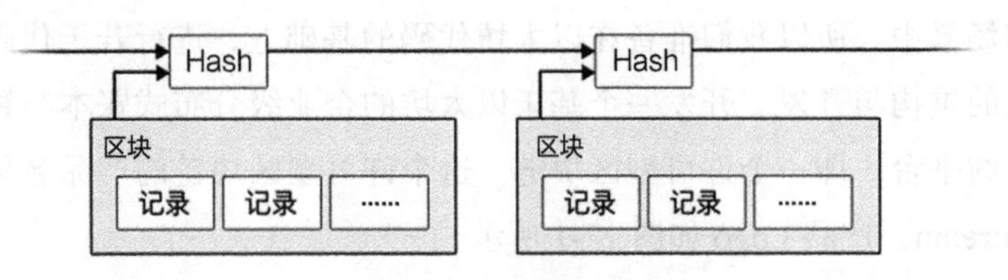

图 17-2　区块链结构图

图 17-2 中的每一个记录都是一笔交易数据，这个交易数据用交易发起者的私钥进行签名认证，区块链记录者可以用交易发起者的公钥对交易数据进行验证。这种非对称加密的特性可以保证交易数据真实性，即交易不会是伪造的。

那么交易发起者能不能在交易完成后，也就是在交易记录到区块以后，再修改交易数据呢？

交易记录在区块中，通过单向散列算法为区块中的所有数据计算一个 Hash 值，同时每个区块都记录前一个区块（即前驱区块）的 Hash 值，以此将所有区块组成一个链条。因此，如果修改了某个区块中的某个交易记录，就会导致该区块的 Hash 值发生改变，区块组成的链条就会断裂，篡改交易记录就会被发现。

因此，篡改交易的记账者为了不让区块链断裂，还必须要修改下一个区块的前驱 Hash 值，而每个区块的 Hash 值是根据所有交易信息和区块头部的其他信息（包括记录的前驱区块 Hash 值）计算出来的。下一个区块记录的前驱 Hash 值改变，必然导致下一个区块的 Hash 值需要重算。以此类推，也就是需要重算从篡改交易起的所有区块 Hash 值。

重算所有区块的Hash值虽然麻烦，但如果篡改交易能获得巨大的收益，就一定会有人去干。前面说过，区块链是去信任的，即不需要信任记账者，却可以相信他记的账。因此，区块链必须在设计上保证记账者几乎无法重算出所有区块的Hash值。

解决方案就是**工作量证明**，区块链要求计算出来的区块Hash值必须具有一定的难度，比如比特币区块链要求Hash值的前几位必须是0。具体做法是在区块头部引入一个随机数nonce值，记账者通过修改这个nonce值，不断碰撞计算区块的Hash值，直到算出的Hash值满足难度要求（即小于某个难度系数，而难度系数的前几位就是0）。因此，计算Hash值不但需要大量的计算资源、GPU或者专用的芯片，还需要大量的电力支撑这样大规模的计算。在比特币最火爆的时候，计算Hash值需要消耗的电量大约相当于一个中等规模国家消耗的电量。

在这样的资源消耗要求下，重算所有区块的Hash值几乎是不可能的，因此区块链中记录的历史交易难以被篡改。这里用了“几乎”这个词，是因为如果有人控制了整个区块链超过半数的计算资源，确实可以进行交易篡改，即所谓的“51%攻击”。但是这种攻击将会导致区块链体系崩溃，而能控制这么多计算资源的记账者一定是区块链主要的受益者，他没有必要攻击自己。

17.1.2 联盟链技术

传统上，交易必须依赖一个中心进行，不同的组织之间进行交易必须依赖银行这个中心进行转账。那么银行之间如何进行转账呢？没错，也需要依赖一个中心，国内的银行间进行转账，必须通过中国人民银行清算总中心。

跨国的银行间进行转账则必须依赖一个国际的清算中心，这个中心既是跨国转账的瓶颈，又拿走了转账手续费的大头。所以当区块链技术出现以后，因为区块链的一个特点是去中心化，所以各家银行就在想：银行之间能不能用区块链记账，而不需要这个清算中心呢？最初的联盟链技术就是由银行推动发展的，典型的联盟链架构如 IBM 主导的 Hyperledger Fabric，如图 17-3 所示。

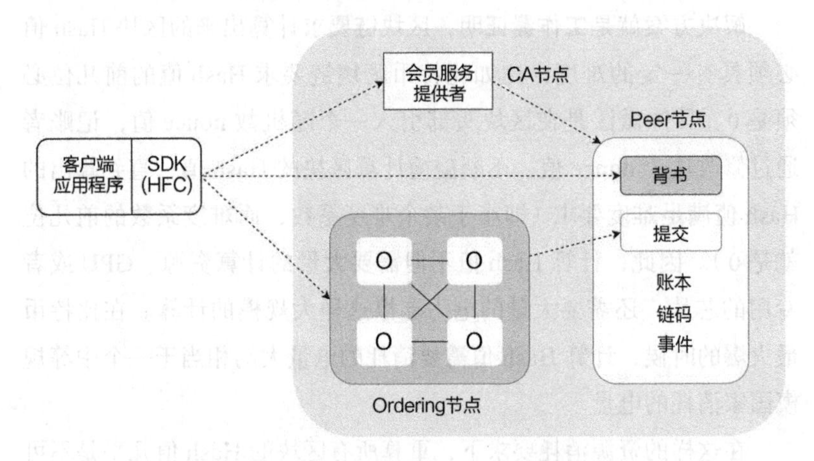

图 17-3　Hyperledger Fabric 架构

在 Hyperledger Fabric 中，Peer 节点负责对交易进行背书签名，Ordering 节点负责打包区块，Peer 节点会从 Ordering 节点同步数据，记录完整的区块链。而所有这些服务器节点的角色、权限都需要 CA 节点进行认证，只有经过授权的服务器才能加入区块链。

联盟链中每个区块都包含了区块打包者的签名，而打包者角色又经过 CA 节点的认证，所以联盟链不需要像公有链那样进行工作量证明。如果某个联盟参与者想要篡改数据，就必须将从篡改区块起的所有区块都自己重新打包一次，就会导致所有的区块签名都是自己的，这样的区块链记录是不会被整个联盟认可的，是无效的。

17.2　需求分析

以太坊是一个去中心化的、开源的、有智能合约功能的公共区块链平台。相比于比特币，以太坊最大的技术特点是支持智能合约，它是一种存储在区块链上的程序，由链上的计算机节点分布式运行，是一种去中心化的应用程序，也是区块链企业级应用必须具备的技术特性。

但是以太坊是一种公有链技术，并不适用于企业级的场景，原因主要有3个。

1）在**准入机制**上，使用以太坊构建的区块链网络允许任意节点接入，这意味着区块数据是完全公开的。而联盟链的应用场景则要求仅联盟成员可接入网络，非成员拒绝入网，并且数据也仅供联盟成员访问，对非联盟成员保密。

2）在**共识算法**上，以太坊使用PoW（工作量证明）共识算法的方式对区块进行打包，除非恶意节点获取了以太坊整个网络51%以上的计算能力，否则无法篡改或伪造区块数据，以此保证区块数据安全、可靠。但是PoW需要花费巨大的计算资源进行算力证明，会造成算力的极大浪费，也影响了区块链的交易吞吐能力。而在联盟链场景下，因为各个参与节点是经过联盟认证的，背后有实体组织背书，所以在区块打包的时候不需要进行PoW计算，这样可以大大减少算力浪费，提高交易吞吐能力。

3）在**区块链运维管理**上，以太坊作为公有链，节点之间通过P2P协议自动组网，无须运维管理。而联盟链需要对联盟成员以及哪些节点的可打包区块进行管理，以保证联盟链的有效运行。

那么要如何做，才能既利用以太坊强大的智能合约与技术生态资源，简单高效地进行企业级区块链应用开发，又能满足联盟链对安全、共识、运维管理方面的要求呢？

Taireum需要在以太坊的基础上进行如下重构。

1）重构以太坊的P2P网络通信模块，使其需要进行安全验证，得到联盟许可才能加入新节点，进入当前联盟链网络。

2）重构以太坊的共识算法。只有经过联盟成员认证授权的节点才能打包区块，打包节点按序轮流打包，无须算力证明。

3）开发联盟共识控制台（Consortium Consensus Console，CCC），方便对联盟链进行运维管理，联盟链用户只需要在 Web console 上就可以安装部署联盟链节点，投票选举新的联盟成员和区块授权打包节点。

17.3 概要设计

Taireum 复用了以太坊强大的智能合约模块，并对共识算法和网络通信模块进行了重构改造，重新开发了联盟共识控制台，从而使其适用于企业级联盟链应用场景。使用 Taireum 部署的联盟链如图 17-4 所示。

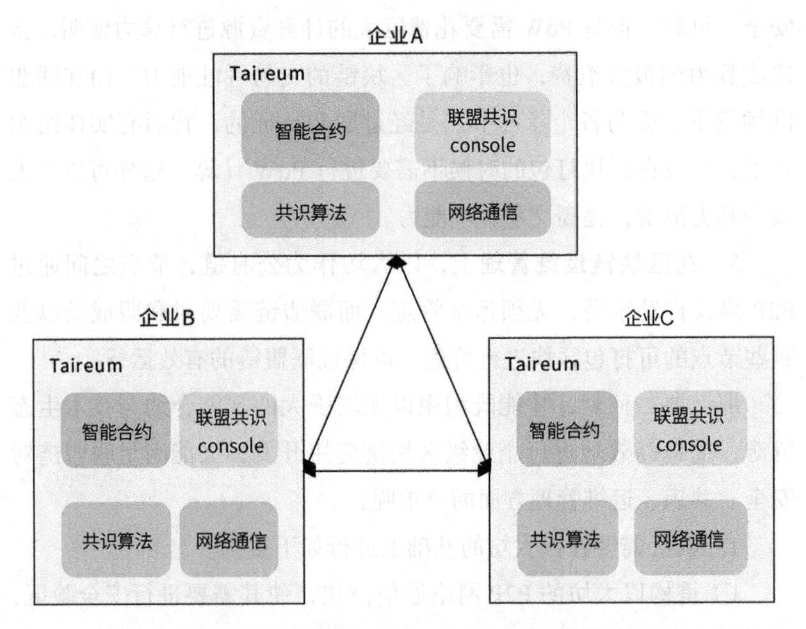

图 17-4　使用 Taireum 部署的联盟链

企业A、企业B、企业C合作建立一个联盟链，数据以区块链的方式存储在3家企业的节点上。联盟链需实现分布式记账，并根据基于智能合约的联盟共识授权某些节点对区块数据进行打包。其他企业未经许可无法连接到该联盟链网络上，也不能查看区块链数据。

Taireum部署模型如图17-5所示。

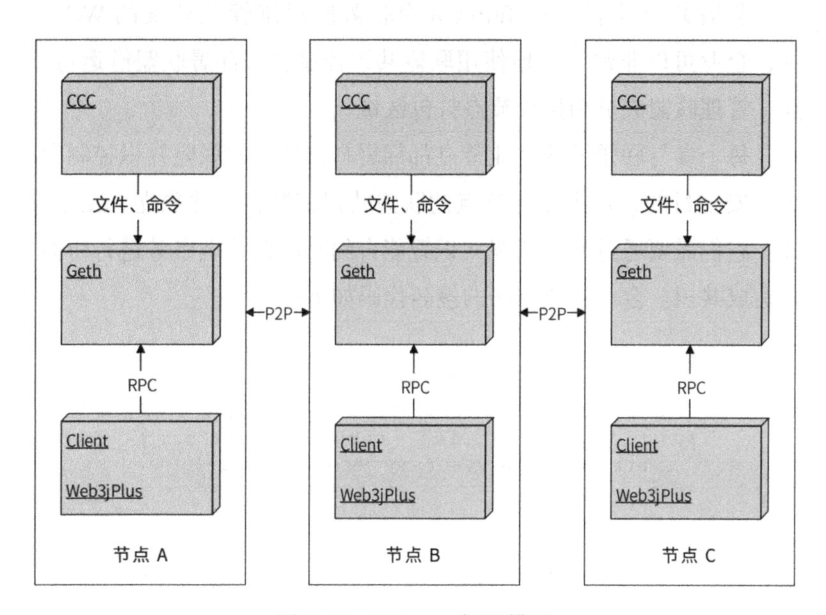

图17-5　Taireum部署模型

部署模型说明如下。

1）Taireum中每个联盟企业都是一个Taireum节点，都需要完整地部署Taireum+CCC控制台，Client使用我们提供的Web3jPlus SDK与Geth进行RPC通信。

2）Geth是Taireum编译出来的区块链运行程序，里面包含重写的Tai共识算法、重构后的P2P网络模块，以及原始的以太坊代码。

3）不同节点之间的Geth使用P2P网络进行通信。

17.4 详细设计

Taireum将对以太坊不适合企业级应用的部分进行重构，详细设计如下。

17.4.1 联盟共识控制台

联盟共识控制台是Taireum为联盟链运维管理开发的Web组件，企业可以非常方便地使用联盟共识控制台来部署联盟链运行节点、管理联盟成员和授权节点打包区块。

每个参与联盟链的企业节点都部署自己独立的联盟共识控制台。出于安全目的，每个企业节点的联盟共识控制台彼此独立、互不感知。它们需要通过调用联盟共识智能合约对联盟管理事务进行协商，以达成共识。合约主要方法的签名代码如下：

```
contract CCC {
    //初始化合约，传入联盟创建者信息
    //联盟创建者将成为联盟第一个成员和第一个拥有打包区块权限的节点
    function CCC (string _companyname,string _email,
        string _remark,string _enode) public{
    }

    //联盟新成员申请
    function applyMember(string _companyname,string _
        email,string _remark,string _enode,address _
        account) public{
    }
    //投票成为联盟成员
    function VoteMember(uint _fromcompanyid,uint _
        tocompanyid) public {
    }

    //投票授权打包区块，前提必须已经是联盟成员
    function VoteMine(uint _fromcompanyid,uint _
        tocompanyid) public {
    }
}
```

联盟共识智能合约目前的版本主要包括投票选举申请加入联盟

的新成员，以及投票选举联盟链新的区块打包节点。该智能合约由联盟链创立者在第一次启动联盟共识控制台的时候自动创建，是联盟链成员进行联盟管理和协商共识的最主要方式。

既然联盟成员节点部署的联盟控制台彼此独立、互不通信，那么联盟其他成员如何获得联盟共识智能合约的地址呢？

Taireum 的做法是：当联盟链创立者节点的联盟共识控制台第一次成功部署联盟共识智能合约时，就把这个合约的地址发给共识算法模块。共识算法在封装区块头的时候，将合约地址写入区块头的 miner 中。图 17-6 是记录有联盟共识智能合约地址的区块头。


```
difficulty: 2,
extraData: "0xd98301080c846765746888676f312e31302e338664617277696e[illegible]959200",
gasLimit: 4712388,
gasUsed: 0,
hash: "0x253ff16f064ebbac73be8ed601b5f63cad1914de32df781a14ce192e6c4226de",
logsBloom: "0x[illegible]",
miner: "0x734413b8a524f6bf645712d23c1dd0e5839c554a",
mixHash: "0x0000000000000000000000000000000000000000000000000000000000000000",
nonce: "0xcaffffffffffffff",
number: 5,
parentHash: "0x3fad9661da7ddfc028d3890e8ade642470821089e66ca0fa668e1f4f218109f9",
receiptsRoot: "0x56e81f171bcc55a6ff8345e692c0f86e5b48e01b996cadc001622fb5e363b421",
sha3Uncles: "0x1dcc4de8dec75d7aab85b567b6ccd41ad312451b948a7413f0a142fd40d49347",
size: 606,
stateRoot: "0xa20ea494286317753 7ae98455776155fea5283c943c237a9787fa36a3583d585",
timestamp: 1533712460,
totalDifficulty: 11,
transactions: [],
transactionsRoot: "0x56e81f171bcc55a6ff8345e692c0f86e5b48e01b996cadc001622fb5e363b421",
uncles: []
```

图 17-6　记录有联盟共识智能合约地址的区块头

其中，extraData 记录经过椭圆曲线加密的区块打包者地址信息，其他节点通过解密得到打包节点地址，并验证该地址是否有权限打包节点；miner 中记录联盟共识智能合约地址；nonce 记录一个 magic code “0xcaffffffffffffff”，表示该区块获得了共识合约地址并写入了当前区块（普通区块 nonce magic code 为”0x00ffffffffffffff” ）。

这样，联盟链成员节点就加入了联盟链，同步区块链数据后，就可以从区块头中读取联盟共识智能合约的地址，然后通过联盟共识控制台调用该合约，参与联盟管理及协商。

17.4.2　联盟新成员许可入网

以太坊作为一个公有链，任何遵循以太坊协议的节点都可以加入以太坊网络，同步区块数据，参与区块打包。同时，以太坊作为开源项目，用户也可以下载源代码，自己部署多个以太坊节点，组成一个自己的区块链网络。但是只要这些节点可以通过公网访问就无法阻止其他以太坊节点连接到自己的区块链网络上，获取区块数据，甚至打包区块。这在联盟链的应用场景中是绝对不能接受的，联盟链需要保证联盟内数据的隐私和安全。

Taireum 重构了以太坊的 P2P 通信模块，只有在许可列表中的节点才允许和当前联盟成员节点建立连接，其他的连接请求在通信模块就会被拒绝，以此保证联盟链的安全和私密性。

许可列表即 Taireum 成员列表，通过前述的联盟共识智能合约管理。P2P 通信模块通过联盟共识控制台调用智能合约，获得联盟成员列表，检查连接请求是否合法。

Taireum 联盟新成员许可入网流程。

1）新成员下载 Taireum，启动联盟共识控制台，然后在联盟共识控制台启动 Taireum 节点，获得节点 enode url。

2）将 enode url 及公司信息提交给当前联盟链某个成员，该成员通过联盟共识智能合约发起新成员入网申请。

3）联盟其他成员通过智能合约对新成员入网申请进行投票，得票数符合约定后，新成员信息被记入成员列表。

4）新成员节点通过网络连接当前联盟链成员节点，当前成员节点 P2P 通信模块读取智能合约成员列表信息，检查新成员节点 enode url 是否在成员列表中。如果在，就同意建立连接，新成员节点开始下载区块数据。

17.4.3 授权打包区块

Taireum 根据联盟链的应用特点，放弃了以太坊 ethash PoW 算法。在借鉴 clique 共识算法的基础上，Taireum 重新开发了 Tai 共识算法引擎，对联盟投票选出的授权打包节点排序，轮流进行区块打包。

Tai 共识算法引擎执行过程如下。

1）联盟成员通过联盟共识智能合约投票选举授权打包区块的节点。（在合约创建的时候，创建者即联盟链创始人默认拥有打包区块的权限。）

2）Tai 共识算法通过联盟共识控制台访问智能合约，获得授权打包区块的节点地址列表，并排序。

3）检查父区块头的 extraData，解密并取出父区块的打包者签名，查看该签名是否在授权打包节点地址列表里，如果不在就返回错误。

4）根据当前区块的块高（Block Number），对授权打包区块的节点地址列表长度取模，根据余数决定对当前区块进行打包的节点。如果计算出来的打包节点为当前节点，则进行区块打包，并把区块头难度系数设为 2；如果非当前节点，随机等待一段时间后打包区块，并把区块头难度系数设为 1。设置难度系数的目的是尽量使当前节点打包的区块可加入区块链，同时保证在当前打包节点失效的情况下，其他节点也会完成区块打包的工作。

Taireum 源码地址：https://github.com/taireum/go-taireum。

17.5 小结

区块链也是一种分布式系统，但是与前面讨论过的各种传统分布式系统有所不同。传统分布式系统的各个分布式服务器节点只属于某一个组织，采用中心化数据存储，数据的准确性和安全性靠的是这个组织的保证，使用者需要信任这个组织，比如我们相信支付宝不会偷偷把我们的钱转走。

而区块链的分布式服务器节点并不只属于某一个组织，区块链并没有中心，而且使用区块链也不需要信任某个组织，因为任何数据篡改都会导致区块链的中断。

区块链的这种特性可以实现无中心的跨组织交易。传统上，平行的组织之间交易需要通过更上一级的组织作为中心来记录交易数据。如果没有更上一级的组织，则很难进行交易。而使用区块链技术，即使没有中心，这些组织也可以进行交易，同时很多上级组织也变得没有那么必要了。

所以区块链会使我们的社会变得更加自组织，也将会给全社会的生产关系带来更深刻的变革。

CHAPTER 18

第18章

网约车系统设计

中国目前网约车用户规模约5亿，我们准备开发一个可支撑目前全部中国用户使用的网约车平台，应用名称为Udi，产品Logo如图18-1所示。

图18-1　网约车应用Udi Logo

18.1　需求分析

Udi是一个网约车平台，核心功能是将乘客的叫车订单发送给附近的网约车司机，司机接单后到上车点接乘客并送往目的地，到达后，乘客支付订单。根据平台的分成比例，司机提取一部分金额作为收益，Udi 用例图如图 18-2 所示。

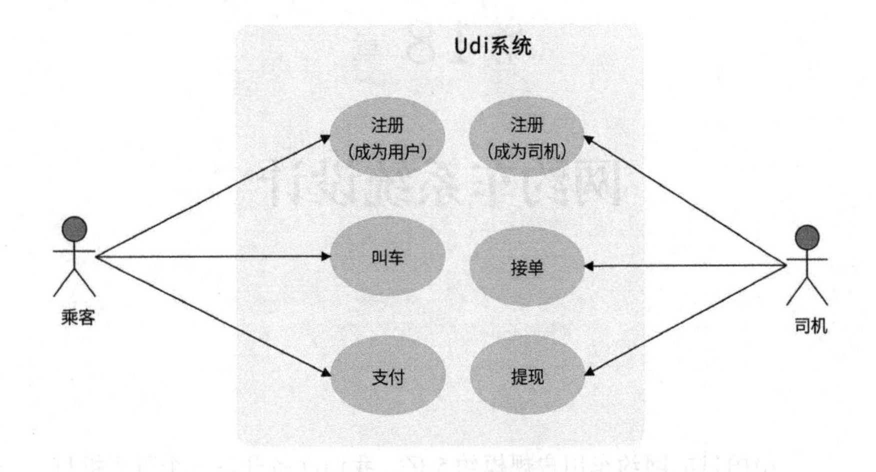

图 18-2 Udi 用例图

Udi 平台预计注册乘客 5 亿，日活用户 5000 万，平均每个乘客 1.2 个订单，则日订单量为 6000 万个。如果平均客单价 30 元，则平台每日总营收为 18 亿元。平台和司机按 3 ∶ 7 的比例进行分成，那么平台每天可赚 5.4 亿元。

另外，平台预计注册司机 5000 万，日活司机 2000 万。

18.2 概要设计

网约车平台是共享经济的一种，目的就是要将乘客和司机撮合起来，所以需要开发两个 App 应用：一个是给乘客的，用来叫车；一个是给司机的，用来接单。Udi 整体架构如图 18-3 所示。

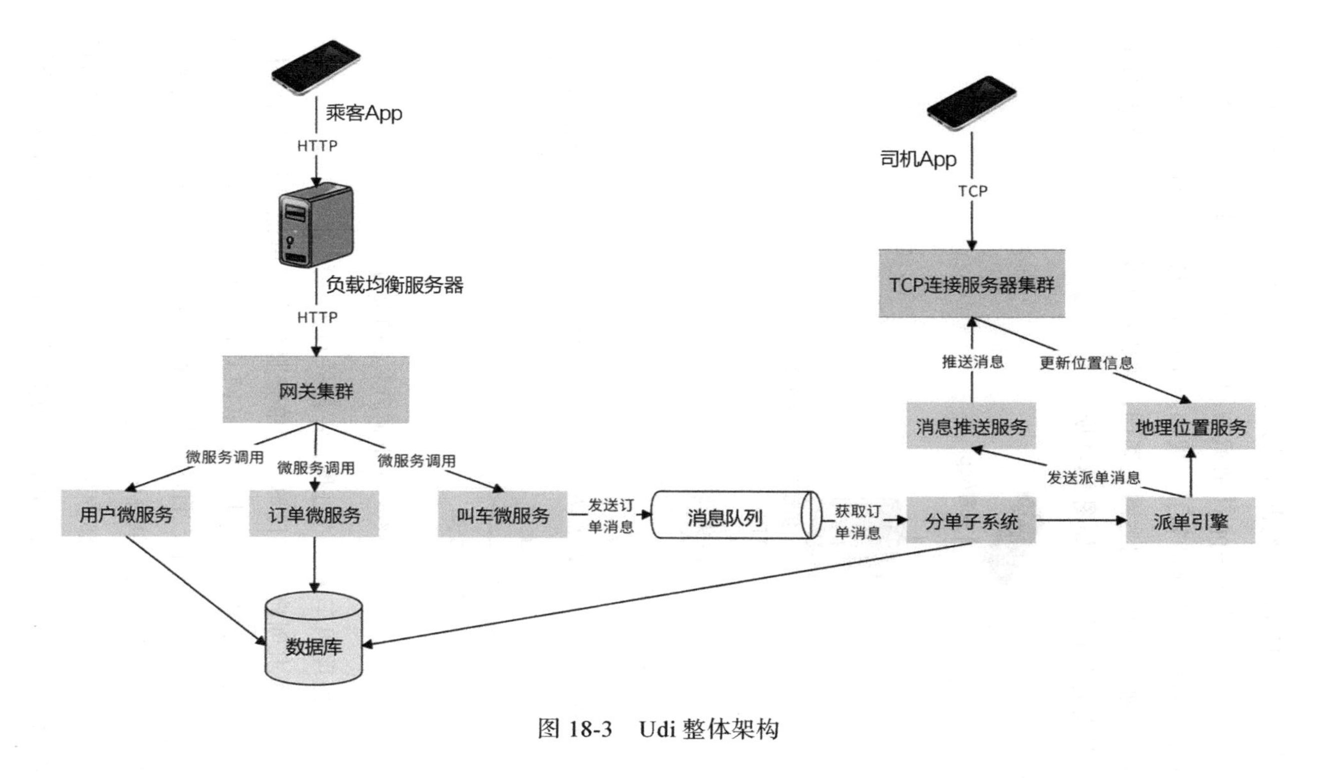

图 18-3 Udi 整体架构

相应地，Udi的系统也可以分成两个部分。一个部分是面向乘客的，乘客通过手机App注册成为用户，然后就可以在手机上选择出发地和目的地进行叫车了。乘客叫车的HTTP请求首先通过一个负载均衡服务器集群到达网关集群，再由网关集群调用相关的微服务，完成请求的处理，如图18-4所示。

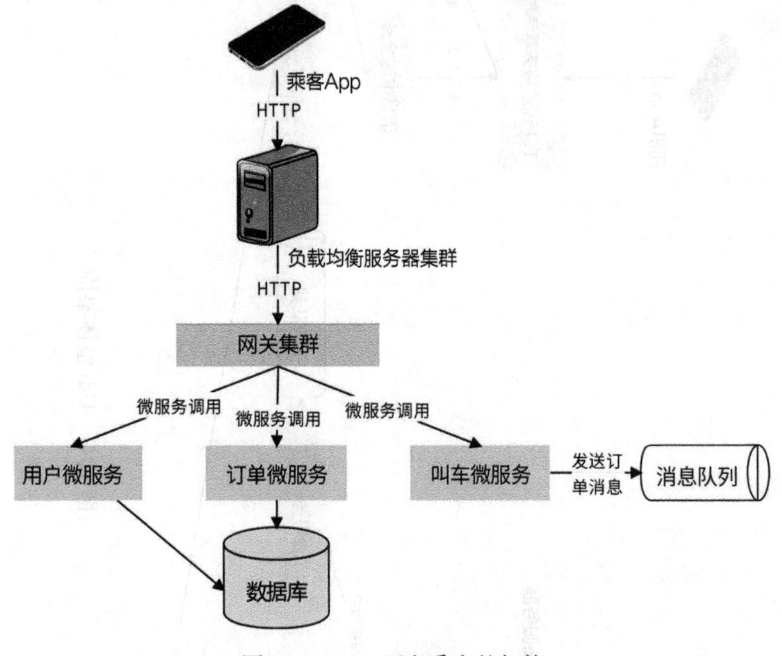

图18-4　Udi面向乘客的架构

网关处理叫车请求的过程是：网关首先调用订单微服务，为用户的叫车请求创建一个订单，订单微服务将订单记录到数据库中，并将订单状态设置为“创建”。然后网关调用叫车微服务，叫车微服务将用户信息、出发地、目的地等数据封装成一个消息，发送到消息队列，等待系统为订单分配司机。

Udi系统的另一个部分是面向司机的，司机需要不停地将自己的位置信息发送给平台，同时需要随时接收来自平台的指令。因此，不同于用户通过 HTTP 发送请求给平台，司机 App 需要通过 TCP 长连接和平台服务器保持通信，如图 18-5 所示。

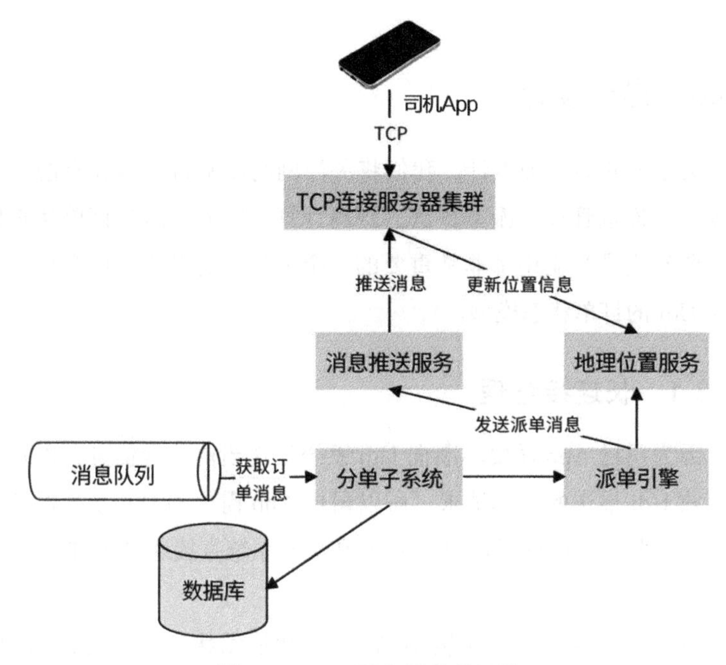

图 18-5 Udi 面向司机的架构

Udi 司机 App 每 3s 向平台发送一次当前的位置信息，包括当前车辆经纬度，车头朝向等。位置信息通过 TCP 连接到达平台的 TCP 连接服务器集群。TCP 连接服务器集群的作用类似网关，只不过是以 TCP 长连接的方式向 App 端提供接入服务。TCP 连接服务器将司机的位置信息更新到地理位置服务。

对于前面已经写入到消息队列的乘客叫车订单信息，分单子系统作为消息消费者，从消息队列中获取消息并处理。分单子系统首先将数据库中的订单状态修改为“派单中”，然后调用派单引擎进行派单。派单引擎根据用户的上车出发地点，以及司机上传的地理位置信息进行匹配，选择最合适的司机进行派单。派单消息通过一个专门的消息推送服务进行发送，消息推送服务利用TCP长连接服务器，将消息发送给匹配到的司机，同时分单子系统更新数据库订单状态为“已派单”。

18.3 详细设计

关于Udi的详细设计，我们将关注网约车平台一些独有的技术特点：长连接管理、派单算法、距离计算。此外，因为订单状态模型是所有交易类应用都非常重要的一个模型，所以我们也会在这里讨论Udi的订单状态模型。

18.3.1 长连接管理

因为司机App需要不断向Udi系统发送当前位置信息，以及实时接收Udi推送的派单请求，所以司机App需要和Udi系统保持长连接。因此，我们选择让司机App和Udi系统直接通过TCP协议进行长连接。

TCP连接和HTTP连接不同。HTTP是无状态的，每次HTTP请求都可以通过负载均衡服务器分发到不同的网关服务器进行处理，正如乘客App和服务器的连接那样。也就是说，HTTP在发起请求的时候，无须知道自己要连接的服务器是哪一台。

而TCP是长连接，一旦建立了连接，连接通道就需要长期保持，**不管是司机App发送位置信息给服务器，还是服务器推送派单信息给司机App，都需要使用这个特定的连接通道**。也就是说，司机App和服务器的连接是特定的，司机App需要知道自己连接的服务器是哪一台，而Udi给司机App推送消息的时候，也需要知道要通过哪一台服务器才能完成推送。

所以，司机端的TCP长连接需要进行专门的管理，具体架构如图18-6所示。

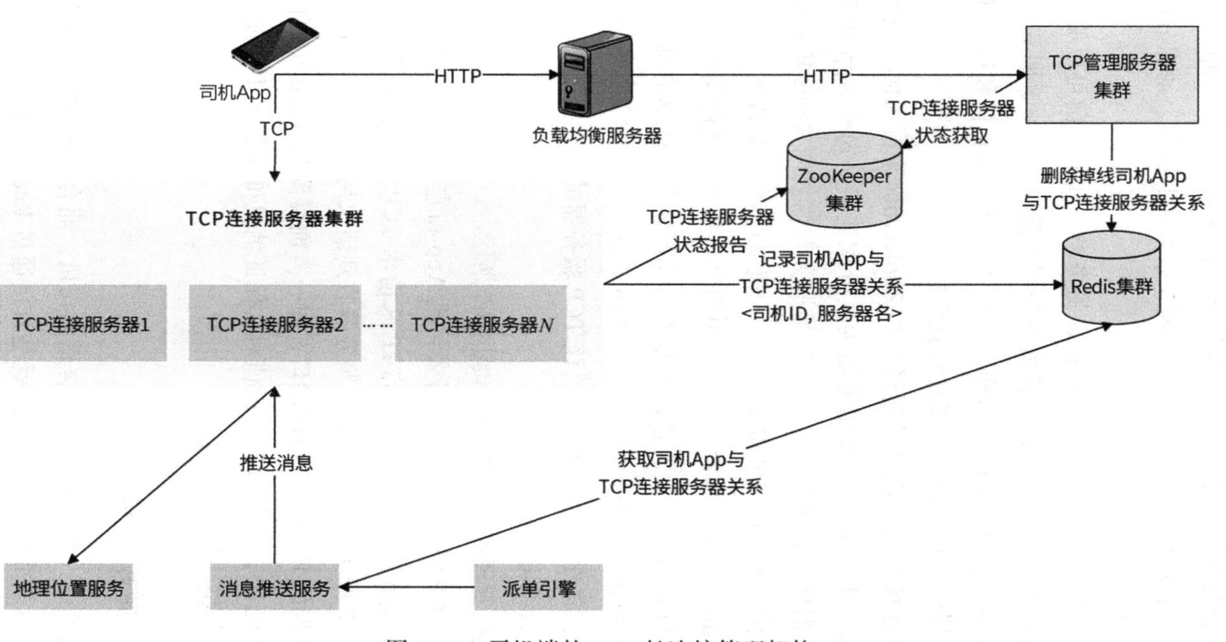

图 18-6　司机端的 TCP 长连接管理架构

处理长连接的核心是 TCP 管理服务器集群。司机 App 会在启动时通过负载均衡服务器与 TCP 管理服务器集群通信，请求分配一个 TCP 长连接服务器。

TCP 管理服务器检查 ZooKeeper 服务器，获取当前可以服务的 TCP 连接服务器列表，然后从这些服务器中选择一个，返回其 IP 地址和通信端口给司机 App。这样，司机 App 就可以直接和这台 TCP 连接服务器建立长连接，并发送位置信息了。

TCP 连接服务器启动的时候会和 ZooKeeper 集群通信，报告自己的状态，便于 TCP 管理服务器为其分配连接。司机 App 和 TCP 连接服务器建立长连接后，TCP 连接服务器需要向 Redis 集群记录这个长连接关系，记录的键值对是 < 司机 ID，服务器名 >。

当 Udi 系统收到用户订单，派单引擎选择了合适的司机进行派单时，系统就可以通过消息推送服务给该司机发送派单消息。消息推送服务器通过 Redis 获取该司机 App 长连接对应的 TCP 服务器，然后消息推送服务器就可以通过该 TCP 服务器的长连接通道，将派单消息推送给司机 App 了。

长连接管理的主要时序图如图 18-7 所示。

如果 TCP 服务器宕机，那么司机 App 和它的长连接也就丢失了。司机 App 需要重新通过 HTTP 来请求 TCP 管理服务器为它分配新的 TCP 服务器。TCP 管理服务器收到请求后，一方面返回新的 TCP 服务器的 IP 地址和通信端口，另一方面需要从 Redis 中删除原有的 < 司机 ID，服务器名 > 键值对，保证消息推送服务不会使用一个错误的连接线路推送消息。

18.3.2 派单算法

前面说过，派单就是寻找合适的司机，而合适的主要因素就是距离，所以最简单的派单算法就是直接通过 Redis 获取距离乘客上车点最近的空闲网约车即可。

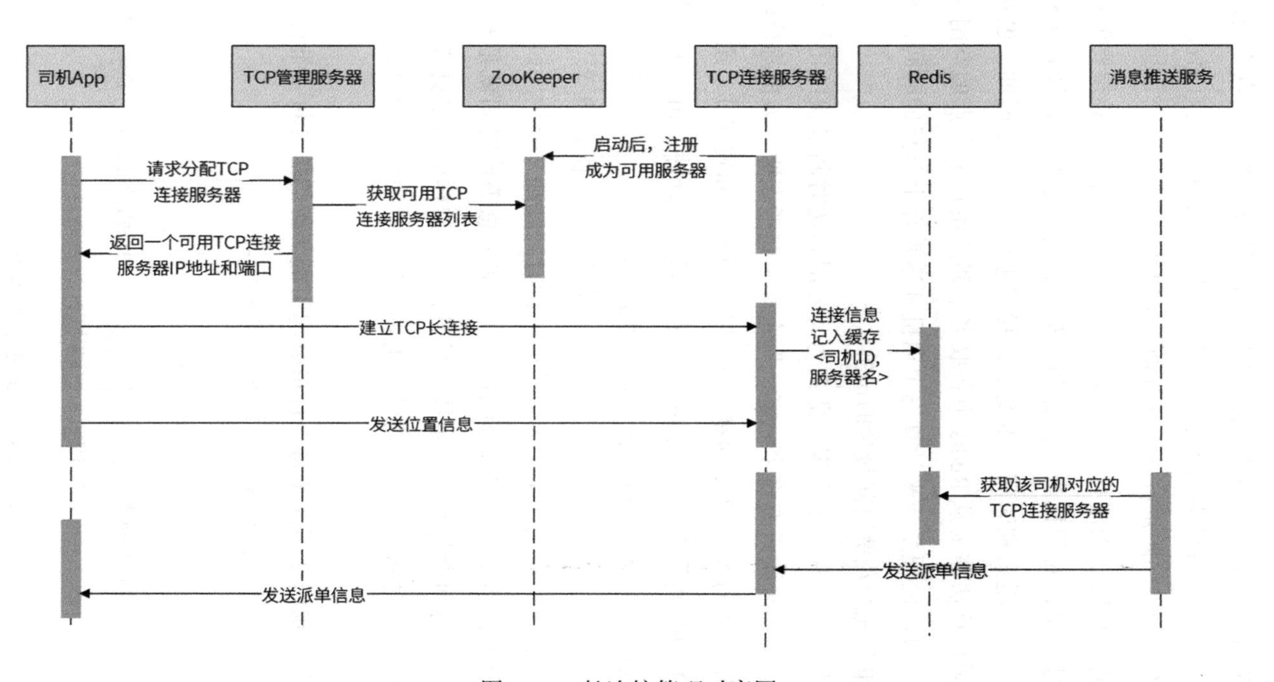

图 18-7 长连接管理时序图

但是这种算法效果非常差，因为 Redis 计算的是两个点之间的空间距离，但是司机必须沿道路行驶过来，在复杂的城市路况下，也许几十米的空间距离行驶十几分钟也未可知。

因此，我们必须用行驶距离代替空间距离，即 Udi 必须要依赖一个地理系统，对司机当前位置和上车点进行路径规划，计算司机到达上车点的距离和时间。事实上，我们主要关注的是时间，也就是说，派单算法需要从 Redis 中获取多个邻近用户上车点的空闲司机，然后通过地理系统来计算每个司机到达乘客上车点的时间，最后将订单分配给花费时间最少的司机。

如果附近只有一个乘客，那么为其分配到达时间最快的司机就可以了。但如果附近有多个乘客，那么就需要考虑所有人的等待时间了。比如附近有乘客 1 和乘客 2，以及司机 *X* 和司机 *Y*。司机 *X* 接乘客 1 的时间是 2 分钟，接乘客 2 的时间是 3 分钟；司机 *Y* 接乘客 1 的时间是 3 分钟，接乘客 2 的时间是 5 分钟。

如果按照单个乘客最短时间选择，给乘客 1 分配司机 *X*，那么乘客 2 只能分配司机 *Y* 了，乘客总的等待时间就是 7 分钟。如果给乘客 1 分配司机 *Y*，乘客 2 分配司机 *X*，乘客总等待时间就是 6 分钟。司机的时间就是平台的金钱，显然，后者这样的派单更节约所有司机的整体时间，能为公司带来更多营收，也为整体用户带来更好的体验。

这样，我们就不能按每个订单分配司机，我们需要将一批订单聚合在一起，统一进行派单，如图 18-8 所示。

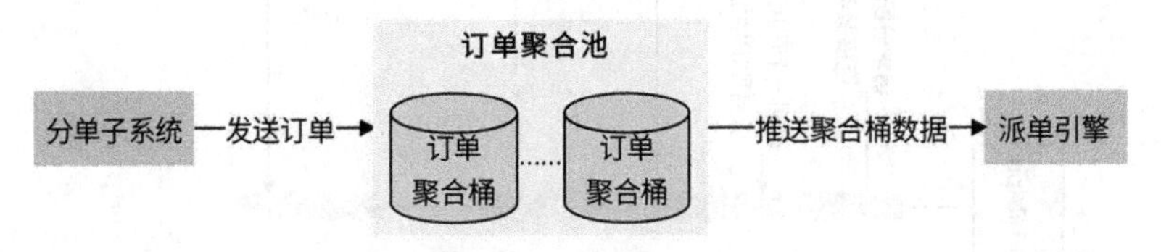

图 18-8　订单聚合后派单

分单子系统收到用户的叫车订单后，不是直接发送给派单引擎进行派单，而是发给一个订单聚合池，订单聚合池里有一些订单聚合桶。订单写完一个聚合桶后，就把这个聚合桶内的全部订单推送给派单引擎，由派单引擎根据整体时间最小化原则进行派单。

这里的“写完一个聚合桶”，有两种实现方式：一种是间隔一段时间算写完一个桶，一种是达到一定数量就算写完一个桶。最后Udi选择间隔3s写一个桶。

这里需要关注的是，派单的时候需要依赖地理系统进行路径规划。事实上，乘客到达时间和金额预估、行驶过程导航、订单结算与投诉处理，都需要依赖地理系统。Udi初期会使用第三方地理系统进行路径规划，但是将来必须要建设自己的地理系统。

18.3.3 订单状态模型

对交易型系统而言，订单是其最核心的数据，主要业务逻辑也是围绕订单展开。在订单的生命周期里，订单状态会多次变化，每次变化都是因为核心的业务状态发生了改变，因此在前面设计的多个地方都提到订单状态。但是这种散乱的订单状态变化无法统一描述订单的完整生命周期，因此我们设计了订单状态模型，如图18-9所示。

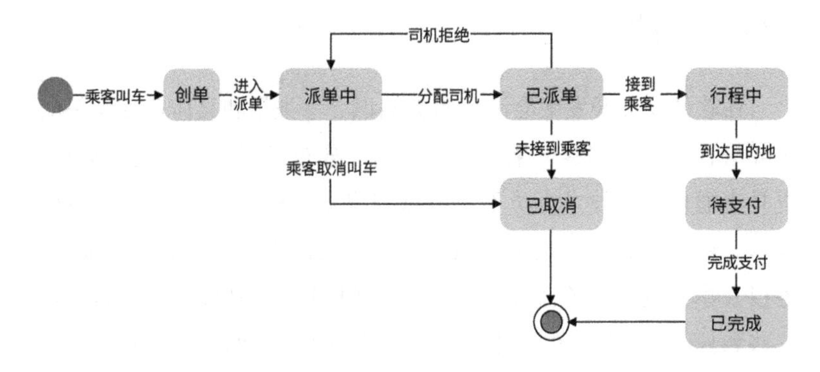

图18-9　订单状态模型

用户叫车后，系统即为其创建一个订单，订单进入“创单”状态。然后该订单通过消息队列进入分单子系统，分单子系统调用派单引擎为其派单，订单进入“派单中”状态。派单引擎将订单分配到司机，此时系统一方面发送消息给司机，另一方面修改订单状态为“已派单”。

如果司机接到乘客，订单状态就改为“行程中”；如果司机拒绝接单，就需要为乘客重新派单，订单重新进入消息队列，同时订单状态也改回为“派单中”；如果司机到达上车点，但是联系不到乘客，没有接到乘客，那么订单就会标记为“已取消”。如果在派单中，乘客自己选择取消叫车，订单也会进入“已取消”状态。“已取消”是订单的一种最终状态，订单无法再转变为其他状态。

司机到达目的地后，通过App确认送达，订单进入“待支付”状态，等待用户支付订单金额。用户支付后，完成订单生命周期，订单状态为“已完成”。

订单状态模型可以帮助我们总览核心业务流程：在设计阶段可以通过状态图发现业务流程不完备的地方；在开发阶段可以帮助开发者确认流程实现是否有遗漏。

18.4 小结

在软件设计开发中会涉及两类知识。一类是和具体业务无关的，比如编程语言、编程框架、消息队列、分布式缓存等。这一类技术更具有通用性，技术人员不管跳槽到哪家公司，几乎都会用到这些技术。还有一类技术是和具体业务相关的，比如电商业务、金融业务以及本章的网约车业务等，涉及如何用最合适的技术方案实现。这些和具体业务相关的技术经验主要适用于相关的业务领域。

技术人员在职业生涯的早期，需要更多地关注和学习通用性的技术。而随着年龄增加，应该在业务相关的技术上获得更多沉淀，成为一个领域专家，这样才能使自己在职场上获得更强的竞争力。

下一章将讨论如何使用领域驱动设计的技术方法解决业务上的问题，带你了解技术人员如何在业务上获得更多沉淀。

CHAPTER 19

第19章

网约车系统的DDD重构

软件开发是一个过程，这个过程中相关方对软件系统的认知会不断改变。当系统现状和大家的认知有严重冲突的时候，不重构系统就难以继续开发下去。此外，在持续的需求迭代过程中，代码本身会逐渐“腐坏”，变得僵硬、脆弱、难以维护，需求开发周期越来越长，Bug越来越多，系统也必须要进行重构。

我们在第18章讨论的Udi网约车系统经过了几年的快速发展，随着业务越来越复杂，功能模块越来越多，开发团队越来越庞大，整个系统也越来越笨拙、难以维护。以前两三天就能开发完成的新功能，现在要几个星期，开发人员多了，工作效率却下降了。

Udi使用微服务架构，开始的时候业务比较简单，几个微服务就可以搞定。后面随着功能越来越多，微服务也越来越多，微服务之间的依赖关系也变得越来越复杂，常常要开发一个小功能，却需要修改好几个微服务。后来开发人员为了避免这种复杂性，倾向于把所有功能都写在一个微服务里，结果整个系统架构又开始退回到单体架构。

基于以上原因，我们准备对 Udi 进行一次重构，核心就是要解决微服务设计的混乱，梳理、重构出更加清晰的微服务边界和微服务之间的依赖关系。我们准备使用 DDD，即领域驱动设计的方法进行这次重构。

那么，领域驱动设计的核心思想是什么？设计的一般方法是什么？如何将这些方法应用到 Udi 的重构过程中？这些就是我们今天要解决的主要问题。

19.1 用领域驱动设计微服务的一般方法

领域是一个组织所做的事情以及其包含的一切，通俗地说，就是组织的业务范围和做事方式，也是软件开发的目标范围。比如对于淘宝这样一个以电子商务为主要业务的组织，C2C 电子商务就是它的领域。**领域驱动设计就是从领域出发，分析领域内模型及其关系，进而设计软件系统的方法。**限界上下文和子域共同组成组织的领域示意图如图 19-1 所示。

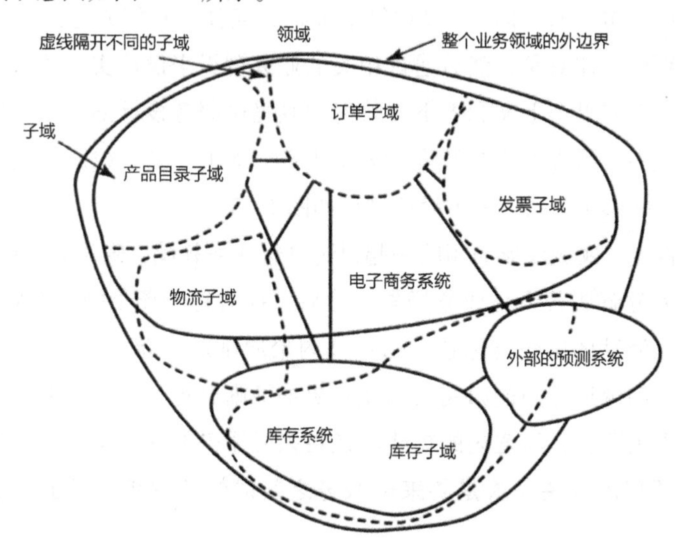

图 19-1 限界上下文和子域共同组成组织的领域示意图

但是如果要对C2C电子商务这个领域进行建模设计，那么这个范围就太大了，不知道该如何下手。所以通常的做法是把整个领域拆分成多个**子域**，比如用户、商品、订单、库存、物流、发票等。强相关的多个子域组成一个**限界上下文**，它是对业务领域范围的描述，对系统实现而言，限界上下文相当于是一个子系统或者一个模块。

不同的限界上下文，也就是不同的子系统或者模块之间会有各种交互合作。如何设计这些交互合作呢？DDD使用**上下文映射图**来完成，如图19-2所示。

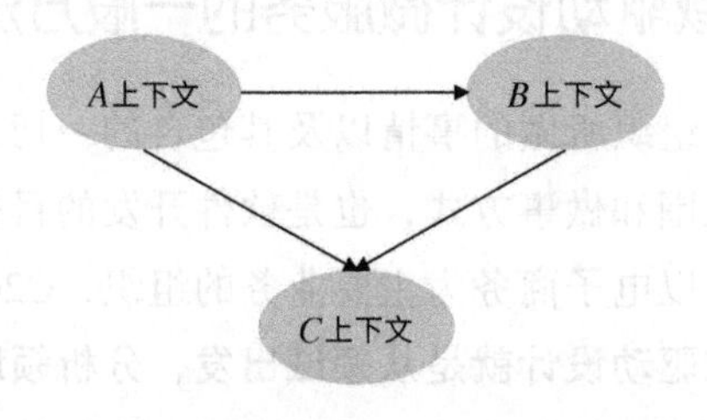

图19-2　用上下文映射图描述限界上下文之间的交互合作关系

在DDD中，领域模型对象也被称为**实体**。我们先通过业务分析识别出实体对象，然后通过相关的业务逻辑来设计实体的属性和方法。而限界上下文和上下文映射图则是微服务设计的关键，通常在实践中，限界上下文被设计为微服务，而上下文映射图就是微服务之间的依赖关系。具体设计过程如图19-3所示。

首先，领域专家与团队一起讨论分析业务领域，确认业务期望，将业务分解成若干个业务场景。然后，针对每个场景画出UML活动图，活动图中包含泳道，通过高内聚原则对功能逻辑不断调整，使功能和泳道之间的归属关系变得更加清晰合理。**这些泳道最终就是限界上下文，泳道内的功能就是将来微服务的功能边界，泳道之间的调用流程关系就是将来微服务之间的依赖关系，即上下文映射图。**

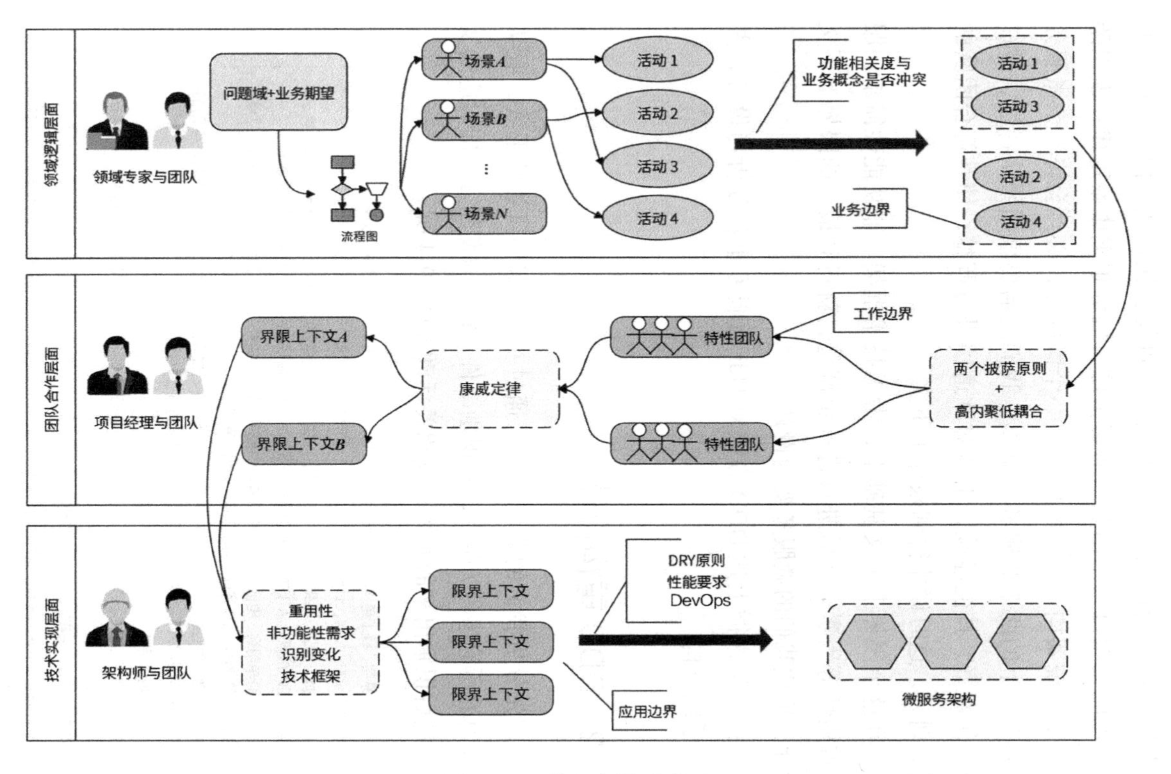

图 19-3 微服务设计方法

但是，这个状态的泳道还不能直接转化成限界上下文。有些限界上下文可能会很大，有些依赖关系可能会比较强。而一个限界上下文不应该超过一个团队的职责范围，因为根据康威定律：组织**架构决定系统架构**，两个团队维护一个微服务，必然会将这个微服务搞成事实上的两个微服务。所以，我们还需要根据团队特性、过往的工作职责、技能经验，重新对泳道图进行调整，使其符合团队的职责划分，这时候才得到限界上下文。

在这个限界上下文基础上，考虑技术框架、非功能性需求、服务重用性等因素，之后进行进一步调整，就得到最终的限界上下文设计，形成我们的微服务架构设计。

我们将遵循上述DDD方法对Udi微服务重新分析与设计，并进行系统重构。

19.2 DDD重构设计

首先分析我们的业务领域，通过头脑/事件风暴的形式，收集领域内的所有事件/命令，并识别事件/命令的发起方，即对应的实体。最后识别出来的实体以及相关活动如图19-4所示。

用户、乘客、线上用户、线下用户、支付、退款、常旅、发票、邮寄地址、收件人

线路、城市、站点、计价、供应商、司机、退改规则、班次、计划

运力调度、司机、车辆、行程、拼单策略、派单策略、播单策略、播单、抢单策略、抢单、第三方运力、自动拼车、人工拼车、自动派车（强派）、人工派车、行程中、乘客上车、乘客下车

订单、订单明细、电话下单、后台下单、小程序下单、公众号下单、订单状态、订单创建、订单支付、订单取消、订单完成、可手工拼派、供应商可抢单

运力管理、供应商、司机、车辆、车型、出车、收车、位置上报、在线时长、司机提现、司机结算价、供应商结算价、供应商配置车型、供应商配置线路支持的车型

通知、短信通知、微信通知、App推送通知

市场营销、优惠券、线路推荐、热门城市、热门线路、优惠金额、（活动）立减金额、线下地推、电话捞单

保险、投保、车座险、车辆险、乘客险

系统管理、权限、角色、用户、组织机构、城市管理、站点管理、司机管理、司机审核、供应商/客运公司管理、订单管理、营销管理

图19-4 实体以及相关活动

基于核心实体模型绘制的实体关系图如图 19-5 所示。

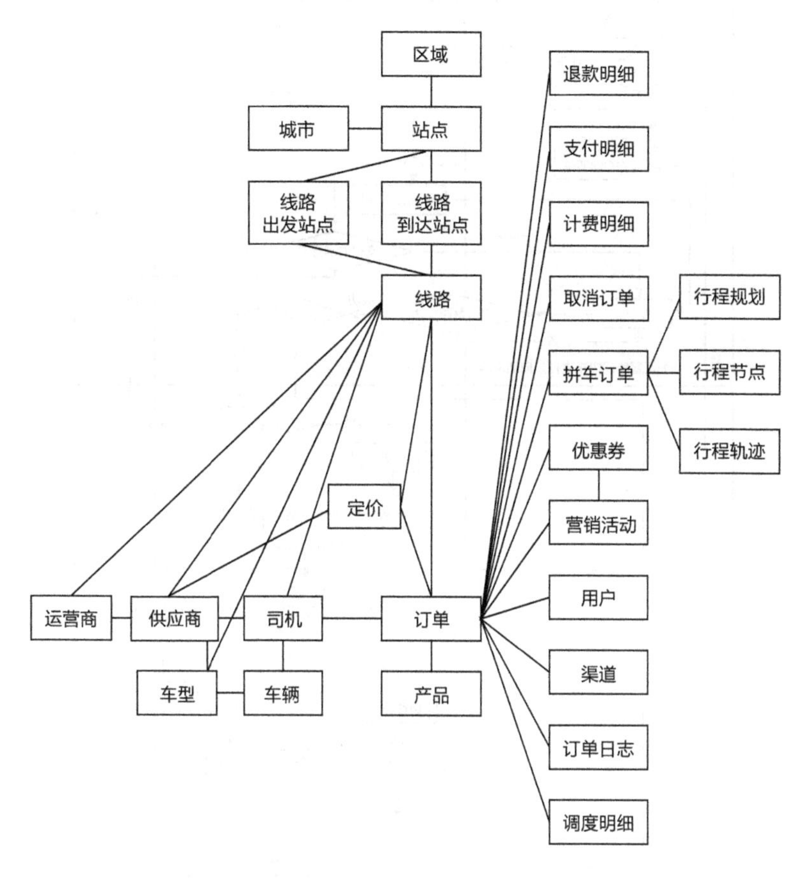

图 19-5　Udi 实体关系图

在实体间关系明确且完整的前提下，我们就可以针对各个业务场景绘制场景活动图。活动图比较多，这里仅用拼车场景作为示例，如图 19-6 所示。

依据各种重要场景的活动图，参考团队职责范围，结合微服务重用性考虑及非功能性需求，产生限界上下文如图 19-7 所示。

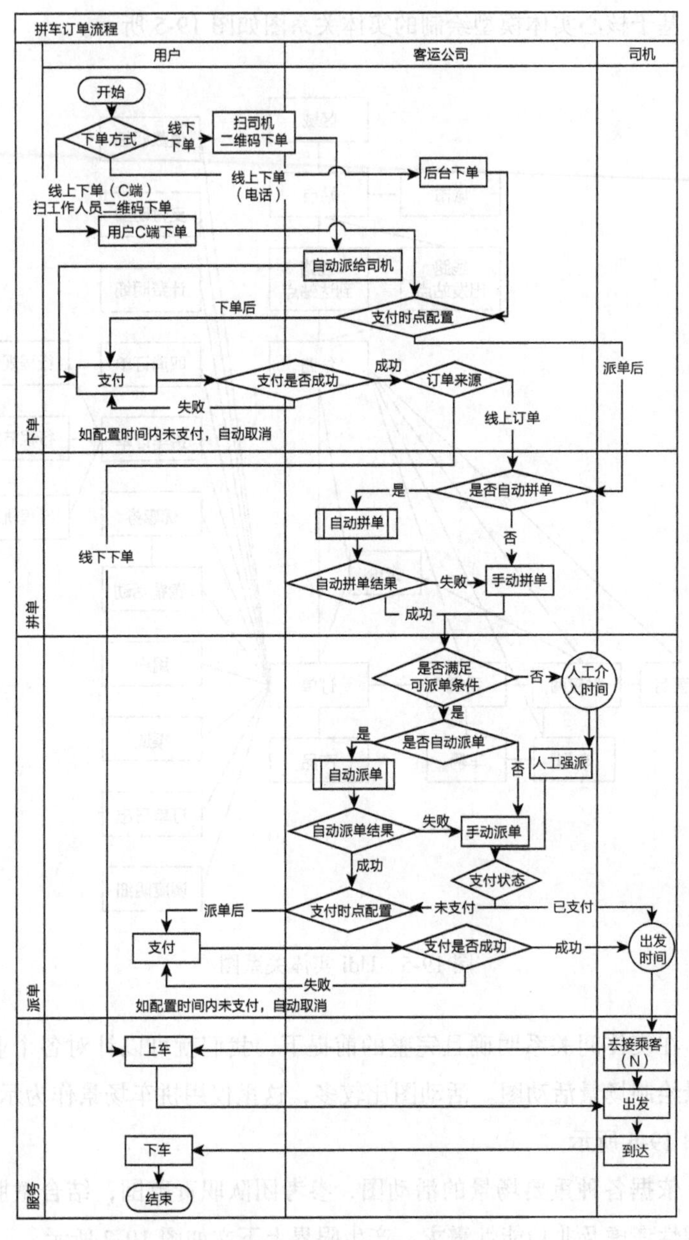

图 19-6　拼车场景活动图

限界上下文	关联的实体与承担的功能
订单	订单明细、线路、渠道、供应商、乘客、行程信息、状态、司机、车辆、优惠券 创建订单、订单支付、订单取消、订单完成、订单改签、订单修改、订单查询（乘客获取未完成订单列表、明细查询、平台订单列表、供应商订单列表等）、删除订单
线路	站点、计价策略、供应商、司机、车型、班次、计划、城市 是否支持常旅信息、线路配置、站点配置、计价配置、班次管理、计划管理、获取线路城市列表、计价策略配置
运力调度	司机、车辆、司机队列、司机排班 自动/人工拼车、自动/人工派车、播单、抢单、第三方运力、司机队列管理（排队、出队）、运力释放、司机排班管理
支付管理	支付明细、退款明细 支付、退款
通知	乘客、司机、供应商、供应商公告、司机公告 短信通知、微信通知、App推送、公告管理
运力管理	供应商、司机、车辆、司机申诉记录、司机黑名单、退改规则 司机出车、司机收车、实时位置上报、轨迹查询、司机在线时长统计、司机提现、修改司机运营线路、司机申诉管理、司机黑名单管理、司机审核、车辆审核、计算退款金额、供应商管理、车辆管理、车型管理、配置线路支持的车型、供应商配置线路等
基础信息	城市、业务参数、供应商Q&A 城市管理、业务参数配置、Q&A查询&新增
系统管理	权限、角色、用户、组织机构 权限管理、角色管理、用户管理、组织机构管理
营销	优惠券、推荐线路、活动 优惠券管理、活动管理（立减）、推荐线路配置、电话捞单、司导乘
财务	结算规则、供应商、司机、支付明细、退款明细 供应商结算价计算、司机结算价计算
保险	车辆、乘客、订单明细 投保
客服	客服日志收集
安全管理	虚拟小号管理、一键报警、行程分享、政府监管
发票	订单明细、发票信息、邮寄地址、收件人 发票信息管理

图 19-7　限界上下文

针对每个限界上下文进一步设计其内部的聚合、聚合根、实体、值对象、功能边界。以订单限界上下文为例，如图 19-8 所示。

<table>
<tr><th>聚合</th><th>聚合根</th><th>实体/值对象</th><th>应该有的功能</th><th>不应该有的功能</th></tr>
<tr><td>订单</td><td>订单</td><td>实体：
1.订单详情
ride_order_info
ride_order_info_ext
ride_order_personal_inforide_order_card
2.订单改签记录
ride_order_rebook_rec
3.改签订单支付关系
ride_rebook_pay_order_list
值对象：
1.线路
2.站点
3.司机
4.车辆
5.优惠券</td><td>1.创建订单
2.修改订单信息
3.查询订单
4.获取订单详情
5.获取订单列表
6.订单改签
7.发布订单相关的事件（创单、支付、取消、派车、完成）</td><td>1.订单预估价计算
2.播单
3.抢单
4.创单优惠券占用
5.完单优惠券核销
6.取消订单退款费用计算</td></tr>
<tr><td>订单日志</td><td>日志</td><td>订单日志
ride_order_log
monitor_order</td><td>日志新增
日志查询
记录订单操作时间节点（派车节点，支付节点，创单节点等）</td><td></td></tr>
</table>

图 19-8　订单限界上下文的内部聚合

上述订单实体的属性和功能如图 19-9 所示。

<table>
<tr><th>属性</th><th>功能</th></tr>
<tr><td>订单号、拼单号（行程关系）、乘客手机号、出发地经纬度、到达地经纬度、最早出发时间、最晚出发时间、订单状态、支付状态、支付金额、订单金额、优惠金额、（活动）立减金额、出发城市、到达城市、出发地详细地址、到达地详细地址、优惠券ID
司机ID、司机手机号、司机名称
车牌号、车辆品牌、车辆颜色
线路ID、线路名称、出发站点、到达站点
投保信息</td><td>创建订单
修改订单
取消订单
完成订单
查询订单
删除订单</td></tr>
</table>

图 19-9　订单实体的属性与功能

最后，在实现层面，设计对应的微服务架构如图 19-10 所示。

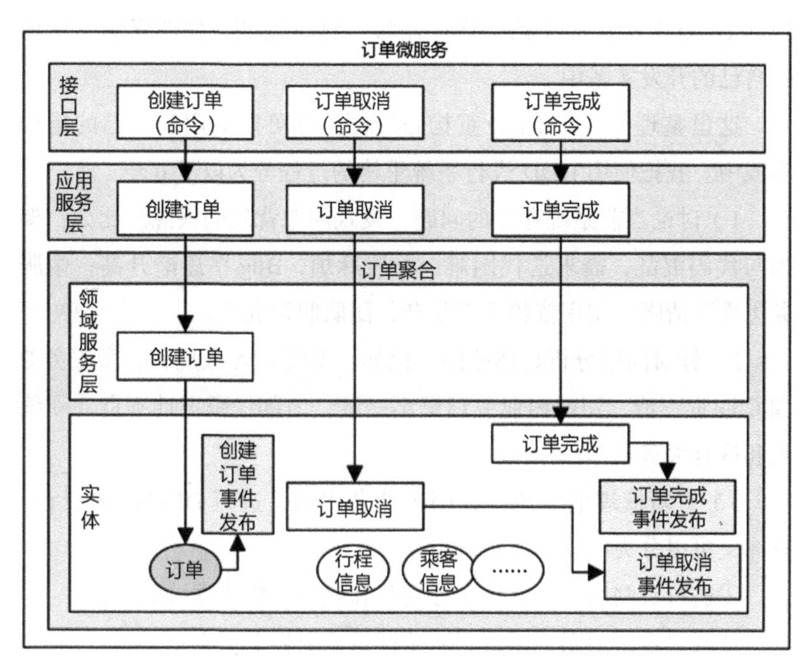

图 19-10　Udi 微服务分层架构

这是一个基于领域模型的分层架构，最下层为聚合根对象，组合实体与值对象，完成核心业务逻辑处理。上面一层为领域服务层，主要调用聚合根对象完成订单子域的业务，根据业务情况，也会在这一层和其他微服务通信，完成更复杂的、超出当前实体职责的业务，所以这一层也是一个聚合层。

再上面一层是应用服务层，将实体的功能封装成各种服务，供各种应用场景调用。而最上面是一个接口层，提供微服务调用接口。

19.3　小结

领域驱动设计很多时候雷声大、雨点小，说起来各种术语满天飞，真正开发实践的时候又无从下手。本章的案例来自一个真实落地的 DDD 重构设计文档，你可以参考这个文档，按图索骥，应用到自己的开发实践中。

这里整理了一个 DDD 重构路线图，你可以应用到自己的重构实践中。我把使用 DDD 进行系统重构的过程分为以下 6 步。

1）讨论当前系统存在的问题，发现问题背后的根源。比如：架构与代码混乱，需求迭代困难，部署麻烦，Bug 率逐渐升高；微服务边界不清晰，调用依赖关系复杂，团队职责混乱。

2）针对问题分析具体原因。比如：微服务 A 太庞大，微服务 B 和 C 职责不清，团队内业务理解不一致，内部代码设计不良，硬编码和耦合太多。

3）重新梳理业务流程，明确业务术语，进行 DDD 战略设计，具体又可以分为 3 步。

①进行头脑风暴，分析业务现状和期望，构建领域语言；

②画泳道活动图，结合团队特性设计限界上下文；

③根据架构方案和非功能性需求确定微服务设计。

4）针对当前系统实现和 DDD 设计不匹配的地方，设计微服务重构方案。比如：哪些微服务需要重新开发，哪些微服务的功能需要从 A 调整到 B，哪些微服务需要分拆。

5）DDD 技术验证。针对比较重要、问题比较多的微服务进行重构打样，设计聚合根、实体、值对象，重构关键代码，验证设计是否合理以及团队能否驾驭 DDD。

6）任务分解与持续重构。在尽量不影响业务迭代的前提下，按照重构方案，将重构开发和业务迭代有机融合。

遵循这个过程，结合你所在企业的业务和场景特点，也可以在工作中进行一次 DDD 重构。

CHAPTER 20

第20章 网约车大数据平台设计

现在，业界普遍认为互联网创新已经进入下半场，依靠技术创新或者商业模式创新取得爆发性发展的机会越来越少。于是大家把目光转向精细化运营，主要手段就是依靠大数据技术，挖掘每个用户独特的商业价值，提供更具个性化的服务，以此来提升服务水平和营收能力，最终获得更强的市场竞争能力。

Udi 大数据平台的主要目标是根据用户的不同喜好，为其分配不同的车型，一方面改善用户体验，另一方面也增加平台营收。此外，如何为用户推荐最优的上车点和下车点，如何分析订单和营收波动，如何发现潜在的高风险用户等，也需要依赖大数据平台。

大数据技术不同于前面介绍的高并发技术，高并发技术虽然也要处理海量用户的请求，但是每个用户请求都是独立的，计算与存储也是由每个用户独立处理的。而大数据技术则要将这些海量的用户数据进行关联计算，因此，适用于高并发架构的各种分布式技术并不能解决大数据的问题。

20.1 大数据平台设计

根据 Udi 大数据应用场景的需求，需要将手机 App 端数据、数据库订单和用户数据、操作日志数据、网络爬虫爬取的竞争对手数据统一存储到大数据平台，并支持数据分析师、算法工程师提交各种 SQL 语句、机器学习算法进行大数据计算，并将计算结果存储或返回。Udi 大数据平台架构如图 20-1 所示。

20.1.1 大数据采集与导入

Udi 大数据平台整体可分为三个部分。第一部分是大数据采集与导入。这一部分又可以分为 4 小个部分：App 端数据采集、系统日志导入、数据库导入、爬虫数据导入。

App 端除了业务功能模块外，还需要包含几个数据埋点上报模块。App 启动的时候，应用启动上报模块会收集用户手机信息，比如手机型号、系统版本、手机上安装的应用列表等数据。App 运行期间，也会通过定时数据上报模块，每 5s 上报一次数据，主要是用户当前地理位置数据。当用户进行单击操作的时候，系统一方面会发送请求到 Udi 后端应用系统，另一方面也会通过用户操作上报模块将请求数据以及其他一些更详细的参数发送给后端的应用上报服务器。

后端的应用上报服务器收到前端采集的数据后，发送给消息队列，Spark Streaming 从消息队列中消费消息，对数据进行清洗、格式化等 ETL 处理，并将数据写入 HDFS 中。

Udi 后端应用系统在处理用户请求的过程中会产生大量日志和数据，这些存储在日志系统和 MySQL 数据库中的数据也需要导入到大数据平台。Flume 日志收集系统会将 Udi 后端分布式集群中的日志收集起来，发送给 Spark Streaming 进行 ETL 处理，最后写入 HDFS 中。而 MySQL 的数据则通过 Sqoop 数据同步系统直接导入到 HDFS 中。

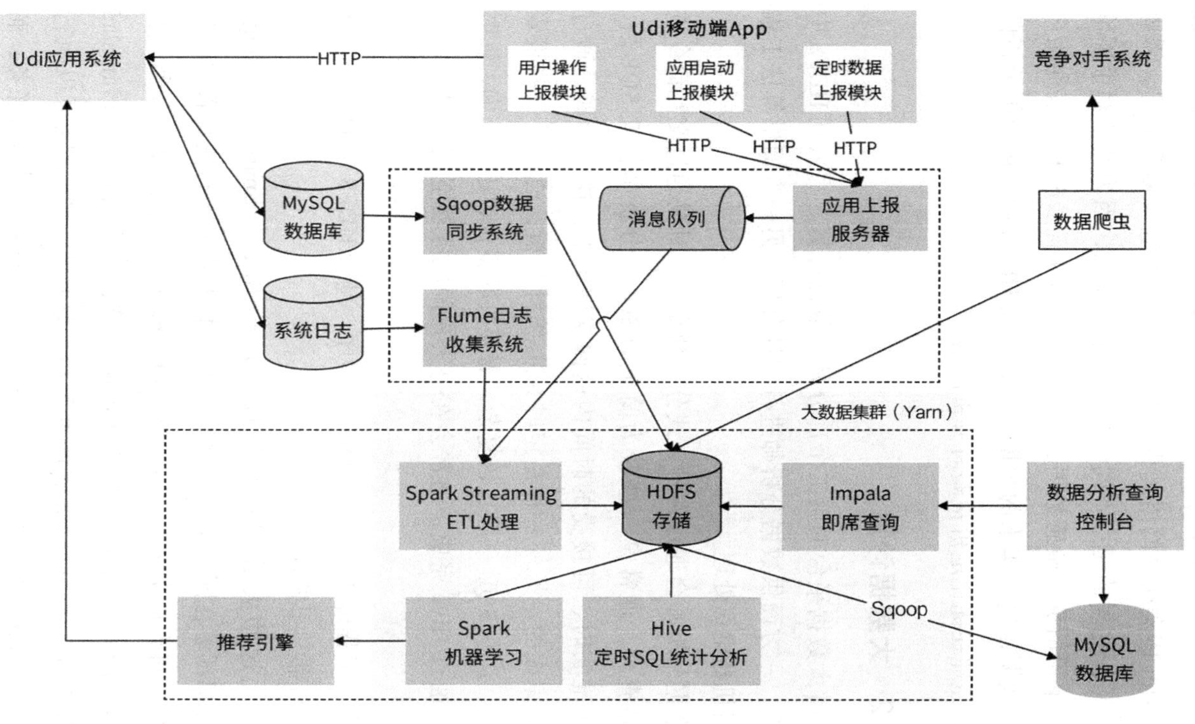

图 20-1 Udi 大数据平台架构

除了以上这些 Udi 系统自己产生的数据，为了更好地应对市场竞争，Udi 还会通过网络爬虫从竞争对手的系统中爬取数据。需要注意的是，这里的爬虫不同于第 4 章中的爬虫，因为竞争对手不可能将订单预估价等敏感数据公开。因此，爬虫需要模拟成普通用户来爬取数据，这些爬来的数据也会存储在 HDFS 中，供数据分析师和产品经理在优化定价策略时分析使用。

20.1.2　大数据计算

Udi 大数据平台的第二个部分是大数据计算。写入到 HDFS 中的数据，一方面供数据分析师进行统计分析，另一方面供算法工程师进行机器学习处理。

数据分析师会通过两种方式分析数据。一种是通过交互命令进行即席查询，通常是一些较为简单的 SQL。分析师提交 SQL 后，在一个准实时、可接受的时间内返回查询结果，这个功能是通过 Impala 完成的。另外一种是定时 SQL 统计分析，通常是一些报表类统计。这些 SQL 一般比较复杂，需要关联多张表进行查询，耗时较长，通过 Hive 完成，通常会在每天夜间服务器空闲的时候定时执行。

算法工程师则开发各种 Spark 程序，基于 HDFS 中的数据，进行各种机器学习处理。

以上这些大数据计算组件，Hive、Spark、Spark Streaming、Impala 都部署在同一个大数据集群中，通过 Yarn 进行资源管理和调度执行。每台服务器既是 HDFS 的 DataNode 数据存储服务器，也是 Yarn 的 NodeManager 节点管理服务器，还是 Impala 的 Impalad 执行服务器。通过 Yarn 的调度执行，这些服务器上既可以执行 Spark Streaming 的 ETL 任务，也可以执行 Spark 机器学习任务，而执行 Hive 命令的时候，这些机器上运行的是 MapReduce 任务。

20.1.3 数据导出与应用

Udi 大数据平台的第三个部分是数据导出与应用。Hive 命令执行完成后，将结果数据写入到 HDFS 中，这样对数据分析师或者管理人员查看报表数据来说并不方便。因此还需要用 Sqoop 将 HDFS 中的数据导出到 MySQL 中，然后通过数据分析查询控制台，以图表的方式查看数据。

而机器学习的计算结果则是一些学习模型或者画像数据，将这些数据推送给推荐引擎，由推荐引擎实时响应 Udi 系统的推荐请求。

大数据平台一方面是一个独立的系统，数据的存储和计算都在其内部完成；另一方面又和应用系统有很多关联，因为数据需要来自应用系统，而计算的结果也需要给应用系统使用。在图 20-1 所示的架构图中，属于大数据平台的组件我用虚线标出，其他模块代表非大数据平台组件或者系统。

20.2 大数据派单引擎设计

我们在第 18 章中讨论了 Udi 派单引擎，这个派单引擎并没有考虑乘客和车型的匹配关系。根据 Udi 的运营策略，车辆新旧程度、车辆等级与舒适程度、司机服务水平会影响到订单的价格。派单成功时，系统会根据不同车辆情况预估不同的订单价格并发送给乘客，但是有些乘客会因为预估价格太高而取消订单，而有些乘客则会因为车辆等级太低而取消订单，还有些乘客则会在上车后因为车辆太旧而给出差评。

Udi 需要利用大数据技术优化派单引擎，针对不同类别的乘客匹配尽可能合适的车辆。上面提到，数据上报模块采集了乘客的手机型号及手机内安装的应用列表，而订单数据记录了乘客上下车地点，乘客评价以及订单取消原因则记录了用户乘车偏好，车辆及司机数据记录了车辆级别和司机信息，这些数据最终都会同步到大数据平台。

我们将利用这些数据来优化 Udi 派单引擎，并根据用户画像、车辆画像、乘车偏好进行同类用户匹配。

20.2.1　基于乘客分类的匹配

根据乘客的注册信息、App 端采集的乘客手机型号、手机内安装应用列表、常用上下车地点等，我们可以将乘客分类，然后根据同类乘客的乘车偏好，预测乘客的偏好并进行匹配，如图 20-2 所示。

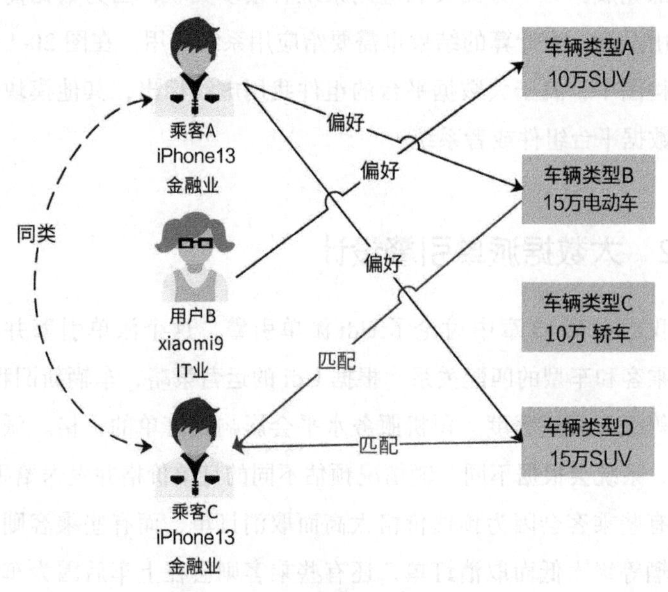

图 20-2　基于乘客分类的匹配算法

比如根据数据分类，乘客 A 和乘客 C 是同类乘客，而乘客 A 偏好车辆类型 B 和 D。乘客 C 叫车的时候，那么派单系统会优先给他派车辆类型 B 和 D。

20.2.2　基于车辆分类的匹配

事实上，我们可以直接根据车辆类型属性，对车辆类型进行再分类。比如通过机器学习统计分析，车辆类型 B 和 D 可以归为一类，那么如果乘客 C 偏好车辆类型 B，那么我们可以认为车辆类型 D 也与他匹配，如图 20-3 所示。

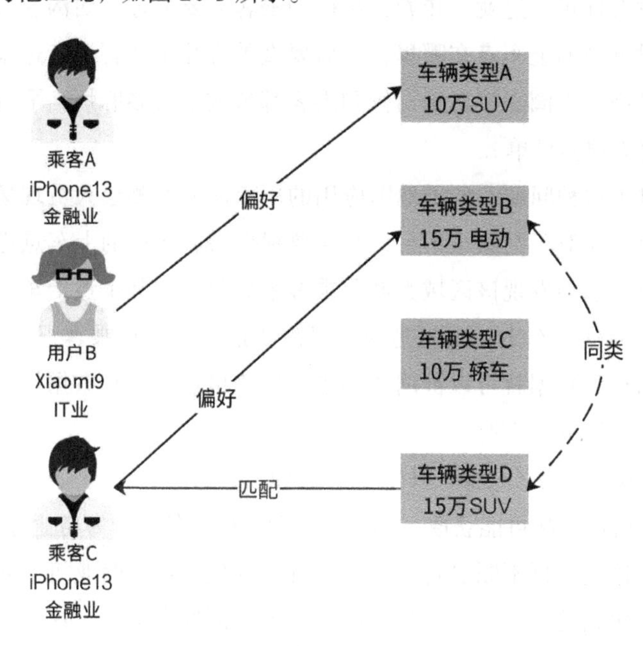

图 20-3　基于车辆分类的匹配算法

使用推荐引擎对派单系统进行优化，为乘客分配更合适的车辆，前提是需要对用户和车辆进行分类与画像，想要完成这部分工作，我们可以在大数据平台的 Spark 机器学习模块通过聚类分析、分类算法、协同过滤算法，以及 Hive 统计分析模块进行数据处理，将分类后的数据推送给派单引擎去使用。

派单引擎在原有的最小化等车时间的基础上，对派单进行调整，使车辆和乘客偏好更匹配，改善用户体验，也增加了平台营收。

20.3 小结

网约车是一个格外依赖大数据进行用户体验优化的应用。比如用户上车点，在一个几万平方米的POI区域内，乘客方便等车，且司机不违章的地点可能只有一两个，这一两个点又可能在任何地图上都没有标示。这就意味着，司机和乘客需要通过电话沟通很久才知道对方说的上车点在哪里，然后要么乘客徒步几百米走过来，要么司机绕一大圈去接，给司机和乘客都造成了很多麻烦，平台也会因此流失很多订单。

对于这种问题，电子地图应用的厂商需要派测绘人员现场标注这些点。而对于网约车平台，只需要根据乘客最后的上车点进行聚类分析，就会发现该区域大部分乘客最后都是在某个点上车，这个点就是最佳上车点。也就是说，只需要最初的一批乘客忍受麻烦，他们的行为数据就可以被网约车平台用于机器学习和数据挖掘，并被用于优化用户体验。

在网约车平台上像这样依赖大数据的地方还有很多。所以，网约车平台需要尽可能获取、存储用户和司机的各种行为与业务数据，并基于这些数据不断进行分析、挖掘，寻找潜在的商业机会和用户体验优化之处。对于一个数亿用户规模的网约车平台，这些数据的规模是非常庞大的，因此需要一个强大、灵活的大数据平台才能完成数据的存储与计算。

特别说明：本文相关技术仅用于技术展示，在具体实践中，数据收集和算法应用需要遵循《中华人民共和国个人信息保护法》以及与信息安全等有关的法律制度。

CHAPTER 21

第21章 动手实践系统架构设计

本书希望达到的目的有两个：一个是了解典型的高并发系统架构是如何设计的；另一个就是熟悉架构设计文档的写法和设计建模的方法。

所以，希望你在学习每一个案例文档的时候，不是在复习已经学过的技术，而是专门思考怎么去整合各种技术，构建一个完整的设计文档。这样，对于各种典型的互联网应用，你都能信手拈来，完成它的架构设计。

所谓“知而不行，只是未知”，为了检测学习效果，请你参考书中介绍的设计文档的写作方法，完成下方要求的系统架构设计文档。对于需求以及方案不明确的地方，你可以按照自己的理解进行设计，但是请注意文档要前后一致、逻辑自洽，具有可实现性。

21.1 系统架构设计的要求

1. 练习题背景

通达是某上市公司全资投资成立的一家物流快递公司，主要进行同城快递业务，公司刚刚成立，主要竞品可参考 https://ishansong.com/。

公司组建了20人的技术部门，准备用两个月完成系统开发并上线。如果你是系统架构师，请你完成第1版的系统架构设计文档。

2. 功能需求

用户通过 App 发起快递下单请求并支付。

- 快递员通过自己的 App 上报自己的地理位置，每30s上报一次。
- 系统收到快递请求后，向用户直线距离5km内的所有快递员发送通知。
- 快递员需要进行抢单，第一个抢单的快递员得到配单，系统向其发送用户详细地址。
- 快递员到用户处收取快递，并将状态记录到系统中：已收件。
- 快递员将快递送到目的地，并将状态记录到系统中：已送达。

订单量预估：预计上线3个月后，日订单50万份。

3. 关键技术方案参考建议

系统采用微服务架构，用户请求通过负载均衡服务器分发给网关集群。

- 使用消息队列向5km内的快递员发送通知。（消费者服务器获取的消息内容包括：用户地址，快递员列表。）
- 快递员实时位置缓存在分布式缓存 Redis 中。
- 数据存储使用 MySQL，第一个上线版本不要求做数据分片，但要做主从复制。

4. 文档要求

文档中应该包括以下 UML 模型。

- 系统关键用例图，描述产品主要功能需求。
- 下单抢单场景的业务活动图，即泳道模型（泳道包含不限于：用户、快递员、相关微服务）。
- 系统部署模型：描述系统服务器关系（如网关服务器、微服务服务器、负载均衡、分布式缓存、消息队列服务器、消息消费者服务器、数据库读写分离）。
- 下单抢单场景的服务器时序模型。
- 订单状态图模型。

注意：文档全文不少于 2000 字。

21.2 参考设计

21.1 节描述了一个练习题要求：写一个同城快送业务的系统架构设计文档。这个练习主要考察的目标包括：使用 UML 进行系统建模的能力，用文档表达设计思路的能力，完整思考一个系统整体架构的能力，以及识别设计落地关键技术问题及对策的能力。

希望你能够自己先完成文档，再参考本章下面的内容，然后对比一下：哪些方面是自己考虑不周的；哪些方面是和本书作者英雄所见略同的；哪些方面是自己有独到设计理念的。通过这种方式，一方面强化自己的架构设计能力，另一方面也提升了自己的技术信心。

以下是《通达系统架构设计》的参考文档。

通达公司上级母公司是行业顶尖的物流配送企业，依托母公司的行业资源，我们将在全国多个主要城市开展一对一同城快送业务。本系统架构设计旨在快速利用公司现有资源，结合公司初期运营目标，开发一个能支持公司当下运营，也能支持公司未来发展的互联网应用系统。

21.2.1 需求分析

通达系统的核心使用者为需要在同城快速投送物品的用户和提供快送服务的快递员，系统用例图如图 22-1 所示。

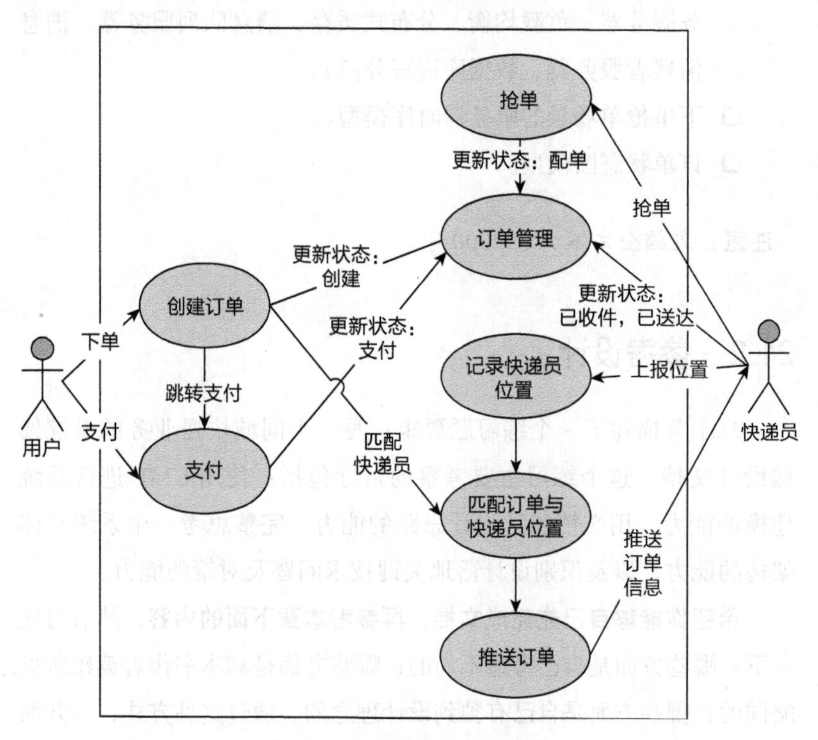

图 21-1　通达系统用例图

用户可以通过用户 App 创建快递订单，即输入取件地址和收件地址，以及取件人、收件人联系方式后，系统预估订单金额，用户确认后，跳转到第三方支付页面等待用户支付。

快递员 App 实时上报自己当前位置。用户支付后，系统将订单发送给取件地点附近的所有快递员，快递员自主决定是否要抢单。系统会将用户订单信息推送给抢单成功的快递员 App，快递员根据收件地点上门取件并完成配送。

订单管理是系统的核心功能，因此系统需要设计开发专门的订单管理模块，具体的订单状态模型图如图 21-2 所示。

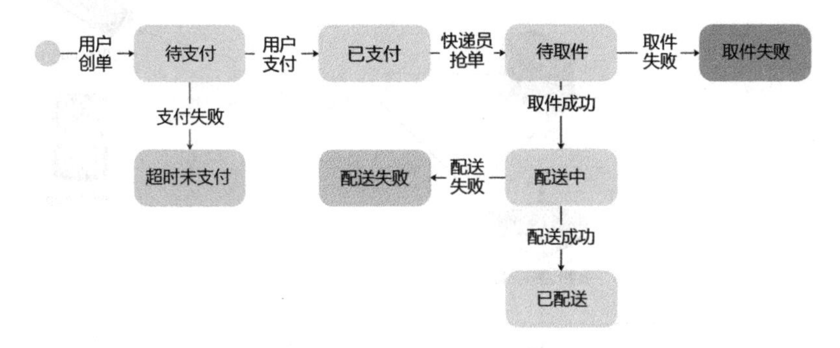

图 21-2　订单状态模型图

用户单击“确认”按钮创建订单后，订单状态为“待支付”；用户完成支付后，订单状态为“已支付”。如果用户支付失败或者超时未支付，订单状态为“超时未支付”，超时未支付状态为订单最终状态之一，此状态订单不可以再修改操作。

将“已支付”状态订单发送给附近快递员，如果有快递员抢单成功，订单状态为“待取件”。如果快递员上门联系不到发件人，快递员在 App 拍照输入取件失败证据，订单状态改为“取件失败”。如果快递员上门取件成功，快递员在 App 单击“确认”按钮取件，订单状态改为“配送中”。

送达目的地后，如果联系不到收件人，快递员在 App 拍照输入送件失败证据，订单状态改为“配送失败”，如果配送成功，订单状态改为“已配送”。

此外，系统需满足以下非功能性需求：系统设计需要在上线后支持日订单量50万份，一年后支持日订单量300万份。

21.2.2 系统架构

系统采用目前主流的微服务架构体系，整体架构如图21-3所示。

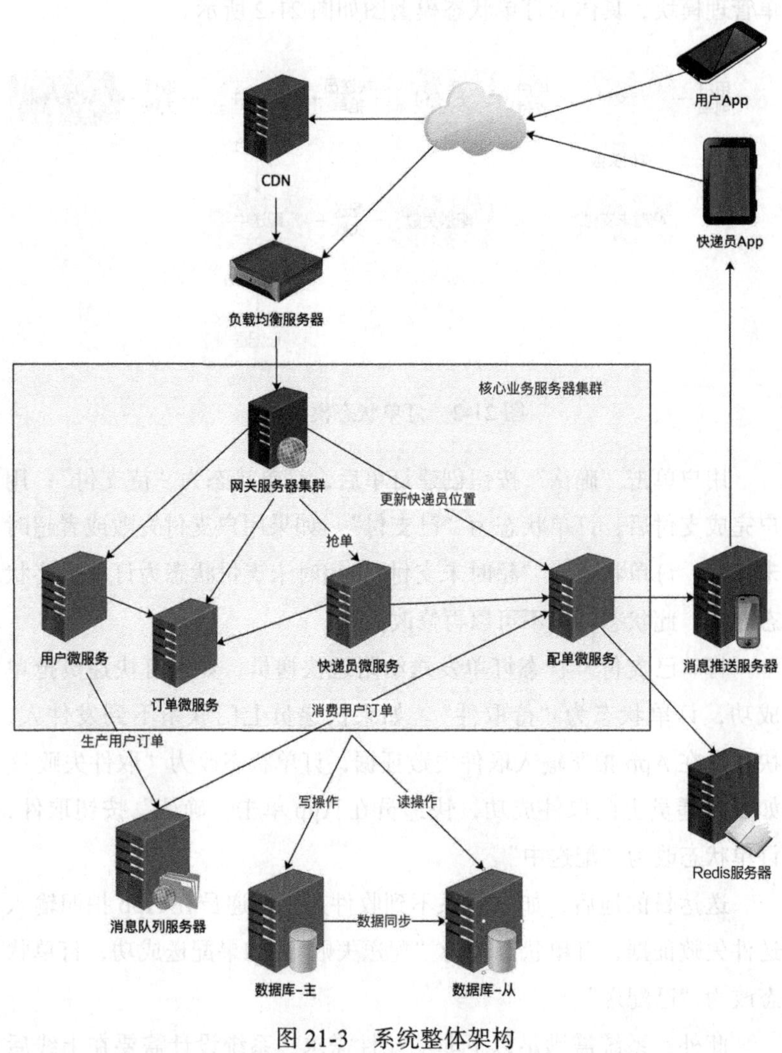

图21-3　系统整体架构

用户和快递员的请求通过负载均衡服务器进入网关服务器集群，网关服务器集群调用具体微服务完成请求处理。

用户微服务负责用户注册、个人资料修改、账户充值等业务逻辑，同时，用户所有操作都通过用户微服务集中处理，由用户微服务调用其他服务完成业务逻辑处理，包括下单、支付等。

快递员微服务负责为快递员提供服务，包括快递员注册、认证等，也包括快递员抢单、确认收件成功及失败、确认配送成功及失败等。

订单微服务负责订单生命周期管理，订单创建以及所有订单状态变更全部调用订单微服务来完成。所以用户微服务和快递员微服务需要依赖订单微服务。

配单微服务负责将用户订单推送给附近的所有快递员，即为订单匹配快递员。一方面，配单微服务需要记录所有快递员的当前位置，快递员位置信息通过快递员 App 每 30s 定时上传到网关服务器，网关服务器直接调用配单微服务，配单微服务将当前快递员的位置信息更新到 Redis 服务器中。

另一方面，配单微服务需要得到用户最新成功支付的订单信息。用户微服务在用户成功支付后，将订单信息发送给消息队列服务器，配单微服务作为消息消费者获取订单信息。配单微服务匹配到订单取件位置 5km 范围内的所有快递员，通过消息推送服务器将订单信息推送给快递员 App，等待快递员抢单。

系统使用关系数据库记录用户、快递员信息以及订单信息，关系数据库采用主从复制同步的方式进行双机部署，订单写操作通过主数据库完成，订单读操作通过从数据库完成。

下单抢单逻辑是系统的核心逻辑，具体处理活动图如图 21-4 所示。

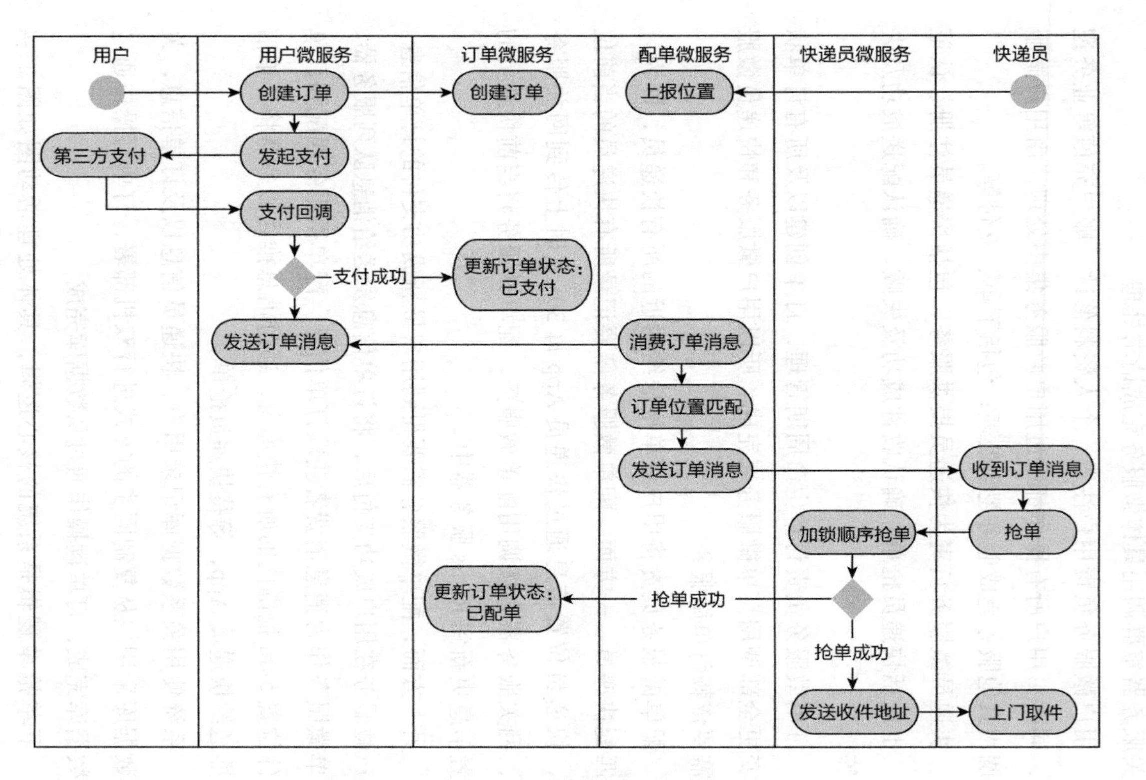

图 21-4　下单抢单活动图

订单处理涉及的角色泳道包括用户、用户微服务、订单微服务、配单微服务、快递员微服务、快递员。

用户调用用户微服务请求创建订单，用户微服务调用订单微服务完成订单创建。订单微服务返回订单创建成功消息后，用户微服务发起支付，用户从 App 端跳转到第三方支付，用户微服务等待第三方支付回调。

收到第三方支付回调结果后，如果支付成功，调用订单微服务修改订单状态为“已支付”。同时将订单信息通过消息队列异步发送给配单微服务。配单微服务实时接收快递员上报的位置信息，根据订单信息，匹配附近的快递员。

匹配到符合条件的快递员后，发送订单信息给快递员。快递员收到推送的订单信息后，决定是否要抢单。快递员单击“抢单”按钮后，该请求会发送给快递员微服务，快递员微服务可能会同时收到多个快递员的抢单请求，所以抢单请求需要加锁顺序操作，保证第一个到达系统的抢单请求能成功抢单。

因为快递员微服务是集群部署，所以需要使用外部锁来保证请求的顺序性，系统使用 Redis 完成锁操作。抢单成功的请求调用订单微服务，更新订单状态为“已配单”，并发送收件地址给快递员，快递员根据地址上门取件。

21.2.3 主要技术选型

1）开发语言采用 Java，App 端支持 Android 和 iOS 两种系统。

2）负载均衡服务器采用 Nginx 部署。

3）网关采用 Spring Boot 开发，系统上线时，订单量较小，网关服务器采用双机部署，未来根据系统负载压力和监控指标进行扩容。

4）微服务框架采用 Dubbo，每个微服务至少部署 3 个实例，并根据监控指标动态扩容。

5）消息队列采用ActiveMQ部署。

6）数据库采用MySQL并配置主从复制，实现读写分离。

7）缓存使用Redis，Redis记录快递员实时位置信息并实现抢单加锁操作。

21.2.4 关键技术落地实现

抢单的锁实现通过调用Redis的CAS命令来实现，具体过程如下。

1）订单支付完成后，配单微服务收到订单消息，立即在Redis中创建一个< 订单ID，-1>的键值对。

2）快递员抢单的时候，调用Redis的CAS命令：CAS < 订单ID> <-1> < 快递员ID>，该命令比较订单ID的value是否为-1，如果是-1，就将value设置为当前快递员ID。

3）只有第一个快递员调用的时候value为-1，才能设置成功（即抢单成功），并且记录抢单成功的快递员ID。其他抢单请求都会返回CAS失败。

由于快递员位置在不断变更，并且高并发地发送给系统，而Redis中GeoHash命令通过跳表来存储位置，这种不断更新位置的高并发请求将会对Redis造成巨大的计算压力。因此系统并不采用Redis的GeoHash命令来进行距离计算，而是采用与第9章中同样的设计方案，即采用Hash表加GeoHash编码的方式来实现，Hash表存储在Redis中。

CHAPTER 22

第22章

架构师的责任与领导力

很多软件开发人员的职业目标是成为架构师，但是很多人并没有理解架构师的责任是什么，软件为什么需要架构，以及软件架构的价值是什么。市面上很多关于架构的书籍，讲的其实是某一类型软件架构的方法，也许可以学到如何设计某一类型的软件，但是关于架构更普遍的特性并没有讲解，读者也很难对架构的本质建立起抽象的概念，进而在更高的层次上建立自己的软件方法论。

有的人学技术，只专注于学到一些非常具象的技术方法，很少思考如何建立自己的技术思维体系和方法论。看书喜欢看那些学了就能用的知识，即所谓的“接地气”。对于抽象一点的知识，对于软件开发更本质的一些讨论，缺乏兴趣，不理解其价值和意义。

22.1 架构师的责任

可以这么说，具体的技术是“埋头赶路”，而抽象的思考是

“仰望星空”。本节将讨论关于软件、架构、架构师的一些抽象的思考。

每个软件系统都有行为价值和架构价值两个维度。行为价值就是软件能够正常运行的价值，程序员根据需求文档编写出可以运行的代码，达到需求的目的，软件的行为价值就实现了。

但是，软件除了要能够正常运行，还要保持一定的灵活性，即软件是“软”的。软件应该容易修改，当需求方改变需求的时候，软件也必须要能够以一种简单而方便的形式进行修改。**软件越是能够以低成本的方式进行修改，软件的架构价值越大**。

如果软件是一次性，开发完了永远不需要再改变，这样软件就不需要架构价值，也就是不需要进行架构设计。在现实世界中，只有一种软件是不需要架构价值的，那就是“死了”的软件。任何有生命力的软件，能够在较长一段时间内存活下来的软件，都必然会不断更新代码，发布新的版本。也就是说，任何“活着”的，有生命力的软件都需要架构价值。

因此，软件的行为价值和架构价值是统一的，如果你觉得一个软件不需要进行架构设计，那么也意味着这个软件是没有生命力的，这样的软件事实上没有任何价值。

有经验的开发工程师常常会有这样的感受：同一套软件，维护的成本一年比一年高。这正是软件缺乏架构价值的体现：架构设计不妥，就会导致软件变更困难；在架构设计不妥的软件上进行变更会进一步加剧架构的“腐坏”，软件变更更加困难。

软件架构设计的主要目标是支撑软件系统的全生命周期，设计良好的架构可以让系统便于理解、易于修改、方便维护，并且能够轻松部署。软件架构的终极目标是最大化程序员的生产力，同时最小化系统的总运营成本。

软件的生命周期包括开发、部署、运行、维护。

22.1.1 开发

一个开发起来就很困难的软件系统一般不太可能会有一个长久的、健康的生命周期，所以系统架构的一个主要作用就是要方便团队的开发过程。

康威定律认为：**组织架构决定系统架构**。两个互相独立的团队共同开发一个系统，一定会开发出两个互相依赖但又相对独立的子系统，并由这两个子系统组成一个完整的系统。而如果将这两个团队拆分成三个团队，那么就会开发出三个互相依赖又相对独立的子系统。因为只有这样，这些团队才能各自独立完成自己的工作，较少彼此干扰。

所以，架构师在进行架构设计的时候，不光是设计系统架构，实际上也在设计组织架构。如果组织架构是确定的，那么组织架构一定需要反映在系统架构设计上，系统架构需要和组织架构相匹配，否则在开发时会遇到各种困难。

事实上，如果用更小粒度的开发人员个体来衡量，也是如此。在进行架构设计的时候，尽量使一个人可以负责一个独立的技术组件或者功能模块。架构师应该将整个系统切分为一系列隔离良好、可以独立开发的组件。在开发的时候，可以将这些组件的开发任务分配给一个个的开发人员，使他们能够相对独立地进行工作。

22.1.2 部署

大多数软件系统都需要部署后才能运行，系统架构在部署的便捷性方面起到的作用也是非常大的。一个设计良好的架构通常不会依赖成堆的脚本与配置文件，也不需要用户手动创建一堆“有严格要求”的目录和文件。总而言之，一个设计良好的软件架构，可以让系统在构建完成之后就能够立即部署。

同样，这也需要架构设计的时候就正确划分互相独立的组件来实现。同时在架构上还需要设计一些主组件，能够将整个系统的各种组件黏合起来，并能正确地启动、连接、监控每个组件的运行。

现在，微服务是主流的应用系统架构模式，但是使用微服务架构也要注意。如果微服务数量过于庞大、缺乏管控，服务之间的依赖将会成为系统出错的主要来源。架构师如果能够在设计的时候就注意到这些问题，就可以通过有意地减少微服务的数量，适度增加某些服务的职责范围，避免不必要的依赖，来解决部署时遇到的困难。

22.1.3　运行

软件架构好坏和软件能否正常运行关系不大，这正是架构设计常常被忽略的原因，毕竟大多数人想看到的就是软件运行的结果，尤其是那些能决定架构师和开发团队利益的人。

但是，完善的架构设计本身就应该能够使专业人员一眼就看到软件将来是如何运行的，运行结果是否符合需求和期望。也就是说，软件架构应该起到揭示系统运行过程的作用。

一方面，这将简化开发人员对系统的理解，为软件的开发与维护提供一些直观上的帮助。他们能够知道，即将开发的代码在未来的运行时将会呈现出怎样的结果，哪些技术上的风险必须要在开发的时候考虑。

另一方面，系统的相关方，如老板、客户、产品经理也将从架构设计中获益，使他们在系统还没有投入开发的时候，就可以评估未来运行时的各种风险与成本。

同时，架构在支持系统运行方面还扮演着更为实际的角色。如果某个系统要求并发处理能力为 10 万，那么系统的架构设计就必须要支持这个级别的吞吐量和响应时间。如果某个系统要求访问数据的平均响应时间必须是毫秒级，那么架构师必须在架构设计阶段就支持这个需求。

这就意味着，为了达到这样的运行时目标，必须采用某些架构模式，比如必须采用微服务架构，或者必须采用大规模的分布式缓存，并且要设计好缓存容量与缓存失效时间。

不能等到系统运行的时候，才知道系统能否支持这些技术指标。在架构设计阶段，架构师就要考虑如何解决这些运行时的要求、使用什么样的架构方案，架构本身要能自我证明：这样的架构设计可以在软件运行时支持这样的技术指标。

22.1.4 维护

在软件系统的所有方面中，维护所需的成本是最高的：满足永不停歇的新功能迭代需求，修改层出不穷的系统 Bug 占据了绝大部分的人力资源。**事实上，架构设计的主要目标就是降低软件维护的成本。**

维护所需的成本，主要体现在两个方面。一方面，在代码中寻找可以实现新功能的最佳位置和最佳方式。另一方面，很多时候，实现一个新功能也许只需要几行代码，但是找到合适的、可以放置这几行代码的地方是非常有技术含量的。稍有不慎，就可能会导致系统莫名其妙的 Bug。即进行代码修改的时候会产生风险成本。

架构师可以通过恰当的架构设计极大地降低这两项成本。通过将系统切分为高内聚、低耦合的组件，并通过稳定的接口将组件的依赖关系隔离开来，就可以将未来新功能的添加方式明确出来。在后续维护的过程中，可以很简单地找到实现新功能的最佳位置和最佳方式，并大幅降低代码修改过程中对系统其他部分造成伤害的可能性。

把一个软件开发出来并能够正常运行，这是软件的行为价值，是对一个软件的最低要求，而不是对架构师的要求。**架构师必须对软件的架构价值负责，使软件在自己的生命周期中能够适应需求的变化，实现灵活的变更。**

在现实中，架构师往往屈从于外部压力，更多关注软件的行为价值。开发的时候，软件能够正常运行就可以；运行的时候，软件能够修复Bug就可以；需求变更的时候，软件能改就改，不能改，架构师能跟产品经理据理力争也可以。架构师和开发团队在软件的生命周期中，就是在一个烂泥坑里摸爬滚打，而这个烂泥坑正是软件的架构。

所以，架构师不对软件的架构负责，就是不对自己的职业生涯负责，不对自己的团队负责。架构师面对外部压力时妥协退让，在面对技术追求时马马虎虎，都将会成为未来工作中的陷阱和泥坑。**架构师所有的短视和得过且过都已在命运中标好了价格，终有一天会连本带利地加倍偿还。**

22.2 成为技术领导者

我相信，每个技术人员都曾经想过要成为一个领导者。但是很多人后来放弃了，有的人是因为发现做个领导者并不那么美好，要承受很多自己不愿意承受的东西，放弃很多自己不愿意放弃的东西；而有的人是还没有找到如何成为一个领导者的方法。

传统的领导模型是线性的，关注结果胜过关注原因，如果任务失败（成功）了，那么一定是某些人做错（做对）了，因此要惩罚（奖励）某些人。线性模型中团队靠领导者驱动，权力存在于角色之中，而角色是固定的。在一个成熟、稳定的组织中，线性模型也能很好地发挥作用，但是在一个创新的、变化的环境中，线性模型就显得僵化而笨拙。

而系统化的领导模型关注领导者如何做才能使团队持续走向成功，这种系统化的领导模型也被称为 MOI 模型，即创新（Idea）、激励（Motivation）、组织（Organization）。技术人员转型成为技术领导者，即架构师，不管是思维方式的延续性，还是创新、变化的环境要求，使用系统化的领导模型都要比线性领导模型更为适合。

22.2.1 创新

创新本质上是一种洞察力，可以在任务开始之前发现任务真正的目标和价值，以此来凝聚和指引团队前进；在任务执行过程中，可以发现不同寻常的解决方案，更高效地完成任务；在任务结束后，能够跳出任务成败，更全面地对任务进行回顾和解读，使团队和自己得到更多的成长。

没有人喜欢一个平庸的领导，如果你的看法都是重复他人的观点，你的意见都是拾别人的牙慧，那就意味着你看不到事物未来的愿景，在做事的过程中，你就无法将真正重要的事情和琐碎的事情区分开来，你的工作更有可能在各种困难面前趋向混乱和失败。

因此，**洞察力是一种力量**，拥有强大洞察力的领导者能够看见未来。如果这个未来是他想要的，那他就能克服各种阻力去坚持自己的观点；如果某些行为将影响到未来的实现，他也能力排众议去阻止。所以，领导者必须具备的果敢和决断的能力，也许存在某些可以学习的技巧，但是真正的来源其实是洞察力。而且，要让别人相信你能看到未来，愿意追随你，从这方面说洞察力也是影响力。

没有洞察力，任何领导技巧都将不再有效。没有洞察力，在尖端技术领域，即使有人、有项目也终将是一场徒劳。

影响一个人获得洞察力的第一个障碍是自我欺骗，人不能像别人一样客观地看待自己，无法看到自己的缺陷和不足，看到了也会自我欺骗这不存在。虽然这是人之常情，但这将阻止你看清事情的真相和成为一个技术领导者。

接受他人的批评和告诫也许是克服障碍的一个好办法，但是具体落实也依然困难重重。然而，不管怎样，如果能承认自己并不能看清自己，保持谦虚谨慎、谦逊对待他人，本身就是领导者的一种素养。

影响一个人获得洞察力的第二个障碍是没问题综合征。没问题综合征的典型表现是在没有真正搞懂问题的情况下急于给出解决方案。

技术人员常常痴迷于自己擅长的技术，当需要用技术解决一个问题的时候，太多和技术有关的思考占据了他的大脑，而忽略了去思考真正的问题是什么。有点像一个拿着锤子的孩子，看什么都像是个钉子："没问题，我来锤一下就好了"。

没问题综合征患者常常听不到别人在说什么，这将导致病症更加严重，因为他们觉得自己没问题。没问题综合征患者基本上也就告别成为一个领导者的机会了。

影响一个人获得洞察力的第三个障碍是唯一解决方案信仰，这其实是没问题综合征的后遗症：太相信自己的技术，进而导致相信自己的技术是解决问题的唯一办法。

受这种教条信仰影响的架构师很少能提出足够数量的备选方案，而且除了依靠直觉，他们也不会通过任何其他方式检验自己的设计。受这种教条信仰影响的程序员在面对偏离了明显答案的错误时会显得束手无策。受这种教条信仰影响的领导者们给他们的下属分配任务，并且希望员工通过一个正确的方法（他们的方法）来完成任务，不久以后，他们就会造就一批和他们一样的人。

22.2.2　激励

激励是一种号召力，每个领导者都希望自己是个有号召力的人，能够一呼百应，自己指向哪里，大家就会到达哪里。但是现实往往让人受挫：为什么大家不吃我画的大饼？是我画得不够好吗？

激励没有效果的核心原因是缺乏信任，没有人会对下属说：你好好工作，我就可以给你升职加薪、买大房子、换好车。但是，如果你心里是这样想的，不管你的激励包装得如何激动人心，都很难获得别人的信任。而获得他人信任的一个基本准则是：**真正关心对方**。

真正关心对方，你就会想办法帮他将他的合理期望统一到工作中，和他讨论不合理的期望的调整。总之，如果他跟你共事可以获得成长和进步，可以得到他想要的东西，他就会信任你，听从你的号召，你的激励就会有效果。

如果不确定你是否真正关心你的下属，可以用这个问题进行测试，“如果你们团队的任务即将面临失败，你更在乎的是任务还是团队成员。”

如果你觉得任务失败了，团队散伙了，关心人又有什么意义？那么团队成员也就不会真正关心任务，然后拼尽全力去挽救失败。

这里我分享一个我亲身经历的事情：曾经我参与一个创业团队，当时的创业项目面临生死考验，大家开了最后一次会，会上讨论为了挽救项目需要做些什么，每个人都领了自己的任务，然后各奔东西。最后，创始人跟每个人拥抱，然后说：**兄弟们，保重身体**。

如果创始人最后说的是：兄弟们，加油干。那么他关心的就是任务，而他最后选择的是关心人。而这些人最终也没有让他失望，挽救了项目。

事情本身并不重要，重要的是你对事情的态度。

态度决定成败。

22.2.3 组织

组织力也是领导力的一种，团队以什么样的方式组织，成员之间互相依赖和驱动的关系如何，将会决定组织的战斗力和产出，而影响组织发挥最大能力有四重障碍。

第一重障碍是抓大目标，组织中的人忙于做大事，没有时间做那些更基础，但是对组织长远发展更重要的事情。抓大目标还会导致领导者成为命令者，发号施令，而其他成员则成为接受命令的人。

这又会产生第二重障碍：把人当机器来摆布。有些领导者觉得员工不过是随时可以替换的螺丝钉，任由自己摆布。这就导致不愿意做螺丝钉的人会很快离开，而愿意做螺丝钉的人则在稍微复杂一点的环境中表现得非常糟糕，因为处理复杂事务需要的决策能力超过了一个螺丝钉对自己的要求。而在一个以技术创新为主的团队中，每个人迟早都会遇到处理复杂事务的时候。

第三重障碍是亲自动手，对于本来就是一个技术专家的领导者而言，如果下属遇到困难，最喜欢做的事情就是亲自动手。这样做，虽然任务完成了，但是下属失去了一次成长的机会，也变得更加没有自信了，对整个组织而言，不是进步了，而是退步了。

第四重障碍是奖励低效的组织，如果你奖励通宵工作，只是为了修复自己制造的Bug的程序员，那你就是在奖励低效。一个良好的组织不是要解决问题，而是要避免问题。如果你挣扎于一个又一个问题之中，那么你距离有效的组织就太远了。

领导不是装腔作势、指手画脚、发号施令、夸夸其谈，那是人性中应该克制的原始欲望；领导不是刻舟求剑，制造各种规矩和制度，然后监督其他人是否遵守，那是监督而不是领导。

领导是营造一个使人们工作更有意义且效率更高的环境的过程。领导就像园丁培育种子一样，不是强制它们生长，而是开发存在于它们自身的潜力。领导者通过创造一种环境来工作，而不是把自己局限于几种特定的行为（奖励或者惩罚）来获得结果。

但是营造高效工作的环境并不是一件容易的事，事实上，这比发号施令、监督他人更加困难。领导者需要具备领导力素质，获得这些素质的过程就是成长的过程，就是自我转变的过程。在这个过程中，你要培养自己的洞察力和远见卓识，并能带领大家走向成功；要培养自己的号召力，**不会有人愿意追随不关心人的领导者，除非他们别无选择**；要培养自己的组织力，一个优秀的团队应该是每个成员都能最大程度发挥自己聪明才智的团队。

最后，做领导并不是一件轻松的事情，如果你不能经受考验，那就应该避免成为领导。

APPENDIX A

附录A

五大海量数据处理技术

很多工作场景都需要处理海量的数据，需要用到海量的存储介质，甚至需要设计一个海量数据存储系统。事实上，海量数据处理本质上是一种磁盘资源敏感的高并发场景。

为了应对资源不足的问题，我们常采用水平伸缩，即分布式的方案。数据存储的分布式问题是所有分布式技术中最具挑战性的，因为相对于“无状态”（Stateless）的计算逻辑（可执行程序），数据存储是“有状态”（Stateful）的。无状态的计算逻辑可以在任何一台服务器执行而结果不会改变。但有状态的数据意味着数据存储和计算资源的绑定：每一个数据都需要存储在特定的服务器上，如果再增加一台空的服务器，它没有数据，也就无法提供数据访问，无法实现伸缩。

数据存储的“有状态”特性还会带来其他问题：为了保证数据存储的可靠性，数据必须采用多备份存储，即同一个数据需要存储在多台服务器上。那么又如何保证多个备份的数据是一致的？

因此，海量数据存储的核心问题包括：如何利用分布式服务器集群实现海量数据的统一存储？如何正确选择服务器进行数据写入与读取？为了保证数据的高可用性，如何实现数据的多备份存储？数据多备份存储的时候，又如何保证数据的一致性？

为了解决这些问题，在这个模块的案例设计中，我们使用了多个典型的分布式存储技术方案：分布式文件系统 HDFS、分布式 NoSQL 数据库 HBase、分布式关系数据库。下面就来回顾这几个典型技术方案。你可以重新审视一下：案例中的技术选型是否恰当，是否有改进的空间。

A.1 HDFS

本书案例曾用 HDFS 作为短 URL、爬虫下载文件、短视频文件的存储方案。HDFS 的架构如图 A-1 所示。

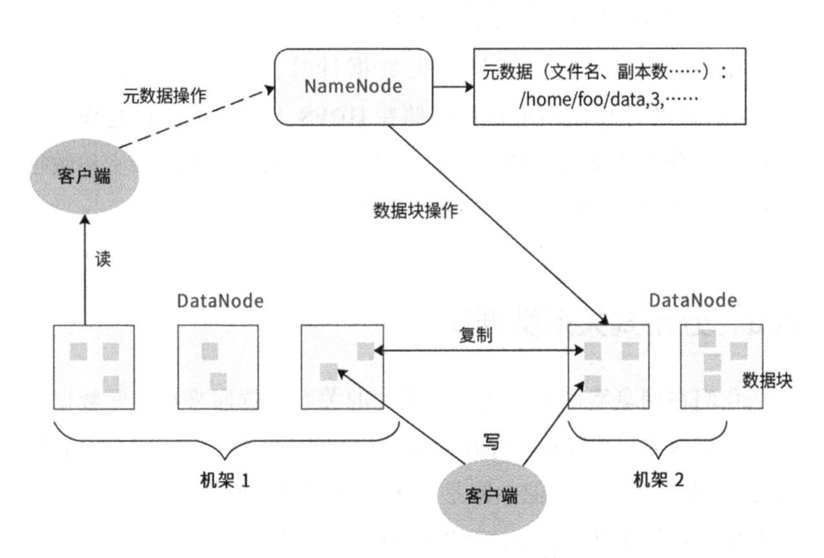

图 A-1　HDFS 架构图

HDFS的关键组件有两个：一个是NameNode，另一个是DataNode。

NameNode负责整个分布式文件系统的元数据管理，也就是文件路径名、访问权限、数据块ID、存储位置等信息。而DataNode负责文件数据的存储和读写操作，HDFS将文件数据分割成若干数据块，每个DataNode存储一部分数据块，这样文件就分布存储在整个HDFS服务器集群中了。

HDFS集群会有很多台DataNode服务器（一般几百到几千台不等），每台服务器配有数块硬盘，整个集群的存储容量大概在几PB到数百PB之间。通过这种方式，HDFS可以存储海量的文件数据。

HDFS为了保证数据的高可用，会将一个数据块复制为多份（默认情况下为3份），并将多份相同的数据块存储在不同的服务器上，甚至不同的机架上。这样当有硬盘损坏，或者某个DataNode服务器宕机，甚至某个交换机宕机，导致其存储的数据块不能访问的时候，客户端会查找其备份的数据块进行访问。

HDFS的典型应用场景是大数据计算，即使用MapReduce、Spark这样的计算框架来计算存储在HDFS上的数据。但是作为一个经典的分布式文件系统，我们也可以把HDFS用于海量文件数据的存储与访问，就像第6章的案例那样。

A.2 分布式关系数据库

我们在网盘案例中，使用了分片的关系数据库来存储元数据信息。这是因为关系数据库存在存储结构的限制（使用B+树存储表数据），通常一张表的存储上限是几千万条记录。而在网盘的场景中，元数据记录数在百亿以上，所以我们需要将数据分片存储。

分片的关系数据库也被称为分布式关系数据库。也就是说，将一张表的数据分成若干片，其中每一片都包含了数据表中的一部分行记录，然后将每一片存储在不同的服务器上，这样一张表就存储在多台服务器上了。通过这种方式，每张表的记录数上限可以突破千万，保存百亿甚至更多的记录。

最简单的数据库分片存储可以采用硬编码的方式，即在程序代码中直接指定把一条数据库记录存放在哪个服务器上。比如像图 A-2 这样，要将用户表分成两片，存储在两台服务器上，那么我们就可以在程序代码中根据用户 ID 进行分片计算，把 ID 为偶数（如 94）的用户记录存储到服务器 1，ID 为奇数（如 33）的用户记录存储到服务器 2，如图 A-2 所示。

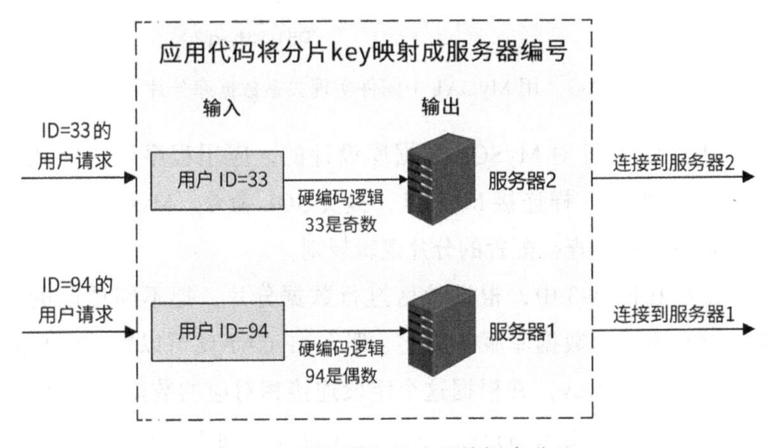

图 A-2　硬编码实现关系数据库分片

但是硬编码方式的缺点比较明显。首先，如果要增加服务器，那么就必须修改分片的逻辑代码，这样程序代码就会因为非业务需求产生不必要的变更；其次，分片逻辑会耦合在业务逻辑的程序代码中，修改分片逻辑或业务逻辑，都可能影响另一部分代码，从而出现 Bug。

我们可以使用分布式关系数据库中间件来解决这个问题，在中间件中完成数据的分片逻辑，这样分片逻辑就对应用程序是透明的了。常用的分布式关系数据库中间件是 MyCAT，原理如图 A-3 所示。

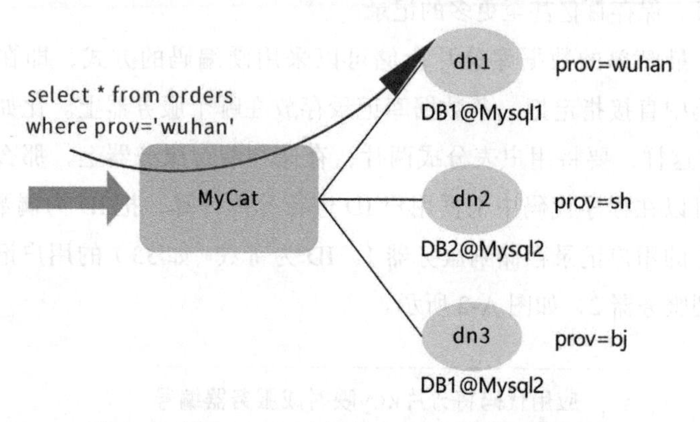

图 A-3　用 MyCAT 中间件实现关系数据库分片

MyCAT 是针对 MySQL 数据库设计的，应用程序可以像使用 MySQL 数据库一样连接 MyCAT，提交 SQL 命令。MyCAT 在收到 SQL 命令以后，查找配置的分片逻辑规则。

比如在图 A-3 中，根据地区进行数据分片，把不同地区的订单存储在不同的数据库服务器上。那么 MyCAT 就可以解析出 SQL 中的地区字段 prov，并根据这个字段连接相对应的数据库服务器。在这个例子中，SQL 的地区字段是 wuhan，而在 MyCAT 中配置 wuhan 对应的数据库服务器是 dn1，所以用户提交的这条 SQL 最终会被发送给 DB1@Mysql1 数据库进行处理。

A.3　HBase

分布式关系数据库可以解决海量数据的存储与访问，但是关系数据库本身并不是分布式的，需要通过中间件或者硬编码的方式进行分片，这样对开发和运维并不友好，于是人们又设计出了一系列天然就是分布式的数据存储系统。因为这些数据存储系统通常不支持关系数据库的 SQL 语法，所以它们也被称为 NoSQL 数据库。

HBase 就是 NoSQL 数据库中较为知名的一个产品。短 URL 数据存储、短视频缩略图存储都使用了 HBase 作为存储方案。网盘元数据存储方案使用了分布式关系数据库，事实上，使用 HBase 这样的 NoSQL 数据库会是更好的方案。HBase 架构如图 A-4 所示。

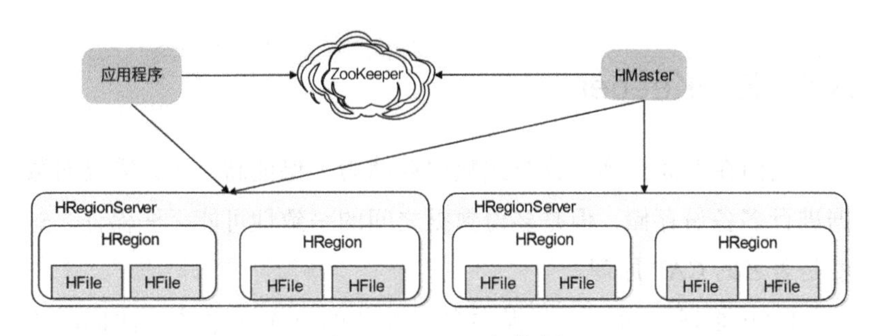

图 A-4　HBase 架构图

HRegion 是 HBase 中负责数据存储的主要进程，应用程序对数据的读写操作都是通过和 HRegion 通信完成的。也就是说，应用程序如果想要访问一个数据，必须先找到 HRegion，然后将数据读写操作提交给 HRegion，而 HRegion 最终将数据存储到 HDFS 文件系统中。因为 HDFS 是分布式、高可用的，所以 HBase 的数据存储天然是分布式、高可用的。

因此 HBase 的设计重点就是 HRegion 的分布式。HRegionServer 是物理服务器，这些服务器构成一个分布式集群，每个 HRegionServer 上可以启动多个 HRegion 实例。当一个 HRegion 中写入的数据太多，达到配置的阈值时，该 HRegion 会分裂成两个 HRegion，并将 HRegion 在整个集群中进行迁移，以使 HRegionServer 的负载达到均衡，进而实现 HRegion 的分布式。

应用程序如果想查找数据记录，需要使用数据的 key。每个 HRegion 中存储一段 key 值区间为 [key1，key2) 的数据，而所有 HRegion 的信息，包括存储的 key 值区间、所在 HRegionServer 地址、访问端口号等，都记录在 HMaster 服务器上。因此，应用程序要先访问 HMaster 服务器，得到数据 key 所在的 HRegion 信息，再访问对应的 HRegion 获取数据。为了保证 HMaster 的高可用，HBase 会启动多个 HMaster，并通过 ZooKeeper 选举出一个主服务器。

A.4 ZooKeeper

我们在上面提到，分布式数据存储为了保证高可用，需要对数据进行多备份存储，但是多份数据之间的一致性可能无法保证，这就是著名的 CAP 原理。

CAP 原理认为，一个提供数据服务的分布式系统无法同时满足数据**一致性**（Consistency）、**可用性**（Availbility）、**分区耐受性**（Partition Tolerance）这 3 个条件，如图 A-5 所示。

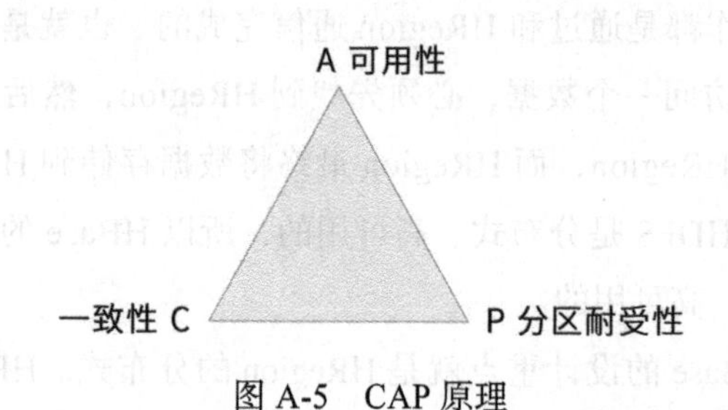

图 A-5　CAP 原理

一致性的意思是，每次读取数据，要么读取到最近写入的数据，要么返回一个错误信息，而不是过期数据，这样就能保证数据一致。

可用性的意思是，每次请求都应该得到一个响应，而不是返回一个错误或者失去响应。不过这个响应不需要保证数据是最近写入的。也就是说，系统需要一直都能正常使用，不会引起调用者的异常，但是并不保证响应的数据是最新的。

分区耐受性的意思是，即使因为网络原因，部分服务器节点之间的消息丢失或者延迟了，系统应该是依然可以操作的。

当网络分区失效发生时，要么我们取消操作，保证数据一致性，但是系统不可用；要么我们继续写入数据，但是数据的一致性就得不到保证。

对一个分布式系统而言，网络失效一定会发生，即分区耐受性是必须要保证的，那么可用性和一致性就只能二选一，这就是 CAP 原理。

由于互联网对高可用的追求，大多数分布式存储系统选择保证可用性，而放松对一致性的要求。而 ZooKeeper 则是一个保证数据一致性的分布式系统，它主要通过一个 ZAB 算法（ZooKeeper Atomic Broadcast，ZooKeeper 原子广播）实现数据一致性，算法过程如图 A-6 所示。

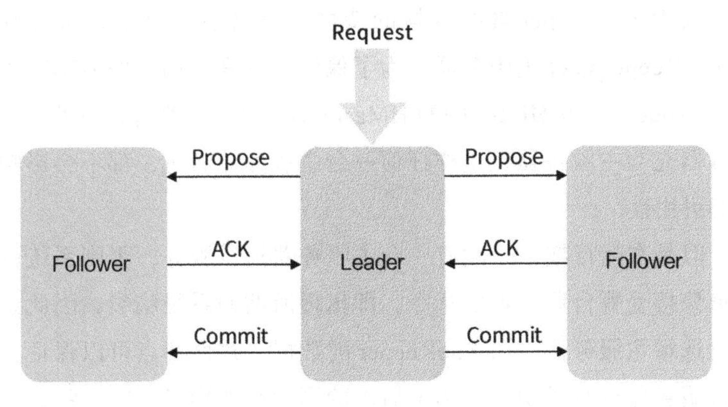

图 A-6　ZAB 一致性算法

ZooKeeper 集群由多台服务器组成，为了保证多台服务器上存储的数据是一致的，ZAB 需要在这些服务器中选举一个 Leader 服务器，所有的写请求都必须提交给 Leader 服务器。Leader 服务器会向其他服务器（Follower）发起 Propose 消息请求，通知所有服务器："我们要完成一个写操作请求，请大家检查自己的数据状态是否有问题。"

如果所有 Follower 服务器都给 Leader 服务器回复 ACK，即没有问题，那么 Leader 服务器会向所有 Follower 发送 Commit 命令，要求所有服务器完成写操作。这样包括 Leader 服务器在内的所有 ZooKeeper 集群服务器的数据就都更新并保持一致了。如果有两个客户端程序同时请求修改同一个数据，因为必须要经过 Leader 的审核，而 Leader 只接受其中一个请求，所以数据也会保持一致。

在实际应用中，客户端程序可以连接任意一个 Follower 进行数据读写操作。如果是写操作，那么这个请求会被 Follower 发送给 Leader，进行如上所述的处理；如果是读操作，因为所有服务器的数据都是一致的，那么这个 Follower 直接把自己本地的数据返回给客户端就可以了。

因为 ZooKeeper 具有这样的特性，所以很多分布式系统都使用 ZooKeeper 选择主服务器。为了保证系统高可用，像 HDFS 中的 NameNode，或者 HBase 中的 HMaste 都需要主主热备，也就是多台服务器充当主服务器，这样任何一台主服务器宕机，都不会影响系统的可用性。

但是在运行期，只能有一台主服务器提供服务，否则系统就不知道该接受哪台服务器的指令，即出现所谓的系统脑裂，因此系统需要选举主服务器。而 ZooKeeper 的数据一致性特点可以保证只有一台服务器选举成功。在本书后面的网约车架构案例中，我们也使用了 ZooKeeper 进行服务器管理。

A.5 布隆过滤器

我们在短 URL 生成以及网络爬虫的案例中，还使用了布隆过滤器检查内容是否重复，即检查短 URL 或者网页内容的 MD5 值是否已经存在。如果用 Hash 表检查千亿级网页内容的 MD5 值（比对是否重复），就需要一个非常大的 Hash 表，内存资源消耗非常大。而用布隆过滤器，使用较小的内存就可以完成。文件 MD5 值重复性检查的布隆过滤器原理如图 A-7 所示。

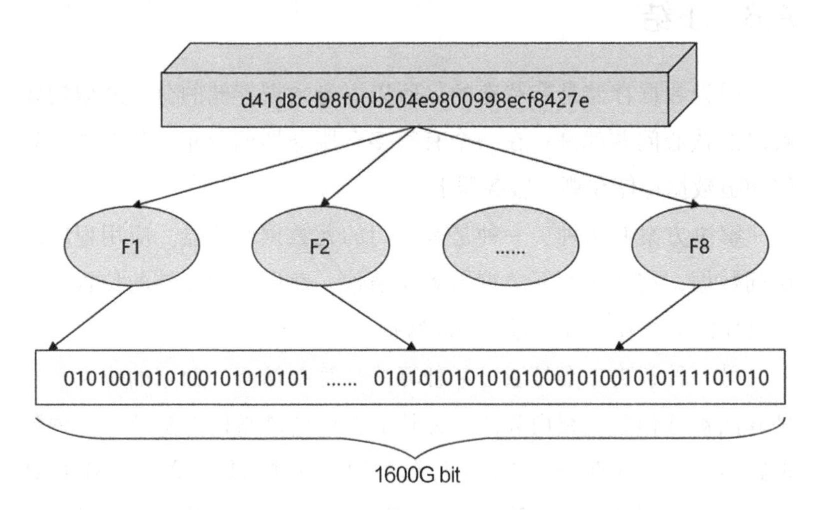

图 A-7 布隆过滤器检查 MD5 值是否重复

布隆过滤器首先开辟一块巨大的连续内存空间，比如开辟一个 1600G bit 的连续内存空间，也就是 200GB 大的一个内存空间，并将这个空间所有位都设置为 0。然后对每个 MD5 值使用多种 Hash 算法，比如使用 8 种 Hash 算法，分别计算出 8 个 Hash 值，并保证每个 Hash 值是落在 1600G bit 的空间里，即每个 Hash 值对应 1600G bit 空间里的一个地址下标。然后根据计算出来的 Hash 值，将对应地址空间里的比特值设为 1，这样一个 MD5 值就可以将 8 个位设置为 1。

如果要检查一个 MD5 值是否存在，只需要让 MD5 值重复使用这 8 个哈希算法，计算出 8 个地址下标，然后检查它们里面的二进制数是否全是 1。如果是，那么表示这个 MD5 值已经存在了。所以检查一个 MD5 值是否存在，布隆过滤器会比 Hash 表更节约内存空间。

A.6 小结

因为数据存储是有状态的，所以海量数据存储的分布式架构要解决的核心问题就是：在一个有很多台服务器的分布式集群中，如何知道数据存储在哪台服务器上？

解决方案有两种：一种是有专门的元数据服务器。应用程序想访问数据，需要先和元数据服务器通信，获取数据存储的位置，再去具体的数据存储服务器上访问数据。

另一种解决方案是通过某种算法计算要访问的数据的位置，这种算法被称作数据路由算法。分片数据库的硬编码算法就是一种数据路由算法，根据分片的 key 计算该记录在哪台服务器上。MyCAT 其实也是采用数据路由算法，只不过将硬编码的分片逻辑记录在了配置文件中。

软件开发技术是一个快速发展的领域，各种新技术层出不穷，如果你只是被动地学习这些技术，很快就会迷失在各种技术细节里，疲惫不堪，最终放弃。事实上，每种技术的出现都因为要解决某个核心问题，最终诞生几种解决方案。同时，每种方案又会产生自己的新问题，比如分布式存储的数据高可用，以及高可用带来的数据一致性，又需要提出相应的解决方案。

但是只要把握住核心问题和解决方案，就可以自己分析、推导各种衍生的问题和方案，思考各种方案的优缺点和改进策略，最终理解、掌握一个新的技术门类。这不是通过辛苦学习来掌握一个技术，而是以上帝视角，采用与技术创造者一样的维度去思考，最终内化到自己的知识体系中。

POSTSCRIPT

后记

一个架构师的一天

前言中提到，要成为架构师就要像架构师一样思考，那么真实的架构师在工作中是如何思考的呢？每天都在设计各种高并发系统架构吗？其实并不是。

本书的案例涉及的大多是一些庞大的系统，每个案例在真实世界中都对应着一家数百上千亿美元市值的公司，需要数千名工程师开发，需要部署数万台服务器的系统。这样的系统不可能是由一个架构师设计出来的，如前所述，我们的设计是一种架空现实的设计。学习这种架空现实的设计可以帮助你站在旁观者的视角，俯视一个个庞大系统的关键技术和整体架构，进而帮助你构建起全局化的思维方式，而这正是架构师最重要的竞争力。

但是在现实中，拥有一个庞大系统的公司通常有上百名架构师，他们的日常工作也不是去设计整个系统，而是在自己负责的模块或者子系统内“修修补补”。我想在这里带你“穿越”成一位真正的架构师，感受架构师这个角色典型的一天。

我们以某大厂商家管理后台系统的架构师的一天为例。商家管理后台是电商卖家的后台管理系统，卖家上下架商品、投放广告、查看运营数据等操作都在这里完成，是面向卖家的核心系统。商家管理后台开发部有20多人，分成4个开发小组。

9:20 到公司，翻看昨天的邮件和聊天记录，看看有没有遗漏的事情。昨天下午数据库连接阻塞，连累应用服务器响应超时，焦头烂额搞了一下午，很多聊天消息都没来得及处理。翻了一下，还好，没有错过什么重要的事情。

9:30 开部门小组长晨会，开了10分钟，今天晨会时间控制得不错。

9:45 作为主讲人主持“商家管理后台架构重构设计”部门评审会，这次重构是商家后台最近两年最大的一次重构。已经和几个开发小组长还有核心开发人员讨论过几次了，这次的部门评审事实上是做重构宣导，要让所有开发人员都统一认识，所以会上争议不多，开得比较顺利。另外，这次重构设计画了很多UML模型图，评审的时候也趁机给大家又普及了一下设计建模的重要性和方法。

11:00 参加另一个部门的架构评审会，会上他们部门的架构师和一个开发小组长吵起来了。唉，自己内部还没统一意见，就不要拉别的部门的人来看戏了。开会是用来统一意见和思想的，不是用来解决问题的，问题要提前解决。趁他们吵架的间隙，上网看看最近有什么新出的技术书，发现机械工业出版社出版了一本新书——李智慧写的《高并发架构实战：从需求分析到系统设计》，看介绍挺有意思，下单了。

12:00 午饭。

13:30 这次架构重构引入DDD（领域驱动设计）方法，上午的评审主要从DDD战略设计的角度对架构进行重构。DDD战术设计感觉不太好掌控，先暂时不在部门推广了。自己先写个DDD代码 Demo 练练吧，用哪个功能做 Demo 呢？红包管理功能吧。在上半年公司架构师委员会例会上，也有几个部门的架构师提出要搞 DDD，结果没了动静，这个螃蟹看来还得自己吃。

15:11　一个开发工程师过来讨论技术问题，聊了十来分钟，越聊越觉得不对劲，把产品经理也叫过来讨论，确定这个需求是有问题的，先暂时不开发，产品经理回去重新梳理需求。继续写 DDD Demo 代码。

16:03　收到运维部门的会议邀请，明天上午 10:30 复盘昨天的数据库访问故障。麻烦，这个故障看起来是数据库失去响应，其实是个程序 Bug——线程阻塞导致数据库连接耗尽。这个故障影响不小，责任主要在我们部门，看看会上怎么说，能不能让运维部门也承担一点故障责任，毕竟他们数据库管理也没做到位。也不知道明天参加会议的运维工程师是哪个，好不好说话。继续写 DDD Demo 代码。

16:42　收到监控报警通知，商品上架数异常波动，低于正常值 60%。是商品上架服务出问题了？赶紧打开监控系统，上架服务系统指标正常；打开日志系统，异常日志数正常。什么情况？问问运维。哦，原来是监控数据消息队列消费服务出了点问题，数据统计有误，触发报警，虚惊一场。继续写 DDD Demo 代码。

17:08　公司负责培训的同事发来消息，问能不能做个性能优化方面的内部讲座，面向全公司的开发和测试人员。可以呀，什么时候讲？下周五。好的。时间有点紧，不做 DDD Demo 了，先做讲座 PPT，毕竟是公司级的讲座，这是难得的提升技术影响力的机会。不过，性能优化这个话题有点大，从哪方面入手呢？对了，想起李智慧写的另一本书——《架构师的自我修炼》，里面有一节关于性能优化的内容，看看书中怎么写的。可以，就按这个文章的思路准备讲座大纲。离下班还有一个多小时，做 PPT 来不及了，先收集下

PPT 素材：案例部分用公司内部的，理论部分在 Google 上查一下，不错，就这样。

上面就是这位架构师一天的经历，你认为他的工作怎么样呢？大部分人都希望工作轻松一点，你觉得文中这位架构师的工作是否轻松？那么什么样的工作是轻松的呢？

首先，清闲的工作未必是轻松的，工作不忙、无所事事，会让人觉得自己失去价值，进而产生焦虑，最后并不轻松。轻松的工作应该是自己做的事情有意义、有价值，还能在工作中不断取得进步；同时工作又游刃有余，自己可以掌控工作，而不是被工作驱赶着，疲于奔命。

架构师要做的最核心的事情是控制技术局面，让事情有节奏地推进，不要鸡毛蒜皮什么都管。做决策的人越是忙忙碌碌，团队效率越低。本文中的这位架构师做到了这一点，他基本上掌控了他的工作，而不是让工作推着他。大部分时间，他可以按照自己的节奏安排工作；突发的情况，他也能比较从容地应对。

他做事情看起来似乎毫不费力。事实上，他要处理的很多事情都是一些既复杂又困难的事情，是别人搞不定才到他这里来的。他既要考虑各种人际关系，又要用技术做出判断，还要对判断结果负责，而且要有威望，让别人听他的。此外，他还要有时间学习、有时间写代码、有时间做设计、有时间扩大自己的影响力，还能按时下班。

其实，做事情要想看起来毫不费力，必须要在看不到的地方费很大力气，进行很多的积累。你也可以问一下自己：现在每天都做些什么？多长时间用来学习？有没有帮助别人解决问题？有没有考虑积极做些分享扩大自己的影响力，还是只是低下头盯着自己脚下的这块巴掌大的地方呢？

当然，在工作中能达到这位架构师这样的境界并不容易，也不是成为架构师就可以这样工作。但是只要你想往上走，就需要不断学习，有目的地在工作中提升自己，并且主动找机会展示自己的综合能力，构建自己的影响力。相信你最终一定可以掌控自己的工作，还有人生。

希望本书可以为你的进步之路提供助力，使你对更宏观的知识和实践建立起感性的认知与清晰的目标，然后不断夯实自己的实践能力、提升自己的影响力，最后成为你想成为的自己。

推荐阅读

《企业级业务架构设计》

畅销书，企业级业务架构设计领域的标准性著作。

从方法论和工程实践双维度阐述企业级业务架构设计。作者是资深的业务架构师，在金融行业工作近20年，有丰富的大规模复杂金融系统业务架构设计和落地实施经验。本书在出版前邀请了微软、亚马逊、阿里、百度、网易、Dell、Thoughtworks、58、转转等10余家企业的13位在行业内久负盛名的资深架构师和技术专家对本书的内容进行了点评，一致好评推荐。

作者在书中倡导“知行合一”的业务架构思想，全书内容围绕“行线”和“知线”两条主线展开。“行线”涵盖企业级业务架构的战略分析、架构设计、架构落地、长期管理的完整过程，“知线”则重点关注架构方法论的持续改良。

《用户画像》

这是一本从技术、产品和运营3个角度讲解如何从0到1构建一个用户画像系统的著作，同时它还为如何利用用户画像系统驱动企业的营收增长给出了解决方案。作者有多年的大数据研发和数据化运营经验，曾参与和负责了多个亿级规模的用户画像系统的搭建，在用户画像系统的设计、开发和落地解决方案等方面有丰富的经验。

《标签类目体系》

萃取百家头部企业数据资产构建经验，系统总结数据资产设计方法论。

标签类目体系是数据中台理念落地中的核心要素，是实现数据资产可复用、柔性组合使用，降低数据应用试错门槛的强力支撑。学习如何将数据转化、映射为标签，并通过对标签的管理、应用实现数据资产的价值运营，对于商业化企业来说显得尤为重要。

本书旨在培养资深的数据资产架构师及数据运营专家，以方法教育而非工具实施的方式助力企业建立自身的数据资产化能力，将数据能力最大限度地转化为商业价值。

推荐阅读

架构即未来：现代企业可扩展的Web架构、流程和组织(原书第2版)

作者：[美] 马丁 L. 阿伯特（Martin L. Abbott）迈克尔 T. 费舍尔（Michael T. Fisher）

ISBN：978-7-111-53264-4　定价：99.00元

任何一个持续成长的公司最终都需要解决系统、组织和流程的扩展性问题。本书汇聚了作者从eBay、VISA、Salesforce.com到Apple超过30年的丰富经验，全面阐释了经过验证的信息技术扩展方法，对所需要掌握的产品和服务的平滑扩展做了详尽的论述，并在第1版的基础上更新了扩展的策略、技术和案例。

针对技术和非技术的决策者，马丁·阿伯特和迈克尔·费舍尔详尽地介绍了影响扩展性的各个方面，包括架构、过程、组织和技术。通过阅读本书，你可以学习到以最大化敏捷性和扩展性来优化组织机构的新策略，以及对云计算（IaaS/PaaS）、NoSQL、DevOps和业务指标等的新见解。而且利用其中的工具和建议，你可以系统化地清除扩展性道路上的障碍，在技术和业务上取得前所未有的成功。

本书覆盖下述内容：

- 为什么扩展性的问题始于组织和人员，而不是技术，为此我们应该做些什么？
- 从实践中取得的可以付诸于行动的真实的成功经验和失败教训。
- 为敏捷、可扩展的组织配备人员、优化组织和加强领导。
- 对处在高速增长环境中的公司，如何使其过程得到有效的扩展？
- 扩展的架构设计：包括15个架构原则在内的独门绝技，可以满足扩展的方案实施和决策需求。
- 新技术所带来的挑战：数据成本、数据中心规划、云计算的演变和从客户角度出发的监控。
- 如何度量可用性、容量、负载及性能。